計劃模型

朴秉皓 著

수정증보

충북대학교 출판부

박 병 호

한양대학교 공과대학 건축공학과 졸업
KAIST/지역개발연구소, 국토연구원(KRIHS) 연구원
미국 펜실베니아대학 도시 · 지역계획학 박사
교통개발연구원(KOTI) 철도 · 항공연구실장
미국 텍사스대학 교통연구소 방문연구원
충북대학교 교육연구처장
현재 충북대학교 공과대학 도시공학과 교수
대한민국 국가교통위원회 위원

저서 및 논문

『녹색교통 자전거』,『회전교차로의 계획과 설계』,
『교통공학』, 『도시계획론』등 20권의 저서
"Accident models of trumpet interchange S-type ramp",
"회전교차로의 사고감소효과" 등 215편의 논문
"청주시 교통정비기본계획" 등 110편의 연구보고서
"회전교차로 사고모형개발" 등 307편의 세미나 주제발표 논문

계획모형 (수정증보)

저 자 : 박병호
발행처 : 충북대학교 출판부
발행인 : 윤여표
주 소 : (362-763) 충북 청주시 서원구 충대로 1
전 화 : (043) 261-2952, 3014
팩 스 : (043) 274-1256
이메일 : presscbu@chungbuk.ac.kr
등 록 : 제1983-2001-7호
초판1쇄: 2003.02.25
수정증보1쇄: 2015.03.02
인쇄처 : 삼성디자인기획 042)221-3111

ISBN 978-89-7295-229-9 93530

값 19,000원

머 리 말

이 책은 충북대학교에서 개설되는 “도시계획모형”이라는 교과목의 강의자료를 준비하는 과정에서 작성되었다. 그 동안 도시모형에 관련한 대학강의를 진행하면서 교과서의 부족을 느끼던 중 수년간 준비해왔던 강의자료와 관련 참고서적을 토대로 “계획모형(planning models)”이라는 책을 집필하게 되었다. 여기에서 계획모형은 “계획을 수립하기 위한 모형” 보다는 “계획과정에 필요한 모형”이라는 의미로 해석하는 것이 더 적합할 것으로 판단된다.

“계획모형”은 도시 및 지역계획에 필요한 각종 분석 및 예측기법을 소개하고, 이러한 과정에 대한 간단한 실습을 통해 학생들에게 성장 · 진화하는 인간의 정주환경을 이해시키는데 그 목적이 있다. 교과서의 내용은 계획과 모형에 관한 내용으로 구성되며, 우선 기존의 계획관련 모형들을 소개하고, 그 내용을 습득시키며, 나아가 이를 공간분석에 응용하는 것으로 구성되어 있다. 특히 계획모형에서는 정주공간을 Excel 등 간단한 컴퓨터 프로그램을 작성 · 활용하거나 관련 통계처리 프로그램을 이용 · 분석하는데 중점을 두고 있다. 물론 이 책은 해당 모형에 관한 상세한 설명, 예제 등이 다소 부족한 점이 있지만 대학의 강의자료로서는 충분하다고 판단된다.

이 책은 총 5개의 편(15개 장)과 2개의 부록으로 구성되어 있어 한 학기의 강의과목에 편리하도록 구성(강좌 당 1개 장)되어 있다. 제1편은 계획과 모형, 제2편은 인구계획, 제3편은 공간경제분석, 제4편은 체계분석, 제5편은 부문별 계획모형이며, 그리고 부록에는 계획모형의 기초와 비계량적 계획기법이 소개되어 있다.

제1편의 “제1장 계획모형의 의의”에서는 계획과정, 모형의 의의 그리고 모형의 역할을 논한다. “제2장 계획모형론”에서는 우선 모형의 정의와 형태를 살펴보고, 모형구성에 필수적인 과정, 즉 현상의 이론화, 수식구성 및 검증의 전 과정을 단계별로 설명하고 있으며, 계획모형이 갖는 유용성과 한계성을 논한다.

제2편의 “제3장 인구개념 및 구조”에서는 우선 이념, 결합 및 통계 인구의 개념을 살펴보고, 연령별, 성별 및 성 · 연령별 인구구조와 생명표에 관한 내용과 모형을 설명한다. “제4장 인구이동”에서는 인구이동 측정기법인 잔기법과 매트릭스법에 관해 알아보고, 인구이동을 설명하는 선형회귀분석모형, 중력모형 및 지역간 매트릭스 모형을 소개한다. 또한 “제5장 인구분포”에서는 절대인구분포와 상대인구분포에 관한 내용과 모형을 살펴보고, 도시권 내부구조와 인구밀도의 관계를 설명하는 각종 모형을 정리한다. 아울러 “제6장 인구예측”에서는 직접예측과 간접예측 방법 모두를 상세히 설명한다.

제3편의 “제7장 공간경제의 성장”에서는 우선 공간경제의 성장요인을 살펴보고, 이를 설명하는 모형들인 경제기반모형, 지역산업관련모형, 『헤롯드-도마』모형, 신고전적 지역성장모형 및 변이할당모형을 기술한다. 또한 “제8장 소득과 산업의 분포”에서는 소득분포와 산업집중을 파악할 각종 계수들에 관하여 설명한다. 아울러 “제9장 경제활동의 공간적 배분”에서는 배분모형에 관한 개괄적인 내용을 기술한 후, 보다 구체적인 모형인 기회개재모형, 『엔트로피』극대화 모형 및 EMPIRIC 모형을 설명한다.

제4편의 “제10장 도시규모와 계층”에서는 우선 도시규모분포의 모형을 설명하고 성장에 관련한 개념적 모형을 정립하며, 『크리스털러』의 중심지 이론과 중심성 측정기법들을 정리한다. 또한 “제11장 도시기능과 구조”에서는 도시기능을 분석하는 다양한 기법들을 소개하고, 도심지역(CBD)과 상업지역을 결정하는 방법들을 설명한다. 아울러 “제12장 연계 및 영향권”에서는 연결성과 접근성을 측정하는 각종 기법과 그래프이론을 도입한 도시체계 분석, 그리고 도시영향권을 설정하는 방법을 기술한다.

제5편의 “제13장 토지이용”에서는 몇 가지 입지결정 이론을 소개하고, 『라우리』모형을 중심으로 한 토지이용 예측모형을 정리하며, 다양한 주거지 선택모형을 기술한다. “제14장 도시교통”에서는 교통모형을 개괄적으로 설명하고, 4단계 교통수요 추정방법과 개별행태모형을 다룬다. 또한 “제15장 공공시설의 입지”에서는 입지결정문제와 원칙들을 기술하고, 10가지 입지·배분모형을 설명한다.

아울러 부록 A에서는 도시모형의 기초로서 변수, 상수, 파라미터, 함수, 행렬대수, 미분과 적분기초, 함수의 극대와 극소, 확률과 확률분포 등을 기술하고 있다. 부록 B에서는 비선형계획기법인 『델파이』법, 『네트워크』계획법 및 흐름도법, 창조기법, 시나리오 작성법, O.R 등을 약술하고 있다.

이 책의 발간은 작은 시도이지만 대학강의나 도시계획 실무자들에게 도움되었으면 하는 마음뿐이다. 끝으로 이 책의 발간을 위해 수고를 아끼지 않은 충북대학교 도시공학과 교통연구실 학생들 모두에게 감사의 뜻을 전한다.

2015년 2월

청주 개신골 서재에서

박 병 호

목 차

제 1 편 계획과 모형

제 2 편 인구계획

제 3 편 공간경제분석

제 4 편 체계분석

제 5 편 부문별 계획모형

제 14 장 도시교통 / 204

제 15 장 공공시설의 입지 / 218

부 록

표 차례

그림 차례

제 1 편

계획과 모형

제 1 장 계획모형의 의의

제 2 장 계획모형론

제 1 장 계획모형의 의의

제 1 절 계획 과정

과학(science)은 3단계의 진보과정에 따라 발전된다고 한다. 첫 단계는 이론(theory)의 형성이고, 두 번째 단계는 이론에서 나온 특정 모형(model)의 경험적 검증이며, 그리고 마지막 단계는 과학을 실제문제에 적용(applications)하는 단계이다.

그러나 이와 같은 이상적인 방법으로 과학이 진보하는 경우는 매우 드물다. 가끔 이론적인 기반이 매우 적은 경험적 모형이 먼저 개발되어 이론이 형성되기도 전에 적용되는 경우도 있다. 그러한 활동이 많아지면, 이론의 탄생을 자극하기도 한다. 아울러 이론에 의해 경험적 연구결과가 더욱 정교해지는 경우도 많아진다.

Alex Anas(1987)에 의하면, 자연과학에서 적용은 기술의 창출에 의해 달성된다고 한다. 특히 사회과학이나 경제학에서 적용이란 시장(market)을 예측하고 특정 정책결정과 공공정책의 양상을 분석, 평가 및 결정하기 위한 수학적 모형의 구축을 의미한다고 말하고 있다. 이에 따라 모형(model)을 이론(theory)에 근거한 실험적 설계(experimental design)로서 정의하기도 한다. 이것은 모형구축 과정의 본질을 포함하고 있다.

이론상 도시모형은 다음과 같은 일반적인 과정에 따라 만들어진다. 즉, 그것은 가설설정(hypothesis formulation), 관찰(observation), 자료수집(data collection), 프로그래밍(programming), 정산(calibration), 계수추정(parameter estimation), 검증(testing), 증명(verification), 평가(evaluation), 그리고 예측(prediction)이라는 일련의 과정이다. 여기에서 자료는 우리의 필요에 의해 지각된 정보(sensed information)이며, 정산은 이론을 설명하기 위한 적정모형의 정립을 의미한다.

계획(planning)에는 "일련의 선택(a series of decision-makings)", "행위들(activities)" 그리고 "미래(future)"라는 개념들이 포함되곤 한다. 이러한 의미에서 본다면, 계획은 "미래의 목표를 효율적으로 달성하기 위하여 일련의 선택과정을 거쳐 합리적으로 고안된 행위"로 정의할 수 있다. 그러나 문자 그대로의 의미만으로는 그 이면에 있는 계획의 진정한 의미를 파악하기에는 부족하다. 계획의 보다 실제적인 용도와 계획 목표를 달성함으로써 영향받게 되는 객체(客體: 개인, 그리고 크고 작은 조직, 나아가 사회전반)들이 고려되어야 한다.

Thomas A. Reiner(1973)는 계획을 '계속되는 선택을 통하여 가장 적절한 미래의 행위를 결정하는 일련의 절차'라고 정의하면서도, '행동(actions)이야말로 계획 행위의 궁극적인 산물'이라고 정의하고 있다. 따라서 계획은 미래지향적인 행위를 수반하게 되며, 이러한 행위의 결과에 따라 영향을 받는 객체들의 개선된 미래의 상태를 포함하여야 한다.

계획의 과정은 계획안을 수립하는 과정과 계획안을 집행하는 과정으로 구분할 수 있다. 그 과정은 목표달성을 위하여 미래 환경에 영향을 주는 최적 행동을 표현하는 계획안을 만드는 과정(planning)과 그것을 실행에 옮기는 과정(implementing)을 모두 포함한다.

계획의 과정은 결국 일련의 의사결정 단계를 거쳐서 마련된 행동지침에 따라 현재의 문제를 해결하고 장래 추구하고자 하는 목표를 달성하여 보다 나은 미래의 상태를 만들어내기 위한 몇 개의 단계를 의미한다. 이러한 단계를 단순화시켜 보면, 가치의 형성(value formation), 수단의 규명(means identification), 그리고 실행(effectuation)의 3단계로 구분할 수 있다.

아울러 계획(planning)은 어떤 정책목표를 달성하기 위한 과학적 방법론의 탐색과정으로 정의할 수 있다. 즉 계획이란 정책의 효과를 증대시키기 위한 노력이다. 다시 말하면, 어떤 주어진 상황 하에서 설정된 목표를 실현하기 위한 수단을 발견하기 위한 과정을 우리는 계획이라 할 수 있다.

계획 과정(planning process)은 계획의 유형에 따라 달라질 수 있지만, 그 기본적인 흐름은 전통적인 합리적·종합적 계획(rational comprehensive planning)의 과정을 근간으로 하고 있다. 합리적·종합적 계획은 과학적 지식과 방법론을 동원해서 계획목표를 달성하기 위한 수단을 합리적으로 찾아내는 이상주의적 접근방법이다.

합리적·종합적 계획에서의 합리성(rationality)이란 바로 목적과 수단의 연결고리를 만드는데 필요한 것이다. 이러한 수단적 합리성(instrumental rationality)을 확보하기 위하여 계량분석(quantitative analysis)과 같은 과학적 방법론이 동원된다. 여기에서 계획모형의 구축과정을 과학적 방법론과 계획적 방법론과 비교하는 것은 의미가 있는 일이다. 위에서 기술된 3가지 방법론에 대한 비교는 다음 그림과 같다.

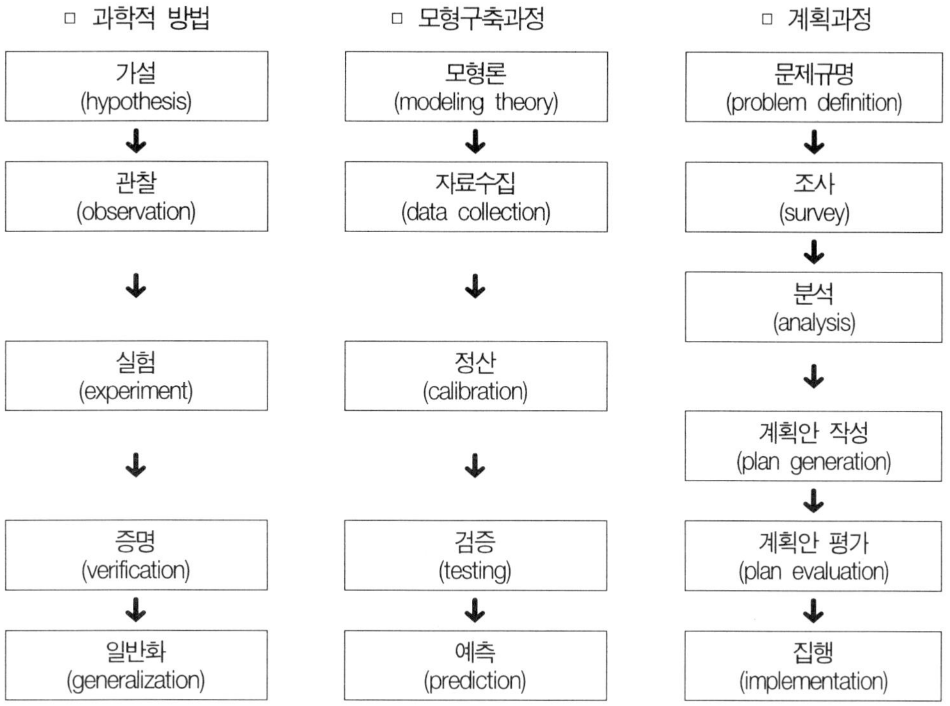

〈그림 1.1〉 계획모형의 구축과정

제 2 절 모형의 의의

제1절에서 언급한 바와 같이 계획(planning)이란 목표달성을 위해 필요한 수단을 합리적·과학적으로 선택하는 과정이다. 따라서 과학적 방법론을 이용해서 현상의 법칙성을 발견해 내고 시스템의 바람직한 방향을 유도해 가는 점에서 계획의 정당성을 찾을 수 있다. 즉 계획은 과학성을 추구하는 노력 속에서 그 정당성과 필요성이 부각된다.

인간은 자연현상이나 사회현상에서 어떤 법칙이나 인과관계를 발견하고자 노력해 왔다. 이것은 자연현상이나 사회현상에 대한 통제와 예측을 가능하게 하는 기본요소이기 때문이다. 과학적 방법론은 이러한 인간의 노력이 합리적이고 객관적이 되도록 돕는 것이다. 따라서 과학적 법칙이나 이론의 추론과정은 단순히 인간의 직관에 의존해서는 안 된다. 과학적 방법은 체계적·실증적·객관적·계량적이어야 하며, 연구의 결과로 얻은 법칙이나 이론은 일반성·추상성·보편성을 갖고 미래의 예측과 통제를 위하여 유용하게 사용될 수 있어야 한다. 이러한 과정에서 복잡한 실체(자연현상이나 사회현상 등)의 추상화가 요구되며, 여기에서 모형(model)이 사용된다.

모형이란 어떤 실체의 가장 중요한 특성들을 뽑아 나타내는 것으로 어떤 실체를 모방하거나 축약해 놓은 것이다. 따라서 모형은 현존하는 실체를 이용한 실제의 실험이 불가능한 상황에서도 어떤 시스템의 행태(behavior)를 이해하는데 유용하게 사용된다. 이러한 점에서 모형의 대표적 기능을 어떤 사물이나 현상에 대한 이해라고 볼 수 있다. 모형은 여러 가지 방법으로 분류될 수 있다. 그러나 가장 기본적 방법은 물리적 모형(physical model)과 추상적 모형(abstract model)으로 구분하는 것이다.

물리적 모형이란 연구중인 물체나 대상의 소형모조품(scaled down replicas)으로, 어떤 실체를 물리적 도구(physical device)에 의해 나타낸 것이다. 예를 들면, 항공기 설계자가 새로 개발하고자 하는 항공기가 상공에서 바람의 압력에 견디는 능력을 실험하기 위하여 실제 크기의 항공기 대신에 소형 모형항공기를 사용해서 실험할 수 있다. 여기에서 소형 모형항공기는 물리적 모형이 된다. 또 다른 예로, 여름 장마기에 홍수가 빈번히 발생하는 도시에서 홍수방지를 위해 도시를 지나가는 강의 상류에 댐을 건설하고자 할 때, 댐의 위치와 규모를 결정하기 위해 도시의 지형을 모형으로 만들어서 그 대안을 구상해 볼 수 있다. 이때 경사도, 표고 등과 같은 도시의 물리적 형상이 모형에 정확히 표현되어야 함은 물론이다.

추상적 모형은 현존하는 실체를 물리적 도구(physical device) 대신에 부호나 기호에 의해 표현한 것으로, 주로 계량모형(quantitative model)이 여기에 해당한다. 따라서 추상적 모형은 실체를 정확하게 묘사하기 위해 수학적 언어(혹은 약속된 언어)를 주로 사용한다. 본 저서 "계획모형"에서는 계량모형이 주로 설명된다.

제 3 절 계획에서의 모형의 역할

계획과정에서의 모형은 시스템의 묘사(description), 예측(forecasting) 및 계획(planning)에 주로 사용된다. 위에서 열거된 모형의 세 가지 역할은 상호 보완적인 관계를 갖게 된다. 이것은 미래 시스템의 예측과 계획을 위해 사용되는 모형은 현재의 시스템을 적절하게 설명하고 묘사할 수 있어야 하기 때문이다. 계획과정에서 사용되는 추상적 모형은 그 역할에 따라 (i) 기술모형(descriptive model), (ii) 예측모형(predictive model), 그리고 (iii) 계획모형(planning model)의 세 가지로 분류할 수 있다.

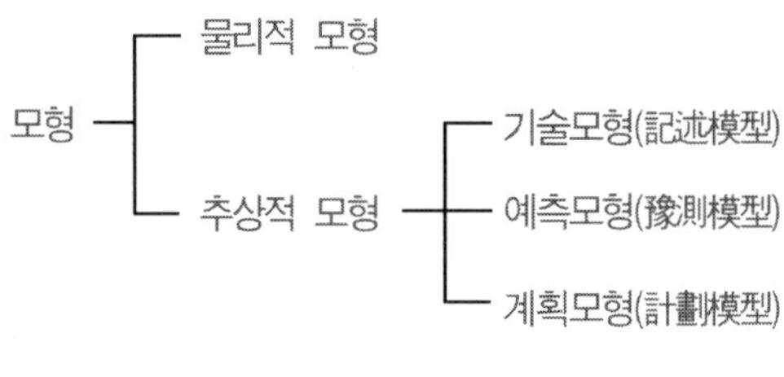

〈그림 1.2〉 모형의 구분

기술모형은 시스템의 상황을 이해하는데 주로 사용된다. 즉 기술모형은 시스템의 현황이나 변화의 과정을 함수적 형태로 나타낸다. 이때 함수적 표현은 주로 인과관계를 나타내기 위해 사용된다. 예를 들면, 어떤 도시에서 한 가구의 1일 통행발생의 수는 그 가구의 승용차 보유대수에 의해 결정된다고 하자. 이러한 단순한 사실을 기초로 추정된 다음과 같은 통행발생모형을 살펴보자.

$$T = 1.229 + 1.379V \quad (1.1)$$

여기에서 T는 가구 당 하루에 발생하는 통행의 수이며, V는 가구 당 승용차 보유대수이다.

현재의 인과관계를 나타내는 이 모형은 단기예측에도 그대로 사용될 수도 있다는 점에서 예측모형으로서의 기능도 할 수 있다. 그러나 예측을 위해 기술모형을 활용하는데는 다소 제약이 따른다. 이것은 현재의 사회환경이나 인간의 행태(behavior)에 근거한 기술모형은 미래예측에 부적절한 경우가 많기 때문이다. 예를 들면, 위의 모형을 추정할 당시에는 지하철이 없었으나 미래에 지하철이 새로 개통될 경우를 가정한다면, 현재의 인과관계만을 표현하는 기술모형은 미래예측에 부적합하게 된다.

예측모형은 현재보다는 미래의 상황을 밝혀내는데 주된 관심을 둔다. 앞서 언급한 바와 같이, 기술모형이 예측에 사용되기도 하지만, 그 역할은 제한적일 수밖에 없다. 따라서 예측모형은 기술모형보다 더욱 엄격한 필요조건을 충족시켜야 한다. 여기에서 필요조건은 장래의 사회환경이나 인간의 행태 등 변화에 대한 변수들이 포함되어야 한다는 것이다.

계획모형은 미래의 계획을 위해 사용되는 모형이다. 이 모형을 예측모형의 연장으로 볼 수도 있으나, 두 모형은 다음과 같은 분명한 차이점을 가지고 있다. 즉 예측모형의 결과물은 자연적인 추세 혹은 인과관계의 단순한 묘사임에 반해, 계획모형은 바람직한 결과를 도출하기 위해 사용되므로 규범적(normative) 모형이라 명명하기도 한다.

위에서 살펴본 세 가지 유형의 모형에 대한 구체적인 사례를 살펴보자. 기술모형의 예로서는 어떤 시스템 내에서 일어나는 현상의 인과관계나 추세를 파악하기 위한 회귀모형, 인간의 선택행태를 분석하는 확률선택모형, 도시경제분석을 위한 경제기반모형, 변이·할당모형, 지역투입·산출모형 등이 있다. 물론 이들 모형은 제한된 범위 내에서 예측모형으로도 활용된다.

한편 장래 인구예측을 위한 직선모형, 지수성장모형, 『로지스틱』모형, 집단생잔(集團生殘)모형 등은 현황분석이 목적이 아니라 미래예측이 주된 목적인만큼 전형적인 예측모형의 예이다.

계획모형의 예로는 주로 수리적 계획모형인 선형계획모형, 비선형계획모형, 정수계획모형, 다목적 계획모형이 여기에 해당한다. 이들 모형은 주로 한정된 자원의 최적배분을 위한 것으로 최적화모형(optimization model)이라 하기도 한다.

도시계획은 상업, 경제활동, 인구분포, 토지이용, 교통, 주민생활 및 그의 환경, 교육, 문화, 사회복지, 공급처리, 경관 및 조경, 방재 및 보전 등 다양한 도시현상을 다룬다. 계획모형은 1960년부터 경제활동, 인구, 토지이용, 교통 등 객관화 및 수량화가 용이한 분야부터 계량적인 모형이 개발되었다. 이후 통계적 기법 및 컴퓨터의 발달로, 도시계획의 과학화, 시스템으로서의 체계화, 도시현상의 인과관계를 양적으로 파악, 계량도시계획의 발달로 이어지게 된다.

합리적 · 종합적 계획(rational comprehensive planning)의 구성요소는 다음과 같다.

ㅇ 물적계획(physical planning) : 공간(space) 계획 : 주거, 생산, 소비, 문화, 보존공간
  - 토지이용, 교통, 통신, 기반시설
ㅇ 비물적계획(non-physical planning) : 활동(activity) 계획
  - 경제계획(economic planning) : 산업, 고용, 노동, 임금, 금융
  - 사회계획(social planning) : 인구, 보건, 교육, 복지, 문화
  - 환경계획(environmental planning) : 자연과 인간의 삶의 조화(대기, 물, 토지, 동식물 등)
ㅇ 행 · 재정계획(administrative planning) : 조직(organization) 계획
  - 계획의 실현을 위한 제도, 조직, 재원 등

요약하면, 계획모형은 이러한 계획들을 효과적으로 수행하기 위한 하나의 TOOL(수단)이다.

연습문제

1.1 여러분들이 일상생활에서 사용하고 있는 모형에는 어떤 것들이 있는지 논의하시오.

1.2 제1장에서 열거된 용어를 10개 이상 선정하여 그 의미를 약술하시오.

1.3 귀하가 거주하고 있는 도시나 지역의 도시계획 보고서에는 어떤 내용의 모형들이 사용되어 있는지 조사하여 설명하시오.

1.4 기술모형, 예측모형 및 계획모형의 차이점을 논하시오.

1.5 합리적 · 종합적 계획(rational comprehensive planning)의 구성요소에 관하여 논하시오.

제 2 장 계획모형론

제 1 절 모형의 개요

1. 모형의 정의

모형(model)이란 일반적으로 "현상에서 특징적인 요소를 뽑아 그 현상을 재구성한 것"이라 정의할 수 있다. 여기서 "현상"이란 모형의 대상으로 인간이 오관으로 감지할 수 있는 실재의 상황과 인간이 개념적으로 설정한 가상의 현실도 포함된다. 또한 가시적이고 정태적인 물건뿐만 아니라 볼 수 없고 동태적인 상태, 관계 등도 그 대상에 포함된다.

"특징적인 요소를 뽑아"라는 것은 모형으로 현상의 모든 것을 표현할 수 없기 때문에 현상의 중요한 측면만을 추상(抽象)한다는 것을 의미한다. "재구성한 것"이란 모형이 대상의 특징을 추상하는데 그치지 않고 추상된 특징을 결합시켜 어떤 수단을 통해 표현한 것이라는 점을 의미한다.

따라서 모형을 구성하기 위해서는 "모형의 대상"이 필요하고, 대상의 특징을 "추상하는 작업"과 추상된 특징을 "표현하는 작업"이 요구된다.

2. 모형의 종류

모형의 형태는 보는 측면에 따라 다양하게 분류할 수 있다. 그러나 여기에서는 계획 과정을 중심으로 모형의 기능, 대상, 목적 등 몇 가지 관점에서 모형을 분류한다.

(1) 기능

우선 모형을 기능에 따라 묘사적 모형, 설명적 모형, 예측적 모형 및 규범적 모형으로 구분할 수 있다. 묘사적(descriptive) 모형은 "도시현상의 표면에 드러나는 변수간의 관계를 수식으로 재현하는 모형"으로, 기술적 모형과 동일한 개념의 모형이다.

설명적(explanatory) 모형은 "표면적인 규칙성이 발생되는 원인 또는 배경을 파고들어 그 심층에 자리잡고 있는 어떤 규칙성을 찾아 수리적으로 표현한 모형"이다. 즉 설명적 모형은 현상의 심층적인 규칙성을 밝히는데 목적을 둔 모형이다.

예측적(predictive) 모형은 도시현상 등을 예측하기 위해 사용되는 모형으로 시간이라는 변수를 가진 모형이어야 한다. 도시정책 및 도시계획을 수립하기 위해서는 도시현상의 미래상태에 대한 정보가 필요하므로 이 모형은 실용적 의미에서 매우 중요하다.

규범적(normative) 모형은 어떤 규범적인 가치를 달성하기 위한 수단을 찾기 위한 모형이다. 예를 들어, 투자비용을 최소로 하는 정책대안이 무엇인지, 교통비용을 최소로 하는 교통 시스템은 어떤 것인지 등을 찾기 위한 모형이다.

(2) 대상영역

계획모형이 도시현상 가운데 어떤 영역을 대상으로 하느냐를 기준으로 인구모형, 경제모형, 토지이용모형, 도시교통모형, 체계모형, 주택모형, 종합모형 등으로 분류할 수 있다.

인구모형은 도시인구의 성별, 연령별, 계층별 구성과 인구의 변화를 대상으로 하는 모형이다. 경제모형은 도시의 경제현상을 대상으로 하는 모형으로 주로 도시경제의 구조와 변화를 거시적으로 분석하기 위한 모형이다.

토지이용모형은 토지의 적정 위치와 용도를 다루는 모형이다. 도시교통모형은 도시교통의 발생, 지역별 배분, 교통수단별 분담, 교통노선별 배정 등의 현상을 다루는 모형이다.

체계모형은 여러 도시가 상호간에 맺고 있는 관계를 대상으로 하는 모형이다. 주택모형은 주택의 공급과 수요, 입지, 가격 등을 대상으로 하는 모형이다.

종합모형은 도시현상의 각 영역이 서로 유기적으로 관계를 맺고 있다는 점에서 둘 이상의 영역을 대상으로 하는 모형을 말한다. 가령 도시의 토지이용은 도시의 교통을 발생시키는 원인이자 그 결과이기도 한다는 점을 착안하여, 양자를 결합시키는 모형이 하나의 종합모형이 된다.

(3) 모형구성의 목적

모형분류에서 가장 중요한 형태는 제1장에서 설명된 바와 같이 모형구성의 목적에 따른 분류이다. 여기에서는 기술적(descriptive), 예측적(predictive) 그리고 처방적 모형(prescriptive model)으로 구분될 수 있다. 기술모형은 실제체계의 상황 즉 구조와 변화를 이해하고 재현하는 것을 목적으로 하는 것이다. 이 모형에서는 변수간의 관계에 관한 설명이 다소 불충분할 수 있다.

그러나 예측모형은 변수간의 관계를 완전히 설명해야 한다. 여기서는 변수상호간의 결합적 관계만으로는 불충분하므로 인과관계까지 설명해야 한다. 즉 원인과 결과의 관계를 설명하는 이론의 기초가 요청된다. 처방모형은 한 단계 더 나아가 장래에 대한 예측과 함께 설정된 목표의 달성을 위해 여러 대안을 비교 평가하여 최선의 대안을 찾을 수 있어야 한다.

(4) 시간차원

다음은 시간차원에서 정적(static) 모형과 동적(dynamic) 모형의 구분이다. 정적 모형은 어느 한 시점에서의 상황, 즉 횡단면(cross-sectional) 자료에 입각한 모형이다. 여기서는 체계현상의 시간에 대한 의존관계는 모형의 대상에서 제외된다. 그러나 시간요소의 효과는 서로 다른 두 시점에서의 정적모형을 각각 구성하여, 시간 t에서의 체계균형이 $t+\Delta t$에서의 새로운 상태로서의 변화를 가정하여 연구할 수 있다. 이러한 방법을 비교정태(comparative statics)라 부른다. 이에 반하여 동적 모형은 각 변수의 시간에 대한 변화 또는 변화율을 내생변수로 취급하는 것이다.

(5) 투입자료의 측정단위

모형은 투입자료의 특정단위에 의해 분류될 수 있다. 이 분류는 미시분석(micro-analysis) 그리고 거시분석(macro-analysis)의 구분이다. 이것은 경제학에서 미시경제학(micro-economics)과 거시경제학(macro-economics)의 구분과 유사하다고 할 수 있다. 이에 따라 미시분석은 개인 또는 아주 동질적 개인집단의 행동에 관한 연구이고, 거시분석은 고용이나 소득과 같이 광범위한 총량변수에 입각한 연구이다.

공간적 이동을 연구목적으로 하는 교통계획에 있어서는 공간적 분석단위가 매우 중요하다. 모형변수의 측정을 위한 자료의 지리적 포괄정도에 따라 개별모형(disaggregated model)과 집단모형(aggregated model)으로 구분할 수 있다. 여기에서 개별모형은 미시분석과 마찬가지로 개인 또는 아주 동질적 개인집단의 행태에 관한 연구이고, 집단모형은 거시분석과 동일하게 일정한 존 구획내의 총량변수에 입각한 연구이다.

한편 시간차원에서의 분석단위도 연구목적에 따라 결정되어야 한다. 인구이동 또는 활동공간과 같이 관찰에 장기간이 소요되는 연구대상에는 비교적 장기적 시간단위가 필요하고, 일일생활 중에서의 통행현상은 보다 단기적 시간단위가 요청된다. 미시 그리고 거시 분석의 구분에서는 이러한 시간단위도 반드시 고려되어야 한다.

(6) 모형결과의 확정성 여부

모형을 모형결과의 확정성 여부에 따라 확정적(deterministic) 그리고 확률적(stochastic 또는 probabilistic) 모형으로 구분할 수 있다. 확정적 모형은 어떠한 사상의 결과를 확정적으로 나타낸다. 예를 들면, 확정적 통행수요모형은 일정한 매개상수에 대해 장래의 수요를 확정적(특정 수치)으로 예측한다. 이에 반하여 확률모형은 어떠한 사상이 출현될 개연성, 즉 확률(probability)을 예측하는 것이다.

(7) 해(解)를 구하는 과정

모형을 해를 구하는 과정의 특성에 따라 분석적(analytic), 반복적(iterative) 그리고 모사(simulation) 모형으로 구분할 수 있다. 분석적 모형은 그 체계가 논리적 구조에 의해 연결되어 있을 뿐만 아니라 엄격한 함수관계가 성립되어 있어, 분석적 방법으로 그 해를 구할 수 있다.

그러나 이러한 논리적 구조의 방정식 체계가 수학적 복잡성 때문에 분석적 해법의 적용이 불가능한 경우가 많다. 이 경우에는 축차적 반복계산 방법에 의해 해를 구하기도 한다. 반복방법에서는 일부 변수에 대해 일정한 값을 가정하여 대입하고 나머지 변수에 대해 분석적 방법으로 해를 우선 구한다. 그 다음에는 일차 계산결과에 의해 처음에 가정된 변수의 값을 조정하여 다시 2차 계산을 수행한다. 이러한 과정을 반복하여 어느 정도 수렴 해를 구할 때까지 그 계산과정을 계속한다.

이상의 2가지 경우 중 어느 것에도 속하지 않는 경우에는 모사모형의 형태를 취할 수밖에 없다. 모사모형은 어떤 상황의 구성요소를 산술적 그리고 논리적 과정으로 표현함으로써 그의 동태적 특성을 예측하기 위해 컴퓨터에 의해 실행될 수 있는 모형이다. 여기에서는 발생 가능한 여러 사상(events)을 상정하고, 각 사상이 관련변수에 미칠 영향과 새로운 사상의 유발 그리고 이들의 연쇄적 작용과 누적된 결과로서 상태의 변화를 예측하는 것이다. 이 모형에서는 체계에 대한 기본적 사상이 외부로부터 제공되는 것이 특징이다. Monte Carlo 방법에서는 외부로부터 발생되는(외생적) 사상을 확률밀도함수에 의해 무작위 추출방법으로 투입한다.

(8) 실 체계에 대한 이해수준

모형을 실 체계(real system)에 대한 이해수준에 따라 유추(analogue), 형태동일(homomorphic) 및 구조동일(isomorphic) 모형으로 구분할 수 있다. 유추모형은 모형의 대상이 되는 현상이 기존의 어느 현상과 비슷하다는 가정 하에 그에 대한 모형을 단순히 빌려온 경우이다. 예를 들면, 통행수요를 자연의 중력현상에 비유하거나, 또는 도로상의 통행을 관망 속의 유체에 비유하는 것 등이다. 이러한 단순한 비유의 수준에서 한 걸음 더 나아가 형태동일모형은 형태와 과정은 서로 비슷하지만 내부적 동인은 반드시 일치하지는 않는 관계에 대한 모형이다. 즉 여기서는 과정이나 형태에 관해서는 동일성을 추구하지만, 그 현상을 지배하는 인과관계는 분명하게 제시하지 않는 것이 단점이라 할 수 있다. 이러한 유추모형이나 형태동일모형은 예측목적보다는 기술모형의 성격이 강하다. 이에 반하여 구조동일모형은 그 현상을 지배하는 인과관계를 규명하고 그에 따른 적용과정을 모형으로 구성하는 것이다.

(9) 모형구성의 전략

모형을 구성 전략에 따라 부분모형(sub-model)과 일반모형(general model)으로 구분할 수 있다. 흔히 우리는 대상이 되고 있는 전체체계를 하나의 일반모형으로 표현하고자 한다. 그러나 연구의 전략상 전체체계를 여러 개의 부분체계로 나누어 부분모형을 구성하여 접근하는 것이 더욱 효과적일 경우도 있다. 토지이용과 교통수요의 순차모형은 이의 좋은 예이다. 그러나 순차적 부분모형과정에서 주의해야 할 점은 이들간의 정보순환을 위한 장치와 최종결과를 위한 적용순서를 결정하는 문제라 할 수 있다.

제 2 절 모형의 구축과정

1. 모형구성의 기초

모형구축(model building)은 실제체계에 대한 어떤 행동의 결과를 실험(experiment)하지 않고, 시간과 비용을 절약하여 사전에 예측하기 위한 것이 그 목적이다. 모형은 건축구조물이나 항공기 제작을 위한 물리적 모형(physical model)에서부터 개념정의에 의한 수학적 모형(mathematical model)에 이르기까지 다양한 형태를 갖고 있다. 모형을 “한 체계의 재현”(a representation of a system), 또는 “이론에 입각한 하나의 실험적 장치”라고 정의할 수도 있다. 이와 같은 맥락에서 우리는 모형을 “체계에 관한 우리의 이해를 명시적으로 표현한 것”으로 설명할 수 있다.

모형구성(model design)의 과정은 과학적 방법(scientific method)의 과정과 비교하여 보면, 우리는 모형구성을 보다 분명히 이해할 수 있다. 과학적 방법이 (가설→관찰→실험→검증→일반화)의 과정을 따른다면, 모형구성은 (이론·모형→자료수집→정산(整算)→타당성의 검정→예측)의 단계를 밟는다. 모형은 이론에 기초하여 구성되어야 하는바, 이론은 “일단의 사실이나 현상을 설명해 주는 개념체계 또는 일반적 법칙과 규칙의 체계화된 언급"으로 정의할 수 있다.

모형구성의 기본적 원리는 내부일관성(internal consistency)을 가져야 하는 것이다. 다만 모형의 상세 정도는 어느 수준이어야 하는가에 대한 문제는 분석가의 자의적 판단에 따를 수밖에 없다. 이처럼 모형정도의 최적수준을 이론적으로 사전에 결정하기 힘들다는 점이 모형구성에서의 큰 문제라 할 수 있다. 따라서 모형구성의 전략은 과학적 방법에 비교하면 다소 미흡하다고 볼 수 있다.

2. 기본과정 7단계

다음은 모형구성의 기본과정을 7단계로 요약하여 설명하고 있다.

① 모형구성의 목적을 분명히 설정해야 한다. 연구의 목적에 따라 요구되는 모형결과의 내용과 그 정도를 먼저 결정하고, 그런 요구에 부합된 모형형태를 결정하는 것이 필요하다.

② 연구대상이 되는 현상을 개념화 또는 설명해 주는 일반적 법칙, 즉 이론을 정리한다. 실제체계의 행태(行態 : behavior)를 설명해 주는 이론 또는 가설의 정립은 모형구성의 뼈대를 구성하는 가장 중요한 기본적인 작업이기 때문이다.

③ 모형에서 표현되어야 할 측정 가능한 변수(variable)가 선정되어야 한다. 계량적으로 측정이 불가능한 특성을 일반적으로 속성(attribute)이라 한다. 변수는 그 값이 모형 내에서 결정되는 내생(endogenous) 변수와 모형 밖에서 결정되는 외생(exogenous) 변수로 구분된다. 또한 변수는 통제가 가능한(controllable) 통제변수와 그렇게 할 수 없는 비통제(uncontrollable) 변수로 나눌 수 있다. 모형구조에서 중요한 역할을 하는 매개변수(parameter)는 일반적으로 변량인 변수이지만 특수 상황에서는 상수(constant)로 취급되는 변수이다.

예를 들어 도시 및 지역현상의 분석은 단순한 경험이나 직관에 의해 접근하기에는 너무 복잡다단하다. 그러므로 도시 또는 지역을 하나의 체계(system)로 정의하고, 그 구성인자의 상호관계를 면밀하게 분석하는 노력이 요구된다. 체계란 전체 시스템의 목표를 위해 기능을 담당하는 부분의 집합으로 이루어진다. 따라서 체계분석의 목적은 전체 시스템의 목표달성에 관계되는 구성인자를 밝혀내는 일이라 할 수 있다. 즉 체계가 지향하는 목표달성의 최종성과를 P라 한다면, 우리는 다음과 같은 함수로 P를 표현할 수 있다.

$$P = f(C, U)$$

여기에서 C는 제어된 변수(controlled variables)이며, U는 제어되지 않은 변수(uncontrolled variables)이다. 체계분석과정에서 C는 일반적으로 주어지는 경우(정책결정자의 필요에 따라)가 많다. 다만 여기에서 P는 반드시 계량화할 수 있어야 한다.

④ 변수의 포괄수준을 결정하는 것이다. 각 변수에 의해 정의되는 활동의 집합 정도에 따라 부문내의 동질성과 행태의 일관성에 관한 수준이 결정된다. 예를 들면, 인구의 경제 사회적 특성에 따른 계층구분이나 산업분류의 상세 정도는 연구의 목적과 모형이 추구하는 정도 그리고 모형구조의 타당성에 의해 결정되어야 한다.

⑤ 공간적 분석단위의 결정이다. 예를 들면, 교통계획은 공간적 이동에 관한 연구이기 때문에 공간단위를 세분할수록 일반적으로 모형결과의 효용성은 높아진다. 그러나 공간단위가 세분될수록 요구되는 자료의 양과 계산노력은 기하급수적으로 증대된다. 따라서 이용 가능한 자료수준에 비해 너무 많이 세분된 공간단위는 모형결과의 신뢰성을 크게 저하시킬 수 있다.

⑥ 모형에서 시간차원의 고려이다. 계획의 최종목표연도와 중간목표연도를 결정하는 문제와 모형의 형태를 정적, 동적 혹은 비교 정적 구조 중 어떤 형태를 선택할 것인가의 문제이다.

⑦ 모형구성에 도움이 되는 적합한 기법이나 분석도구의 선택이다. 이를 위해서는 통계학적 방법, 수리모형기법, 계량경제모형, 컴퓨터 프로그래밍 또는 컴퓨터 모사모형 등의 지식이 필요하다.

3. 현상의 이론화

모형을 정립하기 위해서는 먼저 현상에 대한 이론이 필요하다. 이론(theory)이란 "현상에 대한 일반화된 서술"이라고 정의할 수 있다. 이론이라는 용어는 경우에 따라 가설(hypothesis)이라는 용어와 구별하여 쓰이기도 한다. 즉 가설이 현상에 대한 일반적인 서술로서 검증을 거치지 않은 것이라고 하면, 좁은 의미의 이론은 검증을 거쳐 확인된 가설이라는 의미로 사용되기도 한다. 그러나 여기에서는 이론이라는 용어를 넓게 해석하여 좁은 의미의 이론과 검증되지 않은 가설을 모두 포함하는 것으로 정의한다.

이론의 대상이 되는 "현상"은 현실에 실재하는 물체와 상황뿐만 아니라, 인간의 정신세계에 존재하는 지적인 구성물까지 모두 포함한다. 현실세계에서의 실재와 정신세계에서의 실재를 엄격히 구분하기는 어렵다. 인간이 인식하는 현실이란 현실 그 자체가 아니라 인간의 정신에 여과되어 재구성된 것이라고 할 수 있기 때문이다.

이론이 현상에 대한 "일반화"된 서술이라고 하는 것은 이론이 특정 개별현상에만 적용되는 것이 아니라, 공통성을 가진 일단의 현상에 두루 적용된다는 것을 의미한다. 이론이 이러한 일반성(generalization)을 가지기 위해서는 (i) 수많은 개별현상에서 귀납적으로 추상된 공통요소를 서술하거나, (ii) 이미 공인된 어떤 사실에서 출발하여 논리적인 연역에 의해 새로운 내용을 도출하는 방법을 사용하게 된다.

4. 수식구성

모형은 현상의 수리적인 표현을 의미한다. 예를 들어 도시모형을 정립하기 위해서는 도시이론을 수학적으로 표현하는 단계를 반드시 거치게 된다. 수리모형은 변수(variable), 계수(coefficient 또는 parameter), 함수관계(functional relationship)의 세 요소로 구성되어 있다. 가령 도시토지의 가격 P는 도시중심부로부터의 거리 D가 증가함에 따라 지수함수로 하락한다는 이론이 있을 때 이를 수식으로 표현하면 다음과 같다.

$$P = ae^{-bD} \tag{2.1}$$

여기에서 P와 D는 변수이고, a와 b는 모형계수이며, 음의 지수함수는 함수관계에 해당된다.

변수는 그 값이 변화할 수 있는 어떤 요소로서 직접 측정해야 한다. 모형계수는 현상의 모집단(population)에서 이미 정해져 있는 값이기 때문에 변화하지 않으며, 이것을 직접 측정하는 것은 일반적으로 불가능하다. 모집단 현상에서의 계수 값을 어떤 방법으로도 알고 있다면 문제가 없으나, 그렇지 않은 경우에는 현상의 관찰자료를 이용하여 계수의 참값을 추정(estimation)하게 된다. 표본을 통해 모집단의 특성을 추정하기 위해서는 통계학을 이용한다. 함수관계는 이들 변수 및 계수를 종합적으로 연결해 주는 역할을 담당한다. 이와 같은 수리모형의 세 요소가 적절히 선택되어야 이론의 수식구성에 성공하였다고 볼 수 있다. 이들 3요소 가운데 어느 하나라도 잘못 선택될 경우에는 소위 모형정립의 오류(specification error)가 발생한다.

이론의 수식구성 단계에서는 다음 사항에 유의하여야 한다. 첫째, 수학적으로 표현된 결과가 이론과 부합되어야 한다. 수학언어의 제약 때문에 모든 이론이 수식으로 표현될 수도 없으며, 표현되더라도 이론의 풍부한 내용이 수식에서 오히려 사라지는 경우가 많게된다. 그러나 수식구성 단계에서 원래의 이론과 다른 결과가 도출되거나 이론의 본질적인 내용이 제외되어서도 안 된다.

둘째, 이론을 수학적으로 표현한 결과가 수학적인 관점에서도 타당해야 한다. 예를 들어 도시이론을 단지 수학적인 기호로 옮겨 놓았다고 모두 수리모형이 되는 것은 아니다. 모형의 표현결과가 수학의 논리에도 부합해야 한다.

셋째, 도시이론의 수식구성 단계에서 너무 수학적 타당성을 중시하는 나머지 이론의 사회과학적 의미를 희생시켜서는 안 된다. 도시이론은 도시현상을 연구하여 사회적으로 의미 있는 지식을 추구하는 데 그 목적이 있으며, 여기에서 수학은 다만 이러한 목적을 위한 보조적인 도구에 불과하기 때문이다.

넷째, 수리모형은 간명하여야 한다. 야심적인 모형 개발자일수록 복잡하고 정교한 구조의 수리모형을 선호하는 경향이 있다. 그러나 여기에는 학문상 및 실용상의 문제가 있다. 우선 학문상의 문제는 다음과 같다. 학문적인 지식은 진리 및 체계와 아울러 간결성이라는 특징을 갖는다. 현상보다 더 복잡한 지식, 즉 현상보다 더 이해하기 어려운 지식은 학문적 지식으로서의 가치가 적다. 그러므로 이론은 되도록 간명하여야 하며, 이론을 수식으로 표현한 수리모형은 더욱 간명하여야 한다. 또한 이론을 수리모형으로 구성하는 이유로서 모형의 수학적인 연산을 통해 현상에 대한 새로운 시각과 정보를 얻을 수 있다는 점을 들 수 있다. 그러나 수리모형이 복잡한 구조를 가짐으로써 수학적 연산을 불가능하게 한다면 수리모형을 구성하는 의미가 크게 줄어든다. 한편 실용상의 문제로는 관찰자료의 문제와 계산오차의 문제를 들 수 있다. 모형의 실용화를 위해서는 변수에 대한 많은 양의 관찰자료가 필요하다. 그러나 모형이 요구하는 모든 관찰자료를 쉽게 얻을 수 있는 것은 아니다. 아울러 얻을 수 있는 자료라고 하여도 상당한 오차가 포함되어 있는 것이 일반적이다. 즉 많은 변수를 포함하는 모형은 적절한 관찰자료를 얻기 어렵다. 아울러 모형의 계산에 의해 얻은 예측결과의 오차는 모형의 각 변수에 대한 오차의 단순 합계보다 훨씬 커진다. 따라서 도시모형은 실용적인 측면에서 고려하더라도 간명한 것이 좋다.

5. 수리모형의 검증

이것은 수리모형이 현상과 부합하는지 검증하는 절차이다. 만일 검증을 거친 이론을 "충실히" 수식으로 구성한 계획모형이라면 모형검증의 단계가 생략되어도 좋다. 그러나 수리모형은 수학언어의 제약으로 인해 이론과 일대일의 대응관계를 갖기 어렵기 때문에 비록 수식구성의 대상이 되는 이론이 검증된 것이라고 하여도 이론을 수식으로 구성한 후에 재검증하는 것이 요구된다.

검증이란 진리를 판단하는 작업이다. 진리 여부가 판정되지 않은 모형은 학문적으로나 실용적으로나 신뢰할 수 없다. 지식의 진리를 판정하는 기준은 대체로 두 가지로 나누어진다. 순수하게 논리적으로 연역된 지식은 그 논리적 정합성에 의해, 그리고 현실에서 귀납적으로 도출된 지식은 현실과의 경험적 대응성에 의해 진리 여부를 판정할 수 있다.

계획모형은 보통 현실에서의 현상에서 귀납된 이론을 수식으로 표현한 것이기 때문에 실제

도시현상과의 경험적 대응성에 의해 검증되어야 하는 경우가 많다. 도시모형에 의해 예측되는 결과와 현실에서의 관찰 결과를 비교함으로써 검증한다는 것이다. 그러나 사회현상에 있어서 이론 또는 모형에 의한 예측이 현실과 정확하게 맞아떨어지기를 기대하기는 어렵다. 예측과 실제 사이에는 어느 정도의 오차가 언제나 있기 마련이다. 그러므로 완벽한 진리임이 증명되는 모형이란 존재할 수 없다고 보아도 과언이 아니다. 다만 그 오차의 정도에 의해 용인할 수 있는 모형과 그렇지 못한 모형을 구별할 수 있을 뿐이다. 용인의 기준이 되는 오차의 정도는 일률적으로 정할 수 있는 사항이 아니다. 다만 모형연구자의 연구목적에 따라 그 정도를 적절히 판단할 수 있을 뿐이다.

제 3 절 계획모형의 유용성과 한계성

1. 개요

계획모형 연구는 사회현상에 대한 계량적인 연구의 한 형태라고 할 수 있다. 계량적 연구는 이론적 실증주의와 행태주의의 영향 아래 사회과학(social science)의 유효한 연구방법으로 각광을 받아 왔다. 이들 두 주의에 의해 수립된 계량적 연구의 성향은 지금까지 학계에 큰 영향을 미치고 있다. 현재는 계량적 연구가 갖고 있는 지나친 계량화의 단점을 보완하면서 그 장점을 계속 살려 나가야 한다는 목소리가 학계에 더욱 굳게 뿌리를 내리고 있다고 할 수 있다.

계획모형은 비교적 새로운 연구대상이라 할 수 있지만, 위와 같은 배경 속에서 도시나 지역의 연구분야에 매우 중요한 위치를 점하고 있다. 따라서 계획모형을 현명하게 사용하기 위해서는 모형이 갖는 고유의 유용성과 한계성을 분명히 파악할 필요가 있다. 다음은 계획모형의 유용성을 학문적인 관점과 실무적인 관점으로 나누어 고찰하고, 아울러 계획모형의 한계성도 여러 측면에서 검토하고 있다.

2. 계획모형의 유용성

(1) 학문적인 유용성

계획모형은 도시나 지역의 현상을 학문적으로 연구하는 수단일 뿐만 아니라, 문제를 정책적·계획적으로 해결하는 수단이 되기도 한다. 우선, 계획모형은 수학의 언어를 사용한다는 점에서 학문적인 유용성을 찾을 수 있다. 수학언어는 일상언어에 비해 개념의 명확성, 표현의 간결성 및 연산의 용이성이라는 장점을 가지고 있다. 일상언어에서는 용어의 개념이 사용자에 따라 그리고 사용되는 상황에 따라 달라진다. 학문적으로 엄격히 정의된 용어라고 하더라도 용어 자체가 일상생활에서 사용하는 언어와 같고, 용어의 정의도 일상언어에 의해 내려지기 때문에 개념의 모호성을 피하기 어렵다. 그러나 수학언어에서의 용어는 이러한 모호성을 결코 용납하지 않기 때문에 개념의 확실성을 생명으로 하는 학문용어로서 매우 바람직한 특성을 갖는다. 또한 수학언어는 표현적 간결성이라는 장점이 있다. 학문적 지식은 진리, 체계 및 간결성의 특징을 갖추어야 한다. 지식의 내용이 거짓이 아니어야 하고, 참의 지식이라고 하더라도 단편적인 지식이 아니어야 하며, 아울러 표현에 있어 간결하여야 한다는 것이다. 수학언어는 간결성이라는 학문적 지식의 한 요건을 충족시켜 준다. 따라서 수학의 언어로 표시되는 계획모형도 그와 같은 유용성을 갖게 된다. 아울러 수학언어는 연산을 용이하게 해주는 언어라는 장점이 있다. 수학적인 연산은 연역적인 방법에 의해 현상에 대한 새로운 지식을 도출해 줄 수 있다. 일상언어도 논리에 의해 새로운 지식을 도출할 수 있기는 하지만, 수학의 연산에 비해 도출과정에 오류가 개재될 위험성이 높다.

둘째, 계획모형은 현상에 대한 이론을 검증할 수 있는 수단이 된다는 점에서 학문적인 유용성을 가진다. 학문적인 이론이 참인지 아닌지를 판단하는 기준으로 논리적 정합성과 경험적 대응성을 들 수 있다. 논리적 정합성을 가진 이론은 지식자체의 체계 속에서 논리적으로 상호 모순되는 점이 없는 이론을 말한다. 이론이 경험적 대응성을 가지려면 현실에서의 경험내용과 이론의 내용이 일치하여야 한다. 계획모형은 수학적인 언어로 표시되며, 수학은 논리적 정합성을 생명으로 하는 지식체계이다. 계획모형이 계획이론을 잘 반영한다고 하면 계획모형의 수학적인 논리를 검토함으로써 계획이론의 논리적 정합성을 좀더 쉽게 판단할 수 있다. 또한 계획모형은 이론의 경험적 대응성을 판단하는 수단이 될 수 있다. 이것은 계획모형을 이용하여 도시현상에 대한 모의실험(simulation)을 할 수 있기 때문이다. 모의실험은 "어떤 현상을 모형으로 구성하고 이 모형의 각 요소를 변화시킬 때 나타나는 결과를 관찰하여 현상의 이해와 예측을 시도하는 실험"이라고 정의할 수 있다. 따라서 모형이 이론을 잘 반영한다고 하면, 모의실험을 통해 나타나는 결과와 현실에서 발생되는 사실을 비교함으로써 이론의 경험적 대응성 여부를 판단할 수 있다.

(2) 실무적인 유용성

계획모형은 정책 또는 계획에 응용되어 도시나 지역문제를 해결하는 데에 기여할 수 있다. 무엇보다도 계획모형은 정책 모의실험에 이용되어 정책과정에 필요한 다양한 자료를 제공한다. 계획모형의 한 예로 다음과 같은 단순한 모형을 생각해보자.

$$Z = aX + bY \quad (2.2)$$

여기에서 X는 도시현상의 내생변수로서 정책적으로 통제가 되지 않는 변수, Y는 정책에 의해 조정할 수 있는 변수, Z는 정책의 목표가 되는 변수로서 X, Y 두 독립변수에 의해 결정되는 종속변수, 그리고 a와 b는 모형계수이다. 또한 아래 식에서의 c, d, e, f도 모두 모형계수들이다.

① 정책 모의실험은 위 식에서 Y를 고정시켰을 때 X가 Z에 어떤 영향을 주는가를 밝혀줄 수 있다. 즉 어떤 정책에 의해 특별한 자극을 주지 않을 때 도시현상이 어떻게 나타날 것인가를 검토할 수 있다. 그 결과 정책목표변수 Z가 어떤 기준치 이하가 되어 도시문제가 발생된다는 사실이 밝혀지면, 이를 예방 또는 치유하기 위한 정책을 개발할 수 있게 된다.

② 정책 모의실험을 통해 정책 대안들을 사전에 평가할 수 있다. 위 식에서 내생변수 X를 일정한 상태에 고정시키고 정책변수 Y에 각 정책대안을 대입하여 정책목표변수 Z에 어떤 영향을 주는가를 비교해 봄으로써 정책을 직접 시행해 보지 않고서도 그 영향을 사전에 예측할 수 있게된다.

③ 정책 모의실험을 통해 정책목표를 달성하는데 필요한 정책 Y가 어떤 것인가를 알 수 있다. 즉 위 식을 다음 식으로 변형할 수도 있다.

$$Y = cX + dZ \quad (2.3)$$

여기에서 주어진 도시의 상태를 X에 대입하고 달성하고자 하는 정책목표를 Z에 대입하면, 필요한 정책 Y가 어떤 것인가를 탐지할 수 있다.

④ 정책목표를 달성하기 위해 어떤 정책을 수립할 때, 그 정책이 소기의 성과를 거둘 수 있는 여건이 어떤 것인지를 정책 모의실험을 통해 알 수 있다. 식 (2.2)에서 다음과 같은 식을 도출해 보자.

$$X = eY + fZ \quad (2.4)$$

위 식에서는 정책목표 Z를 달성하기 위해 정책 Y를 실시할 때, 이 정책이 성공하기 위해 필요한 도시의 상태 X가 어떤 것인가를 알 수 있다.

3. 계획모형의 한계성

(1) 사회모형으로서의 한계성

도시나 지역현상은 사회현상의 하나라는 점에서 사회현상의 이론 및 모형에서 갖게 되는 한계성을 계획모형도 갖게될 수밖에 없다. 사회현상은 인간이 주체가 되어 형성하는 현상이기 때문에 인간의 자유의지에 의한 변화의 가능성이 크다. 이것은 자연현상이 어떤 "불변의 대원리"에 의해 지배되는 것과는 다르다. 따라서 사회현상에서는 현상의 규칙성을 발견하여 이를 이론 및 모형으로 구성하기가 어렵다는 것이다. 더구나 사회현상에서 규칙성과 비슷한 것이 발견된다고 하여도 인간의 행동에 의해 그러한 규칙성이 교란되는 경우가 많다. 그러므로 사회과학에서의 이론과 모형은 자연과학에서의 이론과 모형에 비해 적용에 있어 매우 제한될 수밖에 없다.

또한 인간은 사회현상을 형성하는 주체인 동시에 사회현상에 의해 직접 영향을 받는 객체이기 때문에 상식적인 수준에서도 사회현상의 미세 부분에까지 상당히 잘 알고 있다. 이론이란 본질적으로 현상을 추상한 것이므로 필연적으로 구체성을 상실하게 마련이며, 개별 현상의 변화나 예외성을 어느 정도 무시하게 된다. 사회현상에 대한 미세하고 구체적인 지식을 이미 갖추고 있는 인간에게 이와 같은 추상적인 이론은 만족스럽지 못한 지식이 되기 쉽다. 사회과학에서 만족스러운 이론이 정립되지 않을 경우에 이론의 수리적인 표현인 모형도 만족스럽지 못할 것은 당연한 귀결이다. 요약하면, 사회현상이 자연현상과 다른 특성을 지니고 있기 때문에 이론 및 모형구성에 한계를 갖는다는 것이다.

(2) 수리모형으로서의 한계성

앞서 계획모형이 수학의 언어를 사용한다는 점에서 유용성도 있지만, 그로 인한 제약점도 있다. 우선, 수학언어는 일상언어에 비해 표현 능력이 매우 제한되어 있다. 복잡한 도시나 지역현상은 어휘가 풍부한 일상언어로서도 완전히 재생하기가 거의 불가능하기 때문에 일상언어로 옮겨 놓는 행위 그 자체로서 현상의 많은 부분이 희생되고 만다. 그런데 수학언어는 기껏해야 합리적이고 잘 정돈된 현상만을 표현하는 능력밖에 없기 때문에 수학적인 표현에 의해 현상의 더 많은 부분이 희생되기 마련이다. 수학의 발달에 따라 이와 같은 제약성이 줄어들겠지만, 최소한 지금까지의 수학의 능력으로는 이러한 제약을 피할 수 없다.

둘째, 수학적 연산의 제약성을 들 수 있다. 우선 모든 수식에서 해(solution)를 얻을 수 있는 것이 아니라는 점이다. 방정식은 4차 방정식까지 일반 해가 가능할 뿐이며 일차연립방정식의 해도 미지수의 수와 방정식의 수가 같을 경우에만 얻을 수 있을 뿐이다. 아울러 미분방정식

(differential equation)이나 차분방정식(difference equation)의 경우에는 일반 해가 존재하지도 않는다. 또한 수학적인 해를 구할 수 있다고 하더라도 그 해가 사회적으로 의미 있는 해가 된다는 보장도 없다. 모형에 사용된 수학이 아무리 우수하다고 하여도 그 해가 사회적인 의미를 가지지 못한다면, 그러한 모형의 사회과학적 의의는 크게 제한될 것이다.

(3) 모형의 계산에 관련된 한계성

계획모형에서 모형계수를 추정하고 모형의 종속변수의 값을 예측하는 등의 과정에서 계산에 관련된 한계성이 있다. 우선, 모형계수의 추정은 추정방법과 관찰자료에 의해 결정되기 때문에 모형 계수 값을 정확하게 찾아내기 어렵다. 통계학에서 잘 알 수 있듯이, 계수의 추정은 불편기성, 최우성(最尤性), 유효성, 일정치 등에서 일부의 성질만을 만족시킬 뿐이다. 따라서 실제의 추정치는 그 모수(母數)의 참값과는 필연적으로 오차를 갖게 마련이다. 또한 모형의 구조와 모형계수가 정확하더라도 독립변수의 관찰자료에 오차가 있다면 종속변수의 예측에 커다란 오차가 발생한다. 가령 어떤 계획모형이 다음 함수로 정의되어 있다고 가정해 보자.

$$Y = f(X_1,\ X_2,\ \ldots,\ X_n) \tag{2.5}$$

위 함수에서 종속변수 Y의 오차 e_y는 다음과 같은 관계를 갖게 된다.

$$e_y^2 = \sum_i f_{xi}^2\ e_{xi}^2 + \sum\sum_{i \neq j} f_{xi}\ f_{xj}\ e_{xi}\ e_{xj}\ r_{ij} \tag{2.6}$$

여기에서 f_{xi}이며, e_{xi}는 X_i의 측정오차, r_{ij}는 변수 X_i와 X_j간의 상관계수이다.

위 식에서 알 수 있듯이 종속변수의 예측오차는 독립변수의 오차가 클수록, 독립변수의 수가 증가할수록 더욱 큰 비율로 커진다. 소위 오차파급(error propagation)을 유발할 수 있는 것이다. 모형이 정교할수록 모형에 의한 예측결과는 더욱 부정확해질 가능성이 높다는 역설적인 결론에 이르게 된다. 따라서 모형은 그 구조의 복잡 정도가 높아질수록 구조오차는 줄어들지만, 반대로 측정오차는 증가되는 현상, 즉 서로 상반된 두 가지 요소의 혼합효과에 주목해야 한다.

(4) 모형의 가정에 의한 한계성

계획모형의 정립에는 도시나 지역현상에 관한 어떤 가정을 전제로 하는 경우가 많다. 복잡한 현상을 제한적인 수학언어로 옮겨 놓기 위해서는 반드시 가정이 필요하게 된다. 그러므로 모형의 적용단계에서 이러한 가정이 성립되는 상황인지를 반드시 검토해야 한다.

모형정립에 흔히 채택되는 가정으로는 선형적인 함수관계, 변수간의 상호독립성, 오차변수의 정규분포 등이 있다. 이러한 모형의 가정은 학문적으로는 엄격한 검토대상이 되지만, 실제 상황에서 가정의 성립여부를 확인하기가 쉽지 않다. 따라서 모형의 적용단계에서 이를 간과하는 수가 많다. 가정에 대한 철저한 확인을 거치지 않고 적용된 모형에서 도출되는 예측이나 정책대안은 건전한 상식인의 논리에 의한 결과보다 우수하다고 판단할 수 없다는 점에서 그 한계성이 있다.

(5) 정치적인 한계성

계획모형이 도시나 지역정책 결정과정에 응용될 경우에 안게되는 정치적인 문제도 모형의 한계성 중 하나로 볼 수 있다. 계획모형은 전문성을 띠고 있고, 매우 합리적인 듯한 외양을 갖추고 있으며, 문제의 진단과 처방을 구체적인 숫자로 제시해 준다. 정치인은 계획모형의 결론이 자신의 정치적 주장과 일치할 경우에 계획모형을 정치적 설득 수단으로 사용하기 쉽다. 도시모형의 결론이란 수많은 가정에 의해 제약된 하나의 작은 가능성에 불과한 것이지만, 정치적으로 악용될 우려가 있다는 것이다. 또 다른 한계성으로 계획모형 전문가와 주민 사이에 발생하는 마찰을 들 수 있다. 모형전문가는 정치인이 아니기 때문에 주민의 요구에 민감하지 못하며, 전문가로서 자신이 관심을 갖는 모형의 논리에만 집착하는 경향이 있다. 반면에 주민은 그들이 이해할 수 없는 계획모형이라는 "괴물"을 통해 형성된 정책에 대해 의구심을 품게 된다. 여기에서 계획모형은 정치인, 전문가, 주민의 공통된 이해 위에 합의를 도출하는데 오히려 장애요소가 될 수 있다는 것이다. 그러나 이러한 모형마저 없다면, 우리는 해결의 실마리를 찾을 수 없게 될지도 모른다.

연습문제

2.1 제2장에서 나오는 용어를 10개 이상 선정하여 그 의미를 약술하시오.

2.2 귀하가 알고 있는 모형 3개 이상을 교과서에 나오는 9가지 분류원칙에 따라 정리해보시오. 예를 들면, 인구모형 중 기하급수 증가공식은 ① 예측적 모형, ② 인구모형, ③ 예측적 모형, ④ 동적 모형, ⑤ 거시모형, ⑥ 확정적 모형, ⑦ 분석적 모형, ⑧ 유추적 모형, 그리고 ⑨ 부분모형이라 할 수 있다.

2.3 이론(theory)과 가설(hypothesis)의 차이에 관해 논하시오.

2.4 ① 도시계획에 있어 모형의 중요성을 설명하고, ② 모형의 구축과정을 설명하되, 과학적 방법 및 계획과정과의 비교 시각에서 논하시오.

2.5 모형구성(modelling)에서 변수(variable)의 종류와 의미를 설명하시오.

2.6 모형의 구축과정을 과학적 방법과 계획과정과 비교하여 논하시오.

2.7 계획모형의 유용성과 한계성을 실제 사례를 들어 설명하시오.

2.8 귀하가 관심 있는 도시관련 연구제목을 선정하여, 연구의 배경 및 목적, 연구의 가설 설정, 모형구축, 모형에 필요한 자료, 연구결과 및 기대효과 등을 기술하는 제안서(proposal)을 작성하시오.

제 2 편

인 구 계 획

제 3 장 인구개념 및 구조

도시계획의 궁극적인 목표는 그 계획의 대상인 인간의 복리증진에 있다. 즉 계획이란 도시 및 지역주민의 복리를 위하여 어떤 문제를 어떻게 해결해 갈 것인가를 다루는 과정이다. 계획에서 어디에, 무엇을, 그리고 어떻게 추진해 갈 것인가는 바로 왜 그것이 필요한가와 직결되어 있다. 따라서 인구의 다양한 특성과 분포, 인구이동 및 성장에 관한 분석과 예측은 계획의 기본방향을 설정하기 위하여 우선되어야 할 작업이다.

아울러 이 작업은 계획의 각 부문, 즉 토지이용, 교통, 주택, 기반시설 등에 필요한 지표를 제공하게 된다. 이것은 인구가 모든 활동의 주체인 만큼 어떤 부문의 계획수립에 필요한 계량적 모형의 자료가 되거나 지역간 비교에 직접 이용되기 때문이다. 따라서 인구는 도시계획에서 가장 중요한 계획 지표(index)로서의 역할을 하므로, 여기에서 서술될 인구개념과 구조에 대한 이해가 필요하다.

제 1 절 인구개념

1. 이념인구

인구현상을 연구하기 위하여 설정된 인구를 이념인구라 하며, 현실적으로 존재하고 있는 인구를 실제인구라고 정의하고 있다. 이념인구는 인구분석에 중요한 이론적 도구가 되며, 실제인구는 이념인구의 모형을 구성하기 위한 근거가 된다.

① 봉쇄인구(closed population) : 이것은 인구 이동(migration)이 전혀 일어나지 않는 인구로서, 자연증가 요인인 출생과 사망에 의해서만 변동되는 인구를 말한다. 실제로 이런 인구집단은 있을 수 없지만, 국가간 인구이동의 크기가 매우 작은 나라의 경우엔 그 국가를 하나의 봉쇄체제로 볼 수 있으며, 전국인구는 봉쇄인구로 간주될 수 있다.

② 안정인구(stable population) : 봉쇄인구에 있어서 남녀의 연령별 사망률 및 출생률이 일정하다고 가정하면, 인구의 자연증가율이 일정해진다. 봉쇄인구의 이러한 특수한 경우를 안정인구라고 한다.

③ 준 안정인구(quasi-stable population) : 안정인구에서 연령별 출생률만이 일정한 인구를 준 안정인구라 한다.

④ 정지인구(stationary population) : 안정인구에 있어서 출생과 사망이 동일하여 자연증가가 전혀 일어나지 않는다고 가정한 이념인구를 정지인구라 한다. 정지인구는 생명표(life table)의 기초가 된다.

2. 결합인구

인구집단을 일정한 지역 또는 기준과 결부시켜 관찰하는 인구를 결합인구라 한다. 이는 주로 인구조사 방법의 문제에 관련된다.

① 현재인구와 상주인구 : 특정 관찰시점에서 특정 지역에 현존하고 있는 인구집단을 모두 그 지역의 인구로 간주할 경우, 그 인구를 현재인구라고 한다. 즉 이는 조사당시 조사지역 중심의 인구현황이 된다. 반면에 상주인구란 주거지 중심의 인구라 할 수 있다. 이것은 특정 조사시점에 특정한 지역에 상주하고 있는 인구집단을 모두 그 지역의 인구로 간주할 경우의 인구를 나타낸다. 현재인구와 상주인구의 구별은 인구조사의 방법상 매우 중요하다. 상주인구와 현재인구간의 관계는 아래와 같다.

상주인구 = 현재인구 + (일시부재인구) - (일시현재인구)

② 법적 인구 : 특정 조사시점에 있어서 어떤 법적 기준에 따라 특정 인구집단을 특정 지역에 포함시킨 인구를 법적 인구라 한다. 우리 나라의 경우 호적법과 관련된 본적인구, 선거법과 관련된 유권자인구, 조세법과 관련된 납세인구, 병역법과 관련된 병역인구 등이 그 좋은 예이다.

③ 취업지역 인구(work-place population) : 취업자를 그의 직장이 위치하고 있는 지역에 포함시킬 경우의 인구를 취업지역 인구라고 한다. 통학생을 그의 학교가 위치하고 있는 지역에 포함시켜 조사하는 경우도 있다. 취업지역 인구의 파악은 다음 관점에서 매우 중요하다. 우선 특정 취업지역 인구의 산업별 구조와 현재인구(또는 상주인구)의 산업별 구조의 비교를 통해서 지역사회의 경제적 특징을 파악한다. 둘째, 취업지역 인구를 현재인구(또는 상주인구)와 비교함으로써 주간인구를 간접 추정한다. 그리고 나아가서 통근이동을 정적으로 파악할 수 있다. 오늘날 도시의 직·주 분리(직장과 주거지간의 원거리) 현상으로 인한 교통문제, 환경문제 등이 심각하게 제기되고 있는 점을 고려할 때 취업지역 인구에 관한 통계자료는 매우 중요하다.

④ 출생지역 인구(population by place of birth) : 이것은 출생지역별로 파악된 인구를 말한다. 출생지역 인구를 상주인구 또는 현재인구와 비교하면, 출생지역 - 상주지역 또는 출생지역 - 현재지역 간의 이동을 정적으로 파악할 수 있다. 특정 지역의 출생지역별 인구구조는 인구이동을 통해서 본 그 지역의 인구 형성과 성격을 나타내준다.

3. 통계인구

통계자료에 의하여 인구현상을 분석하고자 할 경우, 통계상의 인구개념을 명확히 이해할 필요가 있다.

① 평균인구와 중앙인구 : 평균인구(mean population)와 중앙인구(central population)는 특정기간 중의 인구를 대표하는 값을 결정하기 위해서 사용되는 개념이다. 평균인구는 특정기간 동안의 인구의 평균을 나타내며, 중앙인구는 특정기간의 중앙시점에 있는 인구를 의미한다. 특히, 중앙인구의 경우 1년의 중앙인 7월 1일 현재의 인구를 연중인구(mid-year population)라고 한다.

② 주간인구와 야간인구 : 한 지역인구에 대한 관찰시점이 주간인가 혹은 야간인가에 따라 주간인구(day-time population)와 야간인구(night-time population)로 구분할 수 있다. 일반적으로 인구조사는 야간인구의 입장에서 집계되고 있다. 그러나 대도시의 경우 도심과 주거지역의 주간인구와 야간인구에는 큰 차이가 있다. 도시문제 중 가장 심각한 문제중의 하나인 교통문제, 각종 시설물의 집중 문제 등은 주간인구의 도심집중과 관련된 문제이므로 주간인구의 파악은 매우 중요하다. 이에 따라 도시기본계획의 법적 내용항목에도 주간인구를 반드시 조사하도록 규정되어 있다.

③ 증가인구, 감퇴인구 및 정지인구 : 인구가 증가하는 경향을 가진 인구를 증가인구(progressive population), 감소경향을 가진 인구를 감퇴인구(regressive population), 그리고 증가경향도 감퇴경향도 갖지 않는 인구를 정지인구(stationary population)라 한다.

④ 「코호트」(cohort) : 이것은 특정기간에 발생한 인구(성·연령별 인구), 즉 동시발생 인구집단을 의미한다. 이는 인구분석을 위해 고안된 일종의 개념적 도구로서 이 용어가 사용되기 전에는 세대(generation)라는 개념이 사용된 바 있다.

제 2 절 인구구조

한 지역인구의 구조적 특성은 그 지역의 인구성장에 많은 영향을 줄 뿐 아니라, 지역인구의 질적 속성을 결정한다. 따라서 과거의 인구변화 추세와 현황을 이해하고 장래 인구성장을 예측하기 위해서는 인구구조의 분석은 필수적인 과제이다. 인구구조의 분석결과는 토지이용, 교통, 하부시설 등 부문별 계획의 기본방향 설정, 수요 추정, 정책수립 등의 내용을 구체화하는데 이용된다.

인구구조를 파악하기 위해서는 인구를 연령별·성별로 구분하는 방법이 가장 기본적이고 대표적인 방법이다. 이는 흔히 5세 간격의 연령집단별로 조사·분석된다. 연령별·성별 인구구조 외에 소득계층별, 교육정도별, 직업별, 산업별, 가구주의 연령별, 취업지역별, 혼인상태(marital status)별 인구구조 등이 조사된다.

1. 연령별 인구구조

(1) 목적

인구의 연령별 구조상태를 조사함으로써 그 인구의 특징 및 성장 추세, 경제활동 가능인구의 분포 등을 분석·예측할 수 있다.

(2) 방법

① 연령별 인구 : 봉쇄인구라는 가정 하에서 다음 식을 이용하여 연령별 인구를 구한다.

$$P(t,\ x) = B(t - x) \cdot \ell(x) \qquad (3.1)$$

여기에서 $P(t,\ x)$는 특정 시점 t의 x세 인구수, $B(t - x)$는 특정 시점 $t - x$에 출생한 인구수, 그리고 $\ell(x)$는 특정 시점 $t - x$에 출생한 인구가 정확한 연령 x세까지 생존(살아남을) 비율이다. 따라서 봉쇄인구집단의 총인구는 다음과 같다.

$$P = \int_0^W P(t,\ x)dx = \int_0^W B(t - x) \cdot \ell(x)dx \qquad (3.2)$$

즉 연령별 인구를 나타내는 함수인 $B(t - x) \cdot \ell(x)$를 0세부터 W세까지 적분한 것이 바로 연령별 인구의 합계가 된다. 이때 동시에 출생한 인구집단 전체를 1로 놓는다면, $\ell(0) = 1$, 그리고 $\ell(W) = +0$ (0의 근사 값)이므로 $0 \leqq \ell(x) \leqq 1$ 이며, 또한 $\ell(x) \geqq \ell(x+1)$ 이다.

② 연령구조 곡선 : 이 방법은 그래프 용지의 오른쪽은 연령, 그리고 위쪽은 각 연령의 인구가 총인구 내에서 차지하는 비율을 %로 표시한다. 이 도표는 비교 대상의 지역에 있어서 연령구조상 어떤 계층에 격차가 있는가를 쉽게 알 수 있게 한다.

③ 연령지수 곡선 : 이 방법은 상위지역에 포함되는 각 하위지역간의 연령구조를 상위지역에 대비하여 비교할 경우 사용된다. 그래프 용지의 오른쪽으로는 연령을, 그리고 위쪽으로는 연령지수를 표시한다. 연령지수는 기준이 되는 상위지역에서 x세 연령의 구성비를 구한 후 이를 100으로 보았을 때, 비교하려는 하위지역의 x세 인구구성비는 얼마가 되는가를 나타낸 숫자이다.

④ 평균연령 : 이것은 연령구조상의 특징을 대표 값인 어떤 한 수치로 표현하는 방법이다. 평균연령 외에도 중위수(median)와 최빈수(mode) 등이 사용된다.

⑤ 부양인구비율(dependency ratio) : 인구의 연령구조를 경제활동과 관련시켜 파악하면, 소년인구, 생산연령인구 및 노년인구로 구분된다. 생산연령 인구는 곧 경제활동 가능인구로서, 이는 다시 경제활동인구와 비경제 활동인구로 나뉜다. 가사종사자, 취학(就學)자, 병・노령으로 노동이 불가능한 자 및 기타(군인 등)가 비경제 활동인구에 포함된다. 그밖에 경제용어로서 경제활동참가비율, 취업률, 실업률, 잠재실업률 등의 경제적 용어들을 이해할 필요가 있다.

부양인구비율

$$D \cdot R = \frac{\int_0^{14} P(x)dx + \int_{65}^{W} P(x)dx}{\int_{15}^{64} P(x)dx} = D \cdot R' + D \cdot R'' \qquad (3.3)$$

여기에서 생산연령인구는 15세~64세(특정 경우 14~64세)의 인구이다.

■ 소년인구 부양비율

$$D \cdot R' = \frac{\int_{0}^{14} P(x)dx}{\int_{15}^{64} P(x)dx} \tag{3.4}$$

■ 노년인구 부양비율

$$D \cdot R'' = \frac{\int_{65}^{W} P(x)dx}{\int_{15}^{64} P(x)dx} \tag{3.5}$$

■ 노령화지수(老令化指數)

$$I = \frac{\int_{65}^{W} P(x)dx}{\int_{0}^{14} P(x)dx} = \frac{D \cdot R''}{D \cdot R'} \tag{3.6}$$

【예제 3-1】 부양인구비율의 계산

다음 표를 이용하여 부양인구비율, 소년인구 부양비율, 노년인구 부양비율 및 노령화지수를 각각 구하시오

구 분	0~14세 인구	15~64세 인구	65세 이상 인구
인구수(천인)	9,000	30,000	6,000

풀이

전술한 방정식 (3.3)~(3.6)을 이용하여 부양인구비 등을 계산하면 다음과 같다.

□ 부양인구비율 $= \dfrac{(9,000+6,000)}{30,000} = 0.5$

□ 소년인구 부양비율 $= \dfrac{9,000}{30,000} = 0.3$

□ 노년인구 부양비율 $= \dfrac{6,000}{30.000} = 0.2$

여기에서 부양인구비율은 소년인구 부양비율과 노년인구 부양비율을 합산한 수치임.

□ 노령화지수 $= \dfrac{6,000}{9,000} = \dfrac{2}{3} \fallingdotseq 0.67$

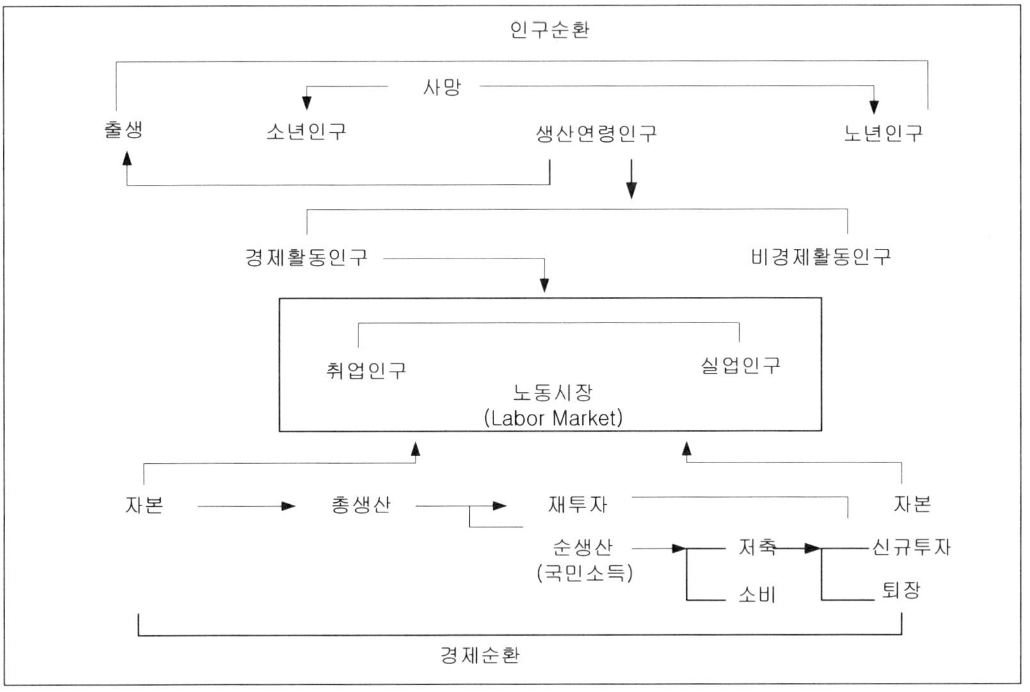

〈그림 3.1〉 인구구조와 경제활동의 관계

⑥ 연령구조와 인구성장모형 : 이것은 인구재생산연령인 15~49세 인구를 중심으로 하여 인구를 3개의 연령계층으로 구분한 후, 각 계층의 비율에 의하여 그 인구집단의 장래 추세를 예측하는 방법이다. 여기에서는 「선배르그」(Sundbärg)와 「홀」(Hall)의 구분법을 소개하도록 한다.

○ 선배르그(Sundbärg) 구분법

연령계급	증가형	정지형	감퇴형
0~14세	40 %	26.5 %	20 %
15~49세	50 %	50.5%	50 %
50세 이상	10 %	23 %	30 %

○ 「홀」(Hall) 구분법

- 유출형 : 15~49세 인구의 비율이 50% 미만
- 유입형 : 15~49세 인구의 비율이 50% 이상
- 정지형 : 0~14세 인구의 비율이 50세 이상 인구비율의 약 2배
- 감퇴형 : 0~14세 인구의 비율이 50세 이상인구비율의 2배미만
- 증가형 : 0~14세 인구의 비율이 50세 이상 인구비율의 2배를 넘는 인구

2. 성별 인구구조

(1) 목적

인구의 남・여 구성상태를 통해 그 인구의 특성을 분석・예측한다.

(2) 방법

성별 인구구조를 결정하는 요인은 출생성비(출생의 남녀 성 비율)와 사망성비, 유입성비 및 유출성비이다. 성비를 나타내는 방법은

① $r_{s1} = \frac{P_M}{P_F}$, ② $r_{s2} = \frac{P_F}{P_M}$, ③ $r_{s3} = \frac{P_M}{(P_{M+}P_F)}$, 그리고 ④ $r_{s4} = \frac{P_F}{(P_M + P_F)}$ 등이 있다.

여기에서 P_M은 남자인구수, P_F는 여자인구수를 가리킨다.

3. 성 · 연령별 인구구조

(1) 목적

인구 피라미드(pyramid)는 인구를 남 · 여와 연령별로 구분하여, 총인구에 대한 비율 혹은 총수를 표현함으로써 한 도면상에 조사대상인구의 성별 · 연령별 인구구조를 보여준다.

(2) 방법

① 일면 피라미드(one-sided pyramid) : 아래를 연령계층으로 하고 총인구 중 연령별 남 · 여 인구의 비율을 위로 세운 막대그래프로, 남 · 여를 한 면에 나타내므로 성별 연령구조 차이를 구별할 수 있게 한다.

② 인구 피라미드 : 남 · 여를 양면으로 구분하여 연령별 혹은 연령계층별(보통 5세 간격) 인구수나 그 인구가 전체인구에서 차지하는 비율을 옆으로 누인 막대 그래프 형태로 나타낸다. 대부분의 경우 연령별 구성비를 구하여 사용한다. 그래프의 왼쪽이 남자인구 그리고 오른쪽이 여자인구이며, 위쪽을 노년인구로 하여 백분율(%) 또는 천분율(‰)로 그린다.

(3) 적용

인구 피라미드의 형태로 그 지역의 인구에 대한 전반적인 특징을 개괄적으로 평가할 수 있다. 인구 피라미드의 결과를 다음 다섯 가지 유형에 맞추어 분류 · 분석할 수 있다.

피라미드형은 고생산(高生産), 고사망(高死亡) 지역에서 나타나는 유형으로 다산 · 다사망 이라고도 한다. 여러 저개발국가의 인구구조가 이에 속한다. 이 인구구조의 특성은 소년인구의 비중이 매우 크고 노년인구의 비율이 작은, "젊은 인구"라는 점이다. 따라서 피라미드형 인구의 부양비율(dependency ratio)은 매우 높다.

종형은 저출생 · 저사망의 선진국 유형으로 소산 · 소사망이다. 이 구조의 특징은 부양인구비율이 낮고 생산연령인구비율이 높다는 데 있다. 호형은 출산력의 저하로 소년인구비율이 매우 낮아져 인구가 감퇴상태에 놓여 있는 유형이다.

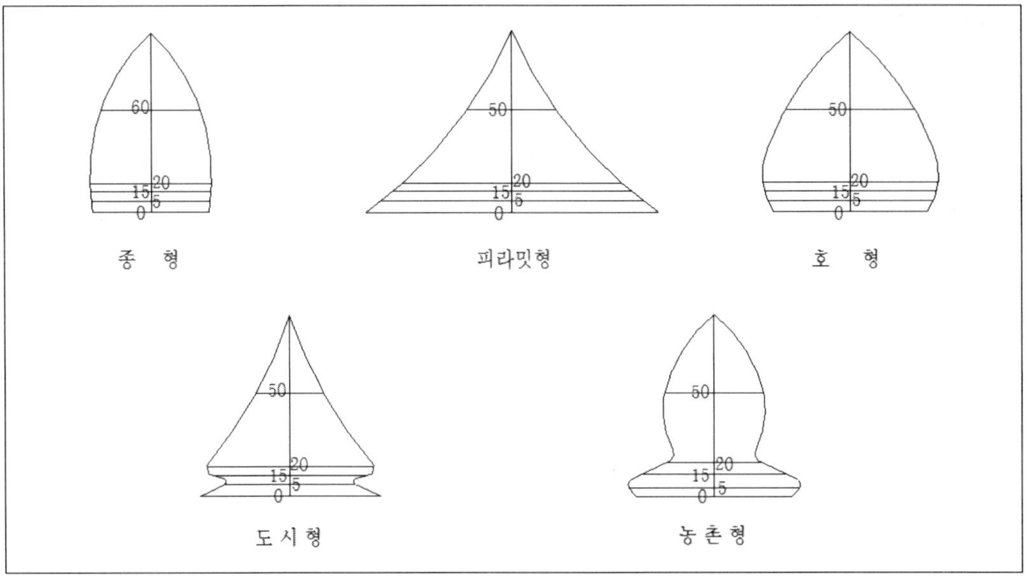

〈그림 3.2〉 인구 피라미드의 유형

한편 도시형과 농촌형은 인구이동이라는 사회현상으로 유형화된 것이다. 도시형은 도시산업과 교육시설 등이 제공하는 각종 혜택(즉, 취업 혹은 전업의 가능성과 고등교육의 기회 등)이 농촌의 생산연령인구를 흡수함으로써 형성된다. 이에 반하여 농촌형은 그 역현상의 효과, 즉 생산연령인구가 도시로 이동하면서 이루어진 형태이다.

인구 피라미드 유형은 인구구조와 인구성장의 관계를 보여준다. 피라미드형은 증가형 인구, 종형은 정지형 인구, 호형은 감퇴형 인구라 할 수 있다. 대체로 인구구조는 출산력과 사망력의 저하와 함께 피라미드형에서 종형을 거쳐 호형으로 전환된다고 할 수 있다.

4. 생명표

(1) 목적

생명표(life table)는 통계적 확률에 입각하여 사망비율 및 생잔(生殘)비율, 평균여명(平均餘命) 등을 구하고자 할 때 사용된다. 생명표에 나타난 수치들을 바탕으로 우리는 인구의 구조변화나 성장규모를 예측할 수 있다.

(2) 가정

① 생명표의 인구는 코호트(cohort) 인구로서, 그들의 생존 혹은 사망의 기록이다.

② 생명표의 인구는 정지인구로서 인구이동이 없으며, 동시에 출생한 인구는 생명표상의 마지막 연령에 다다를 때까지 전부 사망한다.

③ 집단구성인구는 미리 정해진 사망 질서에 따라 각 연령층에서 사망한다.

④ 집단구성인구는 생명표 기수라고 불리는 기준출생인구(일반적으로 100,000)로부터 계산된다. 이 표준화된 기수는 생명표들 간의 비교를 용이하게 한다.

⑤ 생후 수년을 제외하고는 각 세(歲)에서의 사망이 한 해의 생일에서 다음 해의 생일간의 중앙시점에 분포한다.

(3) 방법

우선 생명표상의 사망비율을 구하면,

$$q_x = \frac{d_x}{\ell_x} = \frac{(\ell_x - \ell_{x+1})}{\ell_x} \quad (3.7)$$

여기에서 ℓ_x는 정확한 연령 x세까지 생존하는 인구수, d_x는 정확한 연령 x세로부터 생명표상의 다음 연령 (x + 1)세까지 발생하는 사망건수, 그리고 q_x는 정확한 연령 x세의 인구가 다음 언령끼지 사망할 확률이다. 여기에서 생잔비율을 구하면 다음 식과 같다.

$$P_x = 1 - q_x = \frac{\ell_{x+1}}{\ell_x} \quad (3.8)$$

위 식에서 P_x는 x세의 생존자가 (x + 1)세까지 생존하리라고 예상되는 x세의 생잔확률이다. 이를 이용하여 생명표 인구(정지인구)를 구하면 다음과 같다.

$$L_x = \frac{1}{2}(\ell_x + \ell_{x+1}) \quad (3.9)$$

여기에서 L_x는 생명표 코호트의 x세 생존인구이다. 그러나 L_x가 보통 연앙인구(年央人口)적 특성을 갖는다는 점을 고려, 근사치를 계산하는 방법으로 $L_x \fallingdotseq \ell_x(1 - \frac{1}{2}q_x)$를 많이 쓴다.

연습문제

3.1 현재인구와 상주인구 개념을 논하고 그 차이점을 약술하시오.

3.2 주간인구와 상주인구의 개념을 논하고, 이의 개념이 도시계획에 어떻게 활용되는지에 관하여 약술하시오.

3.3 제3장에 관련하는 용어를 10개 이상 선정하여 그 의미를 약술하시오.

3.4 과거 30년(5년 단위)간에 걸친 특정 도시의 인구구조에 관한 자료를 활용하여 인구구조의 특성이 어떻게 변화되어 왔는지를 논하고, 장래 그 도시의 인구구조가 어떻게 변화될 것인가를 예측해 보시오.

3.5 생명보험회사에서 현재 이용하는 생명표(life table)를 입수하여 그에 관한 특성, 즉 사망비율 및 생잔(生殘)비율, 평균여명(平均餘命) 등을 분석해 보시오.

3.6 현재 거주하고 있는 시 · 도 혹은 시 · 군의 과거 30년간의 성 · 연령별 인구를 조사하여 인구피라미드 그림을 그려, 그 특성을 분석하시오.

제4장 인 구 이 동

대부분의 국가는 동적이고 변화가 심한 대도시를 중심으로 성장·발전하고 있다. 도시가 제공하는 취업이나 교육기회 등의 혜택을 누리기 위해 농촌지역에서 도시로, 그리고 소도시에서 대도시로 인구가 이동하고 있어, 수많은 사회·경제적 문제를 낳고 있다. 이러한 지역간 또는 지역내 인구이동의 특성은 다음 세 가지로 요약될 수 있다.

첫째, 도시로 들어오는 인구는 개발도상국가의 경우 대체로 15~25세의 남자들이다. 그러나 최근 여성들에게 제공되는 취업과 교육의 기회가 많아짐에 따라 여성의 이동 역시 증가되고 있다. 둘째, 교육수준이 높은 사람일수록 이동성향이 높다. 그 이유는 도시내의 취업기회가 제한되어 있어, 어느 정도 이상의 교육을 받은 사람들만이 정상적인 취업의 기회를 갖게 되기 때문이다.

셋째, 이주자의 경제적 특성을 일반화하기가 곤란하다. 과거에는 주로 소득수준이 낮고 토지나 기술을 갖고 있지 못하여 생계에 곤란을 겪고 있던 계층이 대부분이었다. 그러나 최근 이느 정도 개인재산을 가지고 있는 사람들로서 직업을 구할 때까지 도시에서 견디어 낼 수 있는 점이 더욱 중요시되고 있다. 따라서 경제적인 계층으로 보아 이주자들은 농촌에서의 압출요인(push factor)에 의하여 밀려나온 저소득층과 어느 정도의 재산이 있으며 교육도 받은 사람들로서 도시가 제공하는 흡인요인(pull factor)에 의하여 이주하는 사람들의 두 유형으로 크게 구분된다.

제 1 절 인구이동의 측정

인구이동은 인구의 지역적 분포를 결정하는 중요한 요소로서, 그 지역의 인구성장과 구조변화에 밀접하게 관련되어 있다. 따라서 장래 인구규모를 보다 정확하게 예측하고 인구의 구조적 특성을 반영한 효과적인 계획을 수립하기 위해서는 인구이동의 분석·예측이 요구된다. 이것은 인구이동 현상을 측정해야 가능한 일이다. 인구이동의 측정방법에는 잔기법(殘期法), 인구이동 매트릭스 등이 있다.

1. 잔기법

(1) 목적

잔기법(residual method)은 특정지역 인구의 자연증가를 통하여 그 지역에서 발생한 인구이동의 순 이동량(net migration)을 측정한다.

(2) 가정

인구의 증가는 자연증가와 사회증가로 구성된다. 자연증가(natural increase)는 출생과 사망의 차에 의하여 증가된 부분을 가리키며, 사회증가는 전입과 전출의 차, 즉 순 이동인구(net migration)을 의미한다.

(3) 방법

인구이동 통계자료를 수집·분석하기 위한 잔기법에는 인구동태 통계와 생잔비율을 이용하는 방법이 있다.

① 인구동태통계법(vital statistics method) : 이 방법은 다음 식을 이용하여 계산된다.

$$\begin{aligned} M_\theta &= (P_{t+\theta} - P_t) - N_\theta \\ &= (P_{t+\theta} - P_t) - (B_\theta - D_\theta) \\ &= (P_{t+\theta} - P_t) - (\alpha P_t - \beta P_t) \end{aligned} \tag{4.1}$$

여기에서 M_θ는 조사지역에서 특정 기간 θ동안 발생한 총 이동인구, $P_{t+\theta}$는 t + θ시점의 조사지역 총인구, P_t는 t시점의 조사지역 총인구, N_θ는 동일지역에 있어서 동기간 θ 동안의 자연증가, B_θ는 동일지역 동기간의 원 거주자(original population)에게 발생한 출생 수, D_θ는 동일지역 동기간의 거주자에게 발생한 사망자 수, α는 동일지역 동기간의 조출생률(crude birth rate), 그리고 β는 동일지역 동기간의 조사망률(crude death rate)을 나타낸다.

이 방법은 자연증가가 얼마나 정확하게 측정되었는가에 의하여 그 타당성이 좌우된다. 그러나 대부분의 경우 원래의 거주자에 있어서의 출생 및 사망의 통계와 이주자의 출생 및 사망통계가 구분되어 집계되지 않기 때문에 원 거주자의 자연증가에는 이주자의 자연증가가 포함되기 마련이다. 그 결과 총 이동인구는 실제보다 과소평가되는 문제가 발생한다. 거주자의 숫자가 작은 경우에는 이런 오차가 별로 큰 영향을 미치지 않으나, 이주자가 많은 경우에는 오차가 커져서 이 방법에 의한 총 이동인구의 측정은 곤란해진다.

② 생잔률법(survival rate method) : 인구동태통계의 이용이 부적합할 경우 인구 센서스나 생명표상의 생잔비율을 통해 총 이동인구를 구할 수 있다.

$$M^{\theta} = \Sigma_x M_x^{\theta} \tag{4.2}$$

$$= \Sigma_x (P_{x+\theta}^{t+\theta} - P_x^{t} \cdot \theta\pi x) \qquad (단, x \geq \theta)$$

여기에서 M_x^{θ}는 조사지역에서 기간 θ동안 x세 인구집단에 발생한 총 이동인구, $P_{x+\theta}^{t+\theta}$는 $t+\theta$ 시점의 $x+\theta$세 인구 총수, P_x^t는 t시점의 x세 인구 총수, $\theta_{\pi x}$는 x세 인구가 시점 t로부터 $t+\theta$ 까지의 기간(θ)동안 생잔하는 비율이다.

2. 인구이동 매트릭스

(1) 목적

이것은 일정기간 t에 있어서 특정지역간에 발생한 인구이동을 측정하기 위한 매트릭스이다. 이것은 일련의 기간들 t_1, t_2,⋯ t_n 에 대하여 연속적으로 작성된다. 이것은 인구이동 분석에서 가장 이상적인 자료라 할 수 있다.

(2) 가정

전체 지역(예를 들면, 전국)을 일단 폐쇄체제로 간주하고 그 하위지역들 사이에 인구이동이 일어나는 것으로 본다

(3) 방법

각 지역 사이에 발생한 인구이동의 수를 조사한 후, 매트릭스의 행은 전출지역을, 그리고 열은 전입지역을 나타내도록 매트릭스 상에 기록한다. 매트릭스에서의 오른쪽 사선 M_{ij}는 i 지역으로부터 j 지역으로 이주한 인구수를 나타내며, 대각선 M_{ii}는 동일 지역 내에서의 이동을 의미한다.

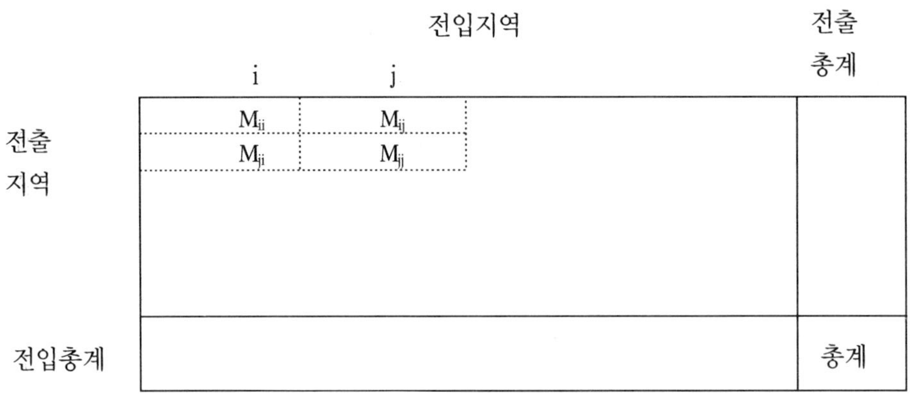

(4) 적용

① M_{ji} - M_{ij} : i와 j 지역에 교환된 총 이동인구의 균형상태를 평가하는 지수로서, 이 값이 +(양수)일 경우 i, j의 관계에서 i는 전입초과를, j는 전출초과현상을 나타내는 것으로 판단할 수 있다.

② M_{ji} + M_{ij} : i와 j 지역간에 교환된 이동인구의 총계

③ $I_i = \Sigma_j M_{ji}$: 타 지역으로부터 i 지역으로의 전입한 인구의 총계

④ $E_i = \Sigma_j M_{ji}$: i 지역으로부터 타 지역으로 이동한 인구의 총계

여기에서 i 지역의 인구증가부분 중 사회적 증가인 순 이동인구(net migration) N_i는 다음과 같이 표현된다.

$$N_i = I_i - E_i = \Sigma_j(M_{ji} - M_{ij})$$

한편 이 지역 i, j들의 상위지역인 전체지역은 폐쇄경제이므로 $\Sigma_i N_i = 0$

⑤ 인구이동 매트릭스는 M_{ii}(동일 지역내의 이동)를 어떻게 처리할 것인가에 따라 다음의 세 가지 형태의 매트릭스로 구분된다.

매트릭스 형태	M_{ii}	행과 열의 계	총계
M_1	0	지역간 이동의 전출과 전입 인구	지역간 총 이동인구
M_2	지역내 이주자(intra-regional)	지역내 및 지역간의 전출과 전입량	모든 이동자※
M_3	비이주자 + 지역내 이주자	조사기간 중의 초기인구와 말기인구	총인구

※ 주거지가 변경된 경우도 여기에 포함됨.

제 2 절 인구이동 모형

인구이동 모형(population migration models)은 다음 세 가지를 이론적 배경으로 하여 구성된다. (1) 지역간의 사회·경제적 차이는 낙후지역으로부터 선진지역으로의 인구이동을 초래한다. (2) 인구이동은 전입·전출지역 간의 거리를 이동하는데 요구되는 사회·경제적 비용에 의하여 달라진다. (3) 특정지역으로부터의 이동인구는 그 지역(전출지역)에 있어서 이동 가능한 인구의 수에 의존한다. 대부분의 경우 사회·경제적 압출·흡인 이론(push-pull theory)은 (1)의 이론적 배경을 기반으로 하고 있으며, 중력모형(gravity model)은 (2)와 (3)의 이론적 배경을 내포하고 있다.

이러한 이론적 배경 하에서 인구이동 분석은 크게 다음 세 형태로 구분될 수 있다. 인구이동에 영향을 주는 독립변수를 선정하여 선형함수를 이용한 회귀분석(regression) 방법, 인구이동현상을 물리적 현상과 유사한 것으로 보고 중력 법칙을 적용한 모형, 그리고 인구이동 매트릭스를 이용하여 장래인구를 추정하고자 하는 『마르코브 체인』(Markov Chain) 모형 등이다. 여기에서 인구이동을 설명하기 위한 변수로서 주로 사용되는 요인(要因)은 다음과 같다.

① 경제적 요인 : 실업률, 고용증가율, 경제활동참가율, 임금수준, 1인당 국민소득, 생계비용, 주택가격, 소비자 물가지수, 전기 및 가스 소비량 등

② 인구학적 요인 : 인구밀도, 인구의 자연증가율, 성·연령별 인구구성비 등

③ 사회학적 요인 : 특정집단의 인구(예를 들면, 전문직 종사자나 도시거주자, 농업부문 취업자 등)가 차지하는 비율

④ 자연환경 요인 : 주당 평균일조시간, 평균강우량, 평균기온, 그리고 홍수, 가뭄, 기근 등과 같이 그 지역주민으로 하여금 다른 거주환경을 찾아가게 하는 재해요인

⑤ 사회적 요인 : 이농향도(농촌을 떠나 도시로 향하게 하는) 현상의 사회적 요인으로 농촌의 사회구조가 지니고 있는 전통적 억압으로부터 벗어나고자 하는 욕구가 작용할 수 있다.

⑥ 유통요인 : 교통의 발달, 도시지향 교육제도, 라디오, TV 및 영화의 보급 등에 의한 영향

이러한 요인들은 크게 전출지역에서 인구를 밀어내는 작용을 하는 압출요인(push factor), 전입지역으로 인구를 끌어당기는 흡인요인(pull factor), 그리고 이주한 인구로 하여금 다시 원래의 전출지로 돌아가게 하는 귀향요인(push-back factor)으로 대별된다.

1. 선형 회귀분석 모형

(1) 목적

이것은 인구이동의 요인들을 각종 독립변수(independent variables)로 구성한 1차 함수로써 인구이동을 설명하는데 그 목적이 있다. 여기에서 독립변수로서 주로 채택되는 것은 경제적 변수인 지역간 임금수준의 격차, 실업률, 1인당 주민소득 등이다.

(2) 가정

인구이동이란 이주자가 사회·경제적 이유로 이동을 선택함으로써 발생하는 현상이다. 여기에서 사회·경제적 이유란 인구이동을 발생시키는 흡인·압출요인을 나타낸다.

(3) 방법

① 횡단면적 접근방법(cross-sectional study)

$$\frac{N_i}{P_i} = A + BX_i \tag{4.3}$$

여기에서 P_i는 지역 i 의 인구, N_i는 지역 i 의 순 이동인구, 그리고 X_i는 i 지역의 독립변수 X값이다.

② F . R. Oliver 의 시계열적 접근방법(time-series study)

$$\left.\begin{aligned} &(a)\ \frac{N_{it}}{P_{it}} = A_i + B_i X_{it} \\ &(b)\ \frac{N_{it}}{P_{it}} = A_i + B_i X_{it} + C_i \overline{X_t} \\ &(c)\ \frac{N_{it}}{P_{it}} = A_i + B_i (X_{it} - \overline{X_t}) \end{aligned}\right] \tag{4.4}$$

여기에서 N은 순 이동인구 혹은 총 이동인구(전출인구 혹은 전입인구), P는 총인구, X는 실업률, i는 i번째 지역, t는 t번째 시점, 그리고 $\overline{X}$는 전국 실업률(평균값)을 각각 가리킨다.

(4) 적용

① 선형 회귀분석은 순 이동인구의 측정 및 추정에 적합하다.

② 자료수집만 가능하다면, 어떤 집단의 어떤 측면의 인구이동 현상도 쉽게 평가할 수 있다. 일반적으로 지역의 단위가 작을수록 이 방법으로 산출된 계수로부터 많은 정보를 얻을 수 있다.

③ 각 지역자료를 대입하여 회귀직선을 구할 때, 추정된 직선은 그 자료를 가장 잘 설명할 수 있는 회귀방정식이어야 한다.

2. 중력모형

1) 개요

중력모형(gravity models)은 지역간 인구이동을 분석하고 예측할 수 있는 모형이다. 여기에 사용되는 주요 가정은 다음과 같다. 우선 지역간의 인구이동은 두 지역이 지닌 인구 유인력에 의해 지배된다. 우리는 이를 물리적 현상과 비슷하게 중력의 법칙(두 물체 사이에 작용하는 힘은 거리와 질량의 함수)으로 나타낼 수 있다. 이때 이동이 발생하는 두 지역의 인구가 곧 질량이라 간주된다. 즉, $M_{ij} = f_1(P_i, P_j, D_{ij})$. 그러나 두 지역간의 거리와 두 지역의 인구 외에도, 두 지역간 인구이동은 전출지역에서 인구를 이동하게 하는 압출요인과 전입지역으로 인구를 끌어들이는 흡인요인의 영향을 받는다. 이를 함수로 표현하면, 다음 식과 같다.

$$M_{ij} = f_2(P_i, P_j, D_{ij}, X_i, X_j) \tag{4.5}$$

여기에서 M_{ij}는 i 지역에서 j 지역으로 발생한 인구이동, P_i는 i 지역의 인구, P_j는 j 지역의 인구, D_{ij}는 i 지역과 j 지역 사이의 거리, X_i는 i 지역이 변수(압출요인), 그리고 X_j는 j 지역의 변수(흡인요인)이다.

2) 주요 모형

(1) 『라벤스타인』모형

중력모형에 대한 최초의 체계적인 연구는 『라벤스타인』(Ravenstein)으로부터 출발되었다. 그 기본내용은 "전입 인구는 전입 · 전출지역 간의 거리에 반비례하고, 전입지역의 인구 유인력과 전출지역의 인구에 비례한다"는 것이다. 이 모형은 이동인구와 전입·전출지 간의 거리에 대한 관계 및 이주자별 인구이동의 특성을 밝히는데 그 목적이 있다.

위 모형에서 두 지역간의 인구이동은 전입지역의 유인력(attractive force)에 좌우되며, 인구 유인력은 고용의 기회와 밀접한 관련을 맺고 있다. 또한 이 인구 유인력은 전출지역의 규모와 전입·전출지간 거리에 따라 그 작용강도가 달라진다. 그러므로 전입지역의 인구 유인력, 전출지역의 규모 및 전입·전출지역간 거리를 안다면 인구이동의 예측이 가능하다. 모형식은 다음과 같다.

$$M_{ij} = \frac{P_i}{D_{ij}} \cdot f(Z_j) \tag{4.6}$$

여기에서 M_{ij}는 i 지역으로부터 j 지역으로 이동한 인구, $f(Z_j)$는 Z_j의 함수, Z_j는 전입지역 j 의 인구 유인력을 측정하는 변수, P_i는 전출지역 i 의 인구, 그리고 D_{ij}는 i 지역과 j 지역 사이의 거리이다.

『라벤스타인』의 기본적인 연구를 시작으로 많은 연구가 이루어졌다. 예를 들면 다음과 같다.

(i) 'E.C.Young'의 거리법칙 : 도시로의 전입인구 M은 도시의 인구흡인력 F에 정비례하며 전입·전출지역간의 거리 D의 자승에 반비례한다.

즉, $M = \frac{K \cdot F}{D^2}$ (여기서 K는 계수)

(ii) 'S.A.Stouffer'의 기회법칙 : 인구이동과 거리에는 필연적 관계가 있는 것은 아니다. 주어진 거리를 이동하는 인구수는 '전입·전출지역 간의 거리를 이동할 수 있는 기회에 노출되는 수'에 정비례하고 '그 거리를 이동하는데 개재(介在)하는 장애기회의 수'에 반비례한다.

(2) 『마르코버』『마샤』 및 『로빈슨』 모형

$$M_{ij} = A \frac{P_i \cdot P_j}{D_{ij}^B} \cdot \frac{(X_i - X_j)}{X_j} \tag{4.7}$$

위의 연구자들(Markower, Marschak and Robinson)은 영국의 Oxford 주에서 15년간 발생한 인구전입 자료를 이용하고, 실업률을 X 변수로 채택하여 분석한 결과 회귀결정계수인 R^2가 0.80으로 매우 높게 나타나 의미가 있는 결과로 발표한 바 있다. 위의 수식을 로그함수로 바

꾸면, 쉽게 선형함수가 된다.

즉, $\log D_{ij}$에 따라 $\log\left[\frac{M_{ij} \cdot X_j}{P_i P_j (X_i - X_j)}\right]$가 선형으로 변화된다고 할 수 있다. 여기에서 그들은 이 선형 로그함수가 실제 영국 Oxford 주에서 발생한 인구이동을 잘 설명하고 있다고 주장한다.

(3) 『지프』 모형

지역간 상호작용을 측정하는 방법으로서 『지프』(Zipf)는 다음 식을 제시하고 있다.

$$I_{ij} = A \left(\frac{P_i \ P_j}{D_{ij}}\right)^B \qquad (4.8)$$

이 모형에서 인구이동의 경우엔 "$I_{ij} = M_{ij} + M_{ji}$"가 되며, 이 모형은 인구이동 외에도 철도 운행이나 지역 간 통화량 분석에 적용될 수 있다. 그러나 이 식에서 상호작용의 총량은 알 수 있지만, 그 작용의 방향은 알 수 없다. 따라서 이 모형은 현재 잘 사용되지 않는 모형이다.

3) 중력모형의 일반적인 형태

$$M_{ij} = A \frac{(P_i P_j)^{\beta_1}}{D_{ij}^{\beta_2}} \left(\frac{X_i}{X_j}\right)^{\beta_3} V_{ij} \qquad (4.9)$$

여기에서 M_{ij}는 i지역에서 j지역으로 발생한 인구이동, P_i는 i지역의 인구(P_i와 P_j는 곧 중력법칙의 질량에 해당), D_{ij}는 i 지역과 j 지역 사이의 거리, X는 인구이동을 설명하기 위하여 채택된 독립변수, X_i는 i지역이 변수 X에 있어서 지니는 값, 그리고 V_{ij}는 곱하기의 형태로 작용하는 오차이다.

4) 적용

지역간(inter-regional) 인구이동의 분석 및 예측에 유용한 선형 회귀분석모형과 중력모형(선형 log)은 인구이동을 '사회·경제적 동기로 인하여 이주자가 어떤 시점에서 이동하기로 결정함으로써 발생하는 현상'으로 본다는 가정에 근거하고 있다. 그러므로 흡인요인이나 압출요인의 설정은 인구이동의 분석에 중요한 지침이 된다. 만일 중력모형이 인구이동을 단순히 거리와 지역인구의 함수로만 표현한다면, 이는 인구이동의 분석 및 예측에 부적합할 경우가 많게 된다.

3. 지역간 매트릭스 모형

1) 개요

이것은 지역간 인구이동을 매트릭스(인구이동률 단위)로 표현한 후, 이 매트릭스가 시간에 따라 변화되는 양상을 분석하여 각 지역 인구분포 상태를 추정하고, 그 결과를 바탕으로 지역간 인구이동을 추정하기 위한 모형이다.

2) 가정

① 모든 지역의 인구이동률 ($q_{ij} = \frac{M_{ij}}{P_i}$)은 일정한 방식으로 변화한다. 즉 q_{ij} = a (상수) 혹은 q_{ij} = f(x) 즉, 대부분의 인구이동률 q_{ij}의 매트릭스 Q는 단위기간의 경과에 따라 $Q^1 \rightarrow Q^2 \rightarrow \cdots \rightarrow Q^n$ 의 방식으로 변화한다.

② 지역간 인구이동 자료가 인구이동 매트릭스 중 M_3형태(즉, 대각원소에 지역내 이주자와 비이주자를 기록한 매트릭스)로 수집되어 있다.

3) 방법

① 지역간 인구이동 매트릭스를 이용한 장래 인구추계 : 이 방법은 단순하므로 다음 예제문제를 중심으로 설명하고자 한다.

【예제 4-1】 인구이동 매트릭스를 이용한 총인구 추계

다음과 같이 네 지역을 대상으로 2010년과 2015년 사이의 지역간 인구이동을 조사한 Q 매트릭스가 작성되었다. 2010년의 전체인구는 52만인으로 각 지역의 인구는 [160,000 125,000 140,000 95,000]이다. 또한 2015년의 전체인구는 624,000인이며, 2020년의 총인구는 728,000인으로 추정되었다. Q 매트릭스를 이용하여 2015년과 2020년의 지역별 인구를 추정하시오.

전출지역 \ 전입지역	A	B	C	D
A	0.75	0.05	0.08	0.12
B	0.04	0.80	0.10	0.06
C	0.05	0.04	0.85	0.06
D	0.12	0.07	0.03	0.78

풀이

지역간 인구이동이 발생되지 않았다면, 2015년의 각 지역의 인구는 [192,000 150,000 168,000 114,000]이 될 것이다. 그러나 지역간 인구이동 매트릭스를 고려하면, 2015년의 인구는 다음 식을 이용하여 계산될 수 있다.

$$P_{2015} = P_{2015} \cdot Q = [\ 192{,}000\ \ 150{,}000\ \ 168{,}000\ \ 114{,}000\ ] \cdot Q$$

여기에서 P_{2010}는 인구이동을 고려하지 않은 수치로서 (1×4) 백터이며, Q는 (4×4) 지역간 인구이동비율을 나타내는 매트릭스이다.

매트릭스의 연산식에 의해 2015년 지역별 인구를 구하면,

$$P_A = 192{,}000 \times 0.75 + 150{,}000 \times 0.04 + 168{,}000 \times 0.05 + 114{,}000 \times 0.12$$
$$= 172.080$$

동일한 방법으로 구한 2015년의 지역별 인구는 [172,080 144,300 176,580 131,040]이 된다. 또한 2020년의 인구는 위의 방법을 반복하면 얻을 수 있다. 즉 인구이동이 일어나지 않았을 경우 2020년의 지역별 인구는 2010년의 1.4배인 [224,000 175,000 196,000 133,000]이 된다. 그러나 인구이동의 결과는 다음 식에 의해 구할 수 있다.

$$P_{2020} = [\ 224{,}000\ \ 175{,}000,\ \ 196{,}000,\ \ 133{,}000] \cdot Q^2$$

② 이주자-비이주자 모형(mover-stayer model)

이 모형은 산업의 업종간 인구이동을 분석하기 위하여 개발된 보다 정교한 모형이다. 지역인구를 이주자와 비이주자로 나눈다. q_{ij}는 실제 이주자 집단에 대해서만 적용한다. 따라서 이 모형에서는 q_{ij}의 매트릭스를 Q^*로 표시하고, 이동으로 인한 전체지역의 인구분포는 $Q = S + (I_n - S)Q^*$에 의하여 결정되는 것으로 가정한다.

여기에서 S는 전체인구 중 비이주자의 비율을 대각원소로 하고, 그 외의 원소는 모두 0인 행렬이며, I_n은 단위행렬(identity matrix), Q는 전체인구의 이동유형, Q^*는 이주자 집단만의 이동유형이다. 물론 이 경우 Q, Q^*, S, (I_n - S)는 모두 정방행렬이다.

연습문제

4.1 인구이동을 측정하는 잔기법과 인구이동매트릭스 방법을 비교 설명하시오.

4.2 인구이동 매트릭스에서 M_1, M_2 및 M_3의 차이점에 관해 논하시오.

4.3 인구이동의 설명변수를 나열하고, 그 변수가 왜 선택되었는지 그 이유를 설명하시오.

4.4 제4장에 관련하는 용어를 10개 이상 선정하여 그 의미를 약술하시오.

4.5 지역간 인구이동 자료(매트릭스)와 관련변수에 관한 자료를 수집(혹은 가정)하여 선형회귀분석모형과 중력모형을 이용하여 각각 모형 식을 추정하고, 그 결과에 관해 논의하시오.

4.6 [예제 4-1]을 중심으로 각자 창의적인 문제를 만든 후, 그 문제를 해결하고 결과에 관하여 논의하시오.

제5장 인 구 분 포

인구의 지역 분포는 기후, 지형 등의 자연조건과 경제성장, 토지이용, 지가 등의 사회·경제적 조건에 의하여 결정된다. 특히 인구분포의 주요 요인으로서 산업 및 주거입지를 들 수 있다. 이러한 인구분포는 외부 조건의 변화와 인구의 이동에 의하여 재편되어 새로운 상태에 이르게 된다. 이를 인구의 재분포(population redistribution)라 한다.

도시계획, 지역계획, 교통계획 등 물적 계획(physical planning)의 기본과제 중 하나는 외부 조건의 변화와 인구이동 요인의 조정으로 지역인구를 재분배하는 것이다. 따라서 이러한 정책을 수립하기 위해서는 현재의 인구분포 상태를 분석하고, 장래 특정 조건하에서의 인구분포 변화를 예측하는 방법이 요구된다.

제 1 절 인구분포의 측정

인구분포를 측정하는 방법에는 지역의 인구수 자체를 비교하는 절대인구분포와 인구를 다른 자료와 관련시켜 비교하는 상대인구분포가 있다.

1. 절대인구분포

이것은 거주하는 지역의 위치를 근거로 인구의 지역적 분포를 밝히는 방법이다. 절대인구분포는 주로 분포상의 중심점을 찾는 작업이다.

(1) 인구중심(人口重心 : centroid of population)

① 목적 : 이것은 지도상에 어떤 지역인구의 무게중심을 위치시킴으로써 그 지역인구의 공간적 분포상태에서 인구집중경향을 분석하는데 그 목적이 있다. 또한 이것은 장기간 동안 분석된 인구중심의 변동을 통하여 그 지역내 각 하위지역간 인구이동의 방향과 거리를 쉽게 알아 볼 수 있다는 장점이 있다.

② 가정 : 특정 지역을 기하학적 평면으로 할 때, 특정 시점에 있어서 그 지역에 분포하는 인구 개개인의 무게는 동일하다. 이 특정지역을 아주 작은 단위지역으로 세분하면, 그 단위 지역내의 인구는 등분포로 가정한다. 따라서 어떤 지역을 *n*개로 나누었을 경우 *n*개 지역의 인구수는 P_1, P_2, P_3 ⋯ P_n으로 표시할 수 있으며, 각 인구의 단위는 그 지역의 면적중심(인구가 등분포하므로 인구중심과 같게 된다)으로 나타난다.

③ 방법 : 조사대상지역의 지도를 준비하여 이 지역을 작은 단위지역(일반적으로 인구자료를 취득할 수 있는 행정단위)으로 세분한 후, 각 단위지역의 인구중심을 P_1, P_2, P_3 ⋯ P_n과 같이 도면상에 표시한다.

임으로 직각좌표축을 선정하여 P_1, P_2, P_3 ⋯ P_n으로부터 X축 및 Y축에 수직선을 그어 그 좌표를 x_1, x_2, x_3 ⋯ x_n과 y_1, y_2, y_3 ⋯ y_n으로 한다. 여기서 인구중심 g의 좌표 ($\overline{x}_{n-1}$, $\overline{y}_{n-1}$)는 다음 식에 의해 산출된다.

$$\overline{x}_{n-1} = \frac{\sum_{i}^{n} P_i \cdot x_i}{\sum_{i}^{n} P_i}, \quad \overline{y}_{n-1} = \frac{\sum_{i}^{n} P_i \cdot y_i}{\sum_{i}^{n} P_i} \tag{5.1}$$

이 단위가 P_1부터 P_n까지의 인구집단을 포함하는 전체지역의 인구중심이 되며, 지도상의 위도와 경도로 읽으면 그 지점을 알 수 있다. 다시 말해서 인구중심은 P_i를 무게로 하는 x_i와 y_i의 가중 산술평균이다.

(2) 인구중앙점(median point of population)

① 목적 : 이것은 특정 지역의 인구총수를 동서와 남북으로 양분하는 점을 구함으로써 그 지역 인구분포 위치의 평균점을 구하기 위해 사용된다.

② 방법 : 인구총수를 동서로 이등분하는 직선(동서 중앙선)과 남북으로 이등분하는 직선(남북 중앙선)을 그린다. 이 두 직선의 교차점이 인구중앙점이다. 이를 지도상의 위도와 경도로 읽는다.

(3) 인구중심(人口中心: center point of population)

① 목적 : 이것은 특정 지역 내에서 각 단위지역의 모든 인구가 직선 이동한 거리의 합계가 최소가 되는 점을 지역중심으로 정하려고 할 때 사용된다.

② 가정 : 어떤 단위지역의 인구 1인이 어떤 점으로부터 직선 이동한 거리를 d_i라고 할 때, 이 단위지역인구(P_i) 전체가 이동한 거리는 $P_i \cdot d_i$가 된다. 따라서 조사대상지역을 n개의 단위지역으로 세분하였을 경우, 조사지역 내 모든 인구의 직선이동거리를 더하면, $\sum_{i}^{n} P_i d_i$로 나타낼 수 있다. 물론 여기에서 단위지역 인구는 등분포로 간주한다.

③ 방법 : 조사대상지역의 지도를 준비하여 이 지역을 아주 작은 단위지역으로 세분한 후, 각 단위지역의 인구를 면적중심에 위치시킨다. 도면에 인구를 P_1, P_2 … P_n으로 표시하고 이 인구가 직각좌표축과 만나는 점을 x_1, x_2 … x_n 및 y_1, y_2 … y_n으로 할 때, $\sum P_i \cdot x_i = 0$, $\sum P_i \cdot y_i = 0$이 되도록 원점을 정해주면, 이 원점 0이 바로 인구중심이 된다. 즉 도면에 임의의 좌표축을 그어, $\sum P_i \cdot x_i$와 $\sum P_i \cdot y_i$를 구해본 후, 이 두 값이 0이 되도록 좌표축을 조정함으로써 인구중심의 위치를 찾아 이를 위도와 경도로 표시한다.

(4) 적용

① 인구중심(人口重心)과 인구중앙점이 지역내의 인구집중경향을 보여주는데 비해서, 인구중심(人口中心)은 지역내의 모든 인구를 대상으로 가장 접근하기 쉬운 지점을 찾는데 적용될 수 있다. 지역주민 전체를 이용인구로 하는 시설물의 배치는 접근도(accessibility)에 가장 큰 비중을 두어야 한다. 따라서 인구중심(人口中心)은 이런 시설물의 위치 선정에 유용한 지표가 될 수 있다.

② 지역내의 인구 개개인에 대한 거리의 측면에서 인구중심(人口中心)은 인구중심(人口重心)이나 인구중앙점과 마찬가지로 지역중심의 위치를 제공한다.

【예제 5-1】 人口中心 계산식의 증명

인구중심을 구하기 위한 식에서 $\sum^{i} P_i \cdot x_i = 0$, $\sum^{i} P_i \cdot y_i = 0$ 을 증명하시오.

풀이

각 지역단위의 인구가 원점에 이르는 직선이동거리의 합계를 S라 하면,

$$S = \sum P_i d_i = \sum P_i \sqrt{x_i^2 + y_i^2}$$

여기에서 S가 최소 값을 가지려면, $\frac{\partial S}{\partial x} = 0$, $\frac{\partial S}{\partial y} = 0$ 이어야 한다.

$$\frac{\partial S}{\partial x} = \sum P_i \cdot (x_i^2 + y_i^2)^{\frac{1}{2}} \cdot 2x_i = \frac{\sum P_i \cdot x_i}{\sum d_i} = 0$$

$$\because \sum P_i \cdot x_i = 0$$

동일한 방법으로 $\frac{\partial S}{\partial y} = 0$ 이려면, $\sum P_i \cdot y_i = 0$ 이어야 한다.

2. 상대인구분포

(1) 인구밀도

이것은 인구와 면적의 관계를 나타내는 지표로서 상대인구분포를 측정하는 대표적인 방법이다. 대부분의 경우 인구/면적으로 단위면적당 인구를 사용하지만, 인구분포가 매우 희박한 지역에 대해서는 면적/인구로써 일인당 점유면적을 나타내기도 한다. 인구밀도를 나타내는 방법에는 다음과 같은 여러 방법이 있으며, 분석의 목적에 적합한 지표를 선정하는 것이 중요하다.

기본변수	기본비율	밀도지표
P(population) : 총인구수 FS(floor space) : 상면적 R(room) : 방수 HU(housing unit) : 주택수 S(building stock) : 건물수 RA(residential area) : 주거지면적 TA(total area) : 총면적	P/FS : 상면적당 인구 FS/R : 방당 상면적 R/HU : 주택당 방수 HU/S : 건물당 주택수 S/RA : 주거지내 건물밀도 RA/TA : 주거지비율	P/TA : 총밀도 P/RA : 순밀도 P/S : 건물당 수용인원수 P/HU : 주택당 거주인수 P/R : 방당 거주인수

(2) 인구 등밀도선도

① 목적 : 도면상에서 인구밀도가 같은 값을 지닌 지점끼리 연결함으로써 인구밀도의 공간적 분포를 파악한다. 이를 등밀도선도(지도에서 등고선과 비교할 수 있음)라 한다.

② 가정 : 조사지역을 많은 단위지역으로 구분할 경우, 각 단위지역내의 인구밀도는 동일수준으로 간주한다.

③ 방법 : 각 단위지역의 인구밀도를 조사한 후, 몇 개의 수치를 기준으로 분류한다. 각 단위지역의 인구밀도가 동일한 값을 지닌 단위지역을 연결한다. 결국 인구등밀도선은 동일범주에 속하는 지역들 상호간에 경계선이 된다.

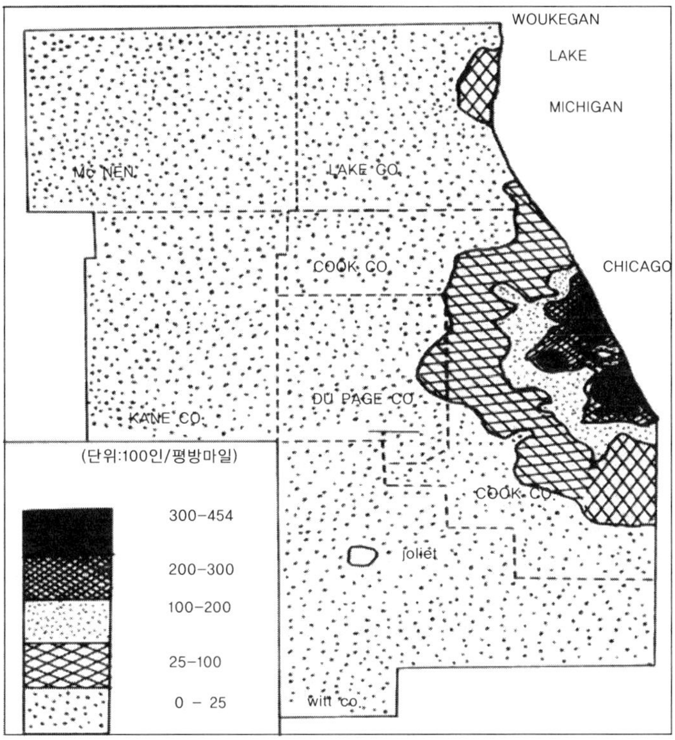

〈그림 5.1〉 인구등밀도선도(시카고시 및 주변지역)

(3) 근접도(proximity)

① 목적 : 이것은 특정 지역 인구통계에 있어서 각 통계단위인 개개인의 평균간격을 측정하는데 그 목적이 있다.

② 가정 : 인구밀도를 1인당 점유면적으로 표시할 때, 이 면적을 정사각형 혹은 정육각형으로 나타낼 수 있으며, 각 인구는 그 중심에 위치하는 것으로 가정한다.

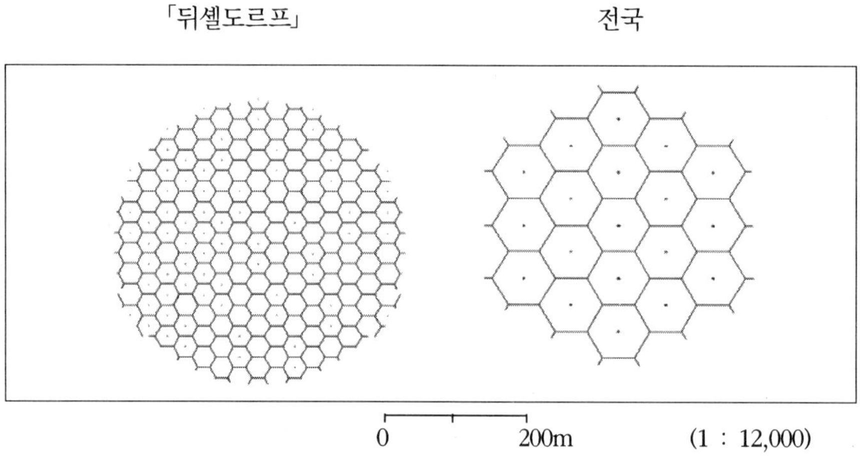

〈그림 5.2〉 인구 근접도

제 2 절 도시권의 인구밀도

도시내부구조는 각종 기능이 집적된 도심(CBD: central business district)으로부터의 거리에 따른 인구 및 시설물의 분포에 의하여 결정된다. 몇몇 지리학자들은 도시내부구조 및 성장을 관찰한 결과, 서구형 도시의 인구밀도는 도심으로부터 원추형의 형태를 나타낸다는 사실을 발견한 바 있다. 이는 물론 토지이용 및 지가와 밀접한 관계를 맺고 있다. 그러나 대체로 서구형 도시의 특성은 도심에 가까울수록 수송비가 절감되므로 지가는 높고, 단위면적 당 투자되는 자본의 규모, 즉 토지이용밀도는 높아지는 것으로 나타나고 있다.

1. 도시내부구조와 인구밀도

(1) 목적

이것은 도시인구분산의 유형을 도심으로부터의 거리에 따른 인구밀도 변화를 통하여 설명함으로써 도시내부의 공간구조를 분석·예측하는데 그 목적이 있다.

(2) 가정

① 인구밀도는 도심으로부터의 거리에 따라 원추형으로 감소하며, 이 원추형은 좌우 대칭이고 규칙적이다.

② 도시의 인구밀도경사는 시간의 경과에 따라 편편해진다.

(3) 방법

① 도심으로부터의 거리에 따른 인구밀도(인구분산 지표)

$$d_X = d_0 \ e^{-bx} \tag{5.2}$$

여기에서 d_X는 도심으로부터 거리 x인 지점의 인구밀도, x는 도심으로부터의 거리, d_0는 도심의 인구밀도, e는 자연대수의 밑수, 그리고 b는 인구밀도 경사도이다.

위 식의 양변에 대수를 취하면,

$$\text{Ind}_x = \text{Ind}_0 - b \cdot x \tag{5.3}$$

이 식을 회귀분석하여 기울기 b와 절편 Ind_0를 구한다. 이때 d_0는 도심의 이론적 인구밀도로서 실제 값과는 물론 다르며, Ind_0는 수식 안에서 결정되는데 f(0) 값이라 하겠다.

② 도심으로부터의 거리에 따른 인구밀도(인구공동화 지표)

$$d_x = d_0 \cdot {}^{egx-hx^2} \tag{5.4}$$

에서 g는 계수이며, h는 인구밀도경사도이다.

방법 ①과 마찬가지로 자연대수를 취하여 x의 2차식으로 만든 후, 회귀분석에 의하여 h와 g 및 Ind_0를 구한다.

③ 인구밀도 경사의 시계열 분석

$$b_t = b_0 \ e^{-ct} \tag{5.5}$$

여기에서 b_t는 시점 t에 있어서 인구밀도 경사도, b_0는 시점 0에 있어서 인구밀도 경사도, c 는 지수이다. 이 식 또한 $\text{In } b_t = \text{In } b_0 - ct$ 로 하여 회귀분석한다. 이 식은 시계열에 따른 인구밀도가 완만해짐을 나타내고 있다.

2. 도시내부의 인구밀도 증가

(1) 목적

이것은 도시내부의 인구밀도 증가를 분석・예측함으로써 도시내부구조의 변화를 예측하는데 그 목적이 있다.

(2) 가정

① 도시내부의 인구밀도 증가비율은 도심으로부터의 거리에 의한 함수이다.

② 각 지점 인구밀도의 증가비율은 그 지점의 인구밀도 수준과 밀접한 관련을 맺고 있다.

③ 도시내부에는 임계밀도(critical density)가 존재하며 임계밀도 이내에서는 인구밀도가 증가하고, 일정규모의 임계밀도를 넘어서면 인구밀도가 감소한다. 임계밀도는 곧 인구밀도 증가비율이 0인 지점의 인구밀도를 가리킨다.

(3) 방법

① 도심으로부터의 거리에 따른 인구밀도 증가비율

$$(1 + r_x) = (1 + r_0)\ e^{gx} \tag{5.6}$$

여기에서 r_x는 도심으로부터 거리 x인 지점의 인구밀도 증가비율이며, 시점 0부터 t 기간 경과된 경우 $r_x = \frac{d_x(t)}{d_x(0)}$ 이고, r_0는 도심의 인구밀도 증가비율이며, g는 인구밀도 증가비율의 변화율 지수이다.

이 식은 도심으로부터의 거리가 멀어질수록 인구밀도의 증가비율은 점차 커진다는 것을 나타낸다. 그러나 이런 현상은 농촌지역이 도시주거용지로 전환되는 과정을 통해 이루어진 지점까지만 발생한다. 일단 그 한계지점을 벗어나면 거리에 따라 인구밀도 증가비율은 점차 감소된다. 따라서 농촌지역이 도시적 토지이용으로 전환되는 압력이 감소하기 시작한 바로 그 지점에서 인구밀도 증가비율은 가장 높게 된다.

② 인구밀도와 인구밀도 증가비율

$$(1 + r_d) = a \cdot d^{-k} \qquad (5.7)$$

In을 취하면,

$$\ln(1 + r_d) = \ln a - k \ln d \qquad (5.8)$$

여기에서 r_d는 인구밀도 d인 지점의 인구밀도 증가비율, a는 방정식의 파라미터(parameter), 그리고 k는 인구밀도와 관련된 인구밀도 증가비율의 변화율 지수이다. 이것은 인구밀도가 도심으로부터의 거리에 따라 변화되고 인구밀도 증가비율 또한 이 거리의 함수라는 점에서 유도된 수식이다. 이 식도 방법 ①과 마찬가지로 도시지역 내에서만 적용되며, 도시권이라도 농촌적인 특성을 가진 인구밀도가 낮은 지역에서는 인구밀도 수준과 증가비율 사이에 정(+)의 관계가 나타난다. 즉, 이런 지역에서는 -k가 +k로 변화된다.

(4) 적용

① 장래 인구밀도의 증가를 예측할 수 있다면, 장래의 도시내 각 지역 인구분포를 파악할 수 있을 뿐만 아니라 인구집계에도 적용할 수 있다.

② 임계밀도는 단지 토지의 주거이용과 상업적 이용에 의해서만 결정되는 것이 아니라, 그 도시의 사회적 조건과 밀접한 관련을 맺고 있다.

③ 임계밀도는 적정도시인구밀도의 설정에 적용될 수 있다. 임계밀도를 넘어선 지역에서 인구밀도가 계속 증가될 경우 인구과밀, 범죄, 기타 사회병리현상이 발생하며, 이는 결국 많은 사회비용의 지출을 초래한다. 특히 이러한 현상은 인구증가에 상응되는 주택의 공급이나 사회간접자본의 투자가 제대로 이루어지지 못할 경우 발생할 수 있다.

연습문제

5-1 다음 용어에 관해 약술하시오.

① 人口重心, 人口中央点 및 人口中心과의 차이 ② 인구밀도와 인구 근접도(proximity)의 차이

③ 등밀도선도, ④ 임계밀도

5-2. 과거 30년(5년 단위) 간에 걸친 특정 도시의 동별 인구밀도 자료를 활용하여 ① 인구분포(절대인구분포) 변화를 파악하고, ② 도시내부 인구밀도 분포패턴을 통해 도시내부구조를 분석하고, ③ 위의 분석결과를 활용하여 장래 변화를 예측해 보시오.

5-3. 과거 10년 동안 특정도시의 지가분포 자료를 활용하여, 지가분포가 어떻게 변화되어 왔는지 다양한 모형을 이용하여 설명하고, 장래를 예측해 보시오.

5-4. 우리나라 시도별 인구를 이용하여 우리나라의 人口中心, 人口重心 및 人口中央点을 구하시오.

제6장 인구예측

인구는 도시 및 지역계획에 있어 가장 기본적인 지표이다. 인구규모에 따라 주택용지, 생활편익시설 등의 공급계획이 달라지며, 각종 투자계획도 다시 수립되곤 한다. 공공부문의 경우 인구는 학교, 의료시설, 도로, 교통계획 등의 수요를 결정하는 가장 주된 요소이며, 전력, 가스, 용수와 같은 공급계획과도 직결되어 있다. 민간부문에 있어서도 인구규모는 여러 방면에 많은 영향을 미친다. 한 예로 그 지역시장을 대상으로 하는 물품의 생산수준은 인구성장과 밀접하게 관계되어 있다는 점을 들 수 있다. 인구는 상품의 소비자(구매자)일 뿐 아니라, 생산에 필요한 노동력을 공급함으로써 민간투자에 결정적인 역할을 한다.

아울러 도시의 시설이용 인구를 추정하기 위해서는 그 지역의 인구구조를 파악해야 한다. 특히 이것은 교육시설이나 복지시설의 경우는 대상자가 특정 인구집단에 제한되어 있기 때문이다. 노동력이나 가구수(家口數)의 추정도 인구구조의 분석에 근거하며, 연령별 구조 외에도 혼인상태에 근거한 성장모형이 필요한 경우도 있다.

인구추계 방법은 직접적인 방법과 간접직인 방법으로 구분할 수 있다. 직접적인 방법은 과거 및 현재의 인구수를 기준으로 장래인구를 예측하는 방법이며, 간접적인 방법은 인구 이외의 지표, 즉 사회·경제적 변수를 사용하여 예측하는 방법으로 정의할 수 있다.

직접예측모형으로는 직선모형, 지수성장모형, 수정된 지수성장모형, 『곰페르츠』모형, 『로지스틱』모형 등이 있다. 또한 간접예측모형으로는 사회·경제적 변수를 설명변수로 하는 회귀모형, 도시고용예측을 통한 인구예측, 토지이용에 기초한 인구예측 등의 방법이 여기에 속한다. 이 외에도 비교방법과 비율예측방법이 있다.

제 1 절 직접예측방법

1. 직선모형

직선모형(linear model or straight-line model)은 연구대상 도시의 인구가 매년 혹은 특정 기간(unit of time)동안 거의 일정한 증가의 경향을 보이고, 앞으로도 이러한 패턴이 계속될 것이라는 가정 하에 적용된다. 직선모형은 수학적으로 회귀분석에서 사용된 것과 동일한 선형모형이며, 다음 식 (6.1)로 표현된다.

$$Y = a + bX \qquad (6.1)$$

그러나 여기서 종속변수(dependent variable) Y는 인구이고, 설명변수 즉 독립변수(independent variable) X는 시간이다. 식 (6.1)에서 b는 인구의 연평균 증가량이고, a는 인구추계를 위한 기준 연도의 인구이다. 따라서 식 (6.1)의 선형회귀 모형은 다음의 식 (6.2)와 같이 표현될 수 있다.

$$P_{t+n} = P_t + b(n) \qquad (6.2)$$

여기에서 P_t는 연도 t의 인구, P_{t+n}은 시점 t로부터 n연도 후의 인구, n은 연도의 수, 그리고 b는 연도당 평균 인구증가량이다.

2. 지수성장모형

영국의 인구학자 『맬더스』(T. Malthus)는 인구가 기하급수적으로 증가하는 경향이 있다고 주장한 바 있다. 지수성장모형(exponential growth model)은 바로 그의 생각을 수학적으로 표현한 것으로 다음과 같다.

$$P_{t+n} = P_t(1 + r)^n \fallingdotseq p_t \cdot e^{rn} \qquad (6.3)$$

여기에서 r은 증가율, e = 2.718 ... , 그리고 n은 연도이다.

3. 수정된 지수성장모형

수정된 지수성장모형(modified exponential growth model)은 인구성장의 상한선(K)을 미리 정해 놓고 이 상한선에 가까워질수록 인구성장률이 둔화될 것이라고 가정하는 모형이다. 이 모형은 인구성장의 상한선 K를 인구수용의 물리적 한계(예, 토지의 가용성, 최고밀도 등)나 정책적인 상한선 등을 고려하여 미리 상정한 후, 향후 인구성장의 허용수준($K - P_t$)의 일정 비율 $(V)^n$만큼을 빼줌으로써 시점 t + n의 인구를 예측한다.

이 모형은 시간이 흐름에 따라 인구성장의 상한선 K로부터 빼주는 인구의 크기가 점점 작아질 것으로 가정한다. 즉 인구성장의 속도가 시간이 흐름에 따라 점차 둔화되는 것으로 가정한다. 인구를 감당해 주는 도시의 자원, 예를 들면 개발 가능한 토지의 양에 어떤 한계가 있다고 볼 때 현실적으로 인구성장에 상한선이 있을 것이라는 사실은 우리는 쉽게 알 수 있다. 지수성장모형은 다음과 같이 표현된다.

$$P_{t+n} = K - [(K - P_t)(V)^n] \qquad (6.4)$$

여기에서 K는 인구성장의 상한선이다.

4. 『곰페르츠』모형

『곰페르츠』모형(Gompertz model)은 수정된 지수성장모형과 마찬가지로 인구성장의 상한선(K)이 있을 것으로 가정한다. 그러나 『곰페르츠』곡선의 모양은 수정된 지수성장 모형과는 달리 S자형의 모양을 가진다. 이 모형의 수학적 표현은 다음과 같다.

$$P_{t+n} = Ka^{b^n} \qquad (6.5)$$

여기에서 a와 b는 상수이다.

5. 『로지스틱』모형

『로지스틱』모형(logistic model)은 앞서 살펴본 『곰페르츠』모형과 거의 동일하다. 이 모형은 수정된 지수성장모형이나 『곰페르츠』모형과 마찬가지로 인구성장의 상한선(K)을 미리 상정한 후, 미래인구를 추정한다. 『로지스틱』곡선(logistic curve)의 모양은 『곰페르츠』곡선의 모양과 마찬가지로 S자형으로 되어 있다. 다만 『곰페르츠』곡선은 비대칭곡선(a skewed curve)인 반면에 『로지스틱』곡선은 대칭곡선(a symmetrical curve)이라는 차이점을 가진다. 『로지스틱』모형은 다음의 식과 같다.

$$P_{t+n} = \frac{K}{1 + e^{a+bn}} \qquad (6.6)$$

여기에서 a와 b는 상수이다.

【예제 6-1】 직선식과 지수성장 모형을 이용한 인구 예측다음 표에 나타난 'ㄱ' 도시의 인구 자료를 이용하여 2027년의 인구를 예측하시오

연 도	2007	2008	2009	2010	2011	2012	2013	2014	2015
인구(천인)	52	54	55.5	58	60	62	64.5	66	68

풀이

위 인구예측 문제는 산술증가공식, 기하급수공식 및 지수함수공식을 이용하여 해결

□ 산술증가공식 :

이 식은 (p_n = a + b · n)으로, 여기에서 p_n은 n년도의 인구이며, a는 기준연도의 실제인구, b는 단위기간(1년)의 절대인구 증가 수 그리고 n은 기준연도에서 추정연도까지의 연수를 말한다. 위 식에서 b값은 2015년도 인구에서 2007년도 인구를 뺀 값을 경과연수(8년)로 나눈 값이다.

즉, $b = \dfrac{(68-52)}{8} = 2$(천인)

그러므로 위 식은 다음과 같이 다시 쓸 수 있다.

$p_n = 68 + 2 \cdot n$ (단, 기준연도는 2005년임)

따라서 2027년의 인구는 다음과 같이 계산된다.

$p_{2027} = 68 + 2 \times 12 = 92$(천인)

□ 기하급수공식

이것은 방정식 (6.3)에서 r값을 구하여 예측하는 방법이다. 식에서 r을 구하면,

$$r = \left(\frac{P_{t+n}}{P_t}\right)^{\frac{1}{n}} - 1 = \left(\frac{68}{52}\right)^{\frac{1}{8}} - 1 \fallingdotseq 0.0341$$

따라서 2027년의 인구수는 다음과 같이 계산된다.

$p_{2027} = 52 \cdot (1 + 0.0341)^{20} = 105.15$(천인)

□ 지수함수공식

방정식 (6.3)의 지수함수식에서 r을 구하면,

$$r = \frac{\left(\ln\left(\frac{P_{t+n}}{P_t}\right)\right)}{n \cdot \ln e} \fallingdotseq 0.0298$$

따라서 2027년의 인구수는 다음과 같이 계산된다.

$p_{2027} = 52 \cdot e^{0.0298 \cdot 20} \fallingdotseq 97.23$(천인)

【예제 6-2】 수정된 지수성장 모형을 이용한 인구 예측

예제 6-1에서 나타난 'ㄱ' 도시의 인구자료와 수정된 지수성장모형을 이용하여 2027년의 인구를 예측하시오. 단 K값(인구의 수용한계)은 90,000인으로 하여 계산하시오.

풀이

우선 V값을 구하면, 다음과 같다.

$$V = \frac{\left[\frac{(90-54)}{(90-52)} + \frac{(90-55.5)}{(90-54)} + \frac{(90-58)}{(90-55.5)} + \cdots\right]}{8} \fallingdotseq 0.934$$

따라서 2027년의 인구수는 다음과 같이 계산된다.

$$P_{2027} = 90 - [(90-68)(0.934)^{12}] = (90-9.70) \fallingdotseq 80.30(\text{천인})$$

제 2 절 간접예측방법

제1절의 예측방법은 시간변화에 따라 도시의 인구가 어떻게 증감되어 왔는지를 살펴보고, 이러한 시점별 인구변화 추이를 여러 형태의 함수(function)를 적용하여 미래인구를 추정하는 방법이다. 즉, 이 방법은 과거의 인구성장 추세를 연장하여 미래인구를 예측하는 것이다. 이 방법들은 인구변화의 요인들이 무엇이며, 장래 이 요인들이 어떻게 변화할 것인지에 대한 인과관계(causal relationship)에 바탕을 둔 인구예측의 방법이 아니다. 이것은 단순히 설명변수를 시간으로 보고 미래인구를 예측한 것일 뿐이다. 따라서 이 모형에서는 시간 이외의 어떠한 설명변수도 포함하고 있지 않는 단순함을 내포하고 있다.

1. 사회 · 경제적 변수를 이용한 회귀모형

도시인구에 영향을 미치는 사회 · 경제적 변수들을 설명변수로 하고 도시의 인구규모를 종속변수로 하는 회귀모형은 도시인구규모를 결정하는 여러 사회 · 경제적 인자들에 대한 예측을 통하여 어떤 도시의 미래인구를 예측할 수 있게 한다.

모형의 추정은 과거의 어떤 특정도시(혹은 여러 도시들)의 인구와 사회 · 경제적 변수들에 대한 자료를 바탕으로 이루어진다. 이들 변수는 도시의 산업별 고용인구, 도시의 면적, 대학교의 학생정원 등 다양할 것이다. 이를 추상화된 회귀모형으로 나타내면 다음과 같다.

$$Y = f(X_1, X_2, X_3, X_4, \ldots) \tag{6.7}$$

여기에서 Y는 도시인구, X_1은 도시의 제조업 고용인구, X_2는 도시의 서비스업 고용인구, X_3는 도시의 면적, X_4는 대학교의 학생정원 등이다.

【예제 6-3】 회귀모형을 이용한 인구 예측

다음 표에 나타난 'ㄱ' 도시의 인구자료를 이용하여 2027년의 인구를 예측하시오.

연 도	2007	2008	2009	2010	2011	2012	2013	2014	2015
인구(천인)	52	54	55.5	58	60	62	64.5	66	68

풀이

위 인구예측 문제는 직선함수와 지수함수를 이용하는 두 가지 경우로 나누어 해결한다. 다만, 여기에서는 설명의 편의상 시간만을 설명변수(방정식 6.7에 나타난 바와 같이 회귀방정식은 다양한 변수를 활용할 수 있음)로 처리한다.

□ 직선함수 : 이것은 편의에 따라 다음 세 가지 방법을 이용하여 추정할 수 있다.

1) 방법 1 : 방정식 (6.1)에서 a와 b값은 최소자승법(least square method)에 의해 다음과 같이 계산될 수 있다(다음 표의 방법 1 참조).

$$b = \frac{n\sum x_i y_i - \sum x_i \sum y_i}{n\sum x_i^2 - (\sum x_i)^2} = \frac{9\times 2822 - 45\times 540}{9\times 285 - 45^2} \fallingdotseq 2.03$$

$$a = M_y - b\cdot M_x = (\frac{\sum y_i}{n}) - b\cdot(\frac{\sum x_i}{n}) = (\frac{540}{9}) - 2.03\times(\frac{45}{9}) = 49.85$$

여기에서 n은 자료 수, x_i는 i 년도, y_i는 i 년도의 인구 수, M_y는 y의 평균, M_x는 x의 평균값이다. 따라서 2027년의 인구수는 다음과 같이 계산된다.

$$P_{2027} = 49.85 + 2.03\times 21 = 92.48(\text{천인})$$

2) 방법 2 : 전술한 방법을 보다 쉽게 처리하기 위하여 ($\sum x_i = 0$)으로 처리하고, 다음 표를 참조하여 a와 b값을 계산하면,

$$b = \frac{\sum x_i y_i}{\sum x_i^2} = \frac{122}{60} \fallingdotseq 2.03,\quad a = M_y = (\frac{\sum y_i}{n}) = (\frac{540}{9}) = 60$$

따라서 2027년의 인구수는 다음과 같이 계산된다.

$$P_{2027} = 60 + 2.03\times 16 = 92.48(\text{천인})$$

단, 기준연도(0년도)가 다른 점(방법 1은 2006년, 방법 2는 2011년)에 유의하시오. 또한 자료의 수가 짝수일 경우에는 ($\sum x_i = 0$)으로 처리하기 위하여, 방법 1(…, 5, 3, 1, -1, -3, -5, …)과 방법 2(…, 3.5, 2.5, 1.5, 0.5, -0.5, -1.5, -2.5, -3.5, …)를 이용할 수 있다. 이 경우 장래 추정연도의 n값에 주의하시오.

3) 방법 3 : 평균에 대한 분산값을 이용하면,

$$b=\frac{\sum x_i y_i}{\sum X x_i^2}=\frac{\sum (x_i-M_x)\cdot(y_i-M_y)}{\sum (x_i-M_x)^2}=\frac{n\cdot\sigma_{xy}}{n\cdot\sigma_x^2}=\frac{\sigma_{xy}}{\sigma_x^2}=\frac{122}{60}\fallingdotseq 2.03$$

$$a=M_y-b\cdot M_x=60-2.03\times 4=51.88$$

여기에서 σ_{xy}는 x, y의 공분산이며, σ_x는 x의 분산값이다. 따라서 2027년의 인구수는 다음과 같이 계산된다.

$$P_{2027} = 51.88+2.03\times 20=92.48(\text{천인})$$

연도	인구	방 법 1			방 법 2			방 법 3				
x_i	y_i	x_{1i}	x_{1i}^2	$x_{1i}\times y_i$	x_{2i}	x_{2i}^2	$x_{2i}\times y_i$	x3i	$x_{3i}-M_x$	y_i-M_y	$(x_{3i}-M_x)\times(y_i-M_y)$	$(x_{3i}-M_x)^2$
2007	52	1	1	52	−4	16	−208	0	−4	−8	32	16
2008	54	2	4	108	−3	9	−162	1	−3	−6	18	9
2009	55.5	3	9	166.5	−2	4	−111	2	−2	−4.5	9	4
2010	58	4	16	232	−1	1	−58	3	−1	−2	2	1
2011	60	5	25	300	0	0	0	4	0	0	0	0
2012	62	6	36	372	1	1	62	5	1	2	2	1
2013	64.5	7	49	451.5	2	4	129	6	2	4.5	9	4
2014	66	8	64	528	3	9	198	7	3	6	18	9
2015	68	9	81	612	4	16	272	8	4	8	32	16
합계	540	45	285	2,822	0	60	122	36	0	0	122	60

□ 지수함수 : 방정식 (6.3)의 지수함수 식에서 양변에 자연대수 값을 취하면,

$$\ln P_{t+n} = \ln P_t + r\cdot n$$

위 식은 Y=a+b·X 의 형태로서 단순회귀분석 방법을 이용하면 a와 b값을 추정할 수 있으므로 X에 21을 대입하면 2027년의 인구를 구할 수 있다.

【예제 6-4】 : 『로지스틱』모형을 이용한 인구 예측

예제 6-3에서 나타난 'ㄱ' 도시의 인구자료와 『로지스틱』모형을 이용하여 2027년의 인구를 예측하시오. 단 K값(인구의 수용한계)은 90,000인으로 하여 계산하시오.

풀이

□ 회귀방정식 : 방정식 (6.6)의 양변에 자연대수를 취하여 정리하면,

$$\ln\left(\frac{K}{P_{t+n}}-1\right)=a+b\cdot n$$

위 식은 $Y=a+b\cdot X$의 형태로서 단순회귀분석 방법을 이용하면 a와 b값을 추정할 수 있으므로 X에 21을 대입하면 2027년의 인구를 구할 수 있다.

□ J.S. Siegel 방법 : 이 방법은 K값(인구의 수용한계)이 주어지지 않았을 경우, 적절한 K값을 계산하여 추정하는 방법이다.

① 위 식에서 P_{t+n}를 y로, n을 x로 변환한다.

연도 (1)	x값의 변환 (2)	실제인구(Y) (3)	Z(100,000/Y) (4)	Z의 부분합 (5)	d_1 및 d_2값 (6)	인구추정치 (7)
2007	0	52,000	1.9231			51,709
2008	1	54,000	1.8519	Σ_1 = 5.5768		53,732
2009	2	55,500	1.8018			55,770
2010	3	58,000	1.7241		$d_1 = \Sigma_2 - \Sigma_1$	57,820
2011	4	60,000	1.6667	Σ_2 = 5.0037	= − 0.5731	59,875
2012	5	62,000	1.6129		$d_2 = \Sigma_3 - \Sigma_2$	61,932
2013	6	64,500	1.5504		= − 0.4675	63,987
2014	7	66,000	1.5152	Σ_3 = 4.5362		66,031
2015	8	68,000	1.4706			68,066
2017	10	−	−	−	−	72,082
2027	20	−	−	−	−	106,740
∞	∞	−	−	−	−	121,300

② 계산을 간단히 하기 위하여 $Z=(\frac{100,000}{Y})$라는 변수를 사용하면, 방정식 (6.7)은 다음 형식으로 변환될 수 있다.

$Z=A+B\cdot C^x$ (여기에서 A, B 및 C는 상수)

$$Y=\frac{100,000}{A+B\cdot C^x} \qquad (6.6\text{-}1)$$

다음 표의 4항은 실제인구(Y)를 이용하여 구한 Z값이다.

③ 실제 값(x항)의 개수를 3등분 : 여기에서는 9개를 3으로 나누면, 나머지가 없으나, 만약 나머지가 생길 경우에는 초기연도(2007년도)나 최종연도(2015년)를 추정에서 제외하고 계산한다.

④ x값의 변환 : 기준연도(2007년)를 '0'으로, 2008년을 '1'로, 2009년을 '2' 등으로 변환한다.

⑤ 표의 5항에서와 마찬가지로 $\sum_1 \sum_2$및 $\sum_3$를 구하고, 통계값인 $d_1=(\sum_2-\sum_1)$ 및 $d_2=(\sum^3-\sum^2)$를 계산하며, $m=(\frac{n}{3}=3)$이라는 통계치를 설정한다.

⑥ A, B 및 C를 구하기 위하여 다음 세 개의 방정식을 이용하여 풀면, 다음과 같다.

$$C^m=\frac{d_1}{d_2},\ mA=\sum^1-\ [\frac{d_1}{(C^m-1)}],\ B=\frac{d_1(C-1)}{(C^m-1)^2}$$

$$C^3=\frac{(-0.4675)}{(-0.5731)}=0.8157 \qquad \therefore C=0.9344$$

$$3A = 5.5768 - \left[\frac{-0.5731}{(0.8157-1)}\right] = 2.4672 \quad \therefore A = 0.8224$$

$$B = \frac{-0.5731(0.9344-1)}{(0.8157-1)^2} = 1.1068$$

⑦ A, B 및 C를 방정식 (6.6-1)에 대입하면,

$$Y = \frac{100{,}000}{0.8224 + 1.1068(0.09344)^X} = \frac{121{,}300}{1 + 1.3458(0.9344)^X}$$

⑧ 위 식을 이용하여 인구를 추정하면, 표의 7항과 같다.

⑨ 물론 위 식은 방정식 (6.6)의 형태로도 전환될 수 있다. 즉, $e^{a+bx} = 1.3458(0.9344)^x$

위 식의 양변에 자연대수를 취하면,

$$a + bx = \ln(1.3458) + x \cdot \ln(0.9344) = 0.297 - 0.068 \cdot x$$

$$\therefore a = 0.297, \quad b = 0.068$$

$$Y = \frac{121{,}300}{1 + e^{0.297 - 0.068 \cdot x}}$$

2. 도시고용예측을 통한 인구예측방법

이 방법은 산업구조가 장래 크게 변화될 것으로 예상되는 도시의 인구예측에 바람직하다. 도시의 인구성장은 산업의 성장과 불기분의 관계가 있으므로, 도시산입의 고용변화 예측을 통한 도시인구규모 예측은 논리적으로 타당하다. 따라서 어떤 도시의 장래 산업개발계획을 바탕으로 업종별 고용인구를 예측하고, 이를 이용하여 도시의 총인구를 예측할 수 있다.

이 방법을 세부적으로 구분하면 다양한 기법들이 있다. 예를 들면, 업종별 고용인구를 설명변수로 하고 도시의 총인구를 종속변수로 하는 회귀모형 방법, 경제기반모형(economic base model)을 이용하는 방법 등이 있다. 특히, 경제기반모형의 경우 기반산업(기반활동)의 고용변화예측을 통하여 도시의 고용인구와 총인구를 예측할 수 있다. 여기에는 경제기반 승수(multiplier)의 분석기법이 주로 사용된다. 특히, 이 방법은 대규모 공업도시나 행정도시 등과 같이 기반산업(수출산업)이 수송을 이루는 신도시의 인구예측에 적합하다.

3. 토지이용에 기초한 인구예측방법

이 방법은 장래의 도시인구를 그 도시의 인구수용능력을 고려하여 추정하는 방법이다. 이 방법의 기본 가정은 도시인구의 성장은 도시의 물적 환경 용량(capacity)에 의해 직접 영향을 받는다는 것이다. 이 방법은 도시의 이용 가능한 주거용지 면적, 건폐율, 용적률, 밀도 등을

고려하여 수용 가능한 인구를 계산함으로써 도시인구를 예측하는 방법이다.

토지이용에 기초한 인구예측의 대표적 방법은 『라우리』모형(Lowry model)에 의한 인구추정이다. 이를 위해서는 물론 구체적인 토지이용계획의 수립과 집행, 그리고 신개발뿐만 아니라 재개발에 대한 계획도 구체화되어야 한다는 전제가 필요하다. 이 방법은 중앙 혹은 지방정부에 의한 토지이용규제나 개발이 비교적 계획적으로 집행될 수 있는 주거전용 위성도시의 미래 인구예측에 유용하게 사용될 수 있다.

4. 비교방법

비교방법(comparative method)은 어떤 지역(예컨대 C지역)의 미래 인구성장을 이와 비슷한 추세를 보여온 다른 지역(예컨대 D지역)의 자료를 근거로 예측하는 것이다. 여기에서 유사한 역사적 배경을 가지면서 앞서 성장한 지역을 기준지역(pattern area)이라 한다. 우리는 일반적으로 D지역과 C지역은 역사적으로 비슷하고 아울러 비슷한 성장패턴을 시차(time lag)를 두고 나타낼 것으로 가정한다. 그러면 우선 D지역이 C지역보다 앞서 성장해 가는 것으로 가정하자. 이 경우 D지역의 과거 인구성장패턴을 이용하여 C지역의 장래인구를 예측할 수 있다. 이와 같은 방법을 수식으로 표현하면 다음과 같다.

$$ {}_{C}P_{t+n} = {}_{D}P_{(t-10)+n} \tag{6.8} $$

식 (6.8)은 C 지역의 인구가 D지역의 인구를 10년의 시차를 두고 따라 가는 것을 나타내고 있다. 이것을 일반화하면 다음과 같이 표현할 수 있다.

$$ {}_{C}P_{t+n} = (\rho)_{D}P_{(t-1)+n} \tag{6.9} $$

여기에서 l은 시차이며, $\rho = {}_{D}P$의 일정비율이다.

만약 우리의 연구대상지역과 아주 유사하고 앞서 성장해 간 지역이 있다면, 이와 같은 비교방법이 유용하게 쓰일 수 있다. 예컨대, 앞서 성장했다가 쇠퇴한 탄광도시나 철강산업도시의 인구변화 패턴을 이용해서 나중에 출발하는 탄광도시나 철강산업도시의 인구성장을 예측할 수 있다. 혹은 앞서 성장한 관광휴양도시의 인구성장패턴을 이용해서 새로이 개발되는 관광휴양도시의 인구를 예측할 수도 있다.

그러나 비교방법은 도시전체의 인구를 예측하는 목적보다는 한 도시 내에 있는 특정지역(subarea)의 인구를 예측하는데 더 유용한 것으로 평가되고 있다. 예를 들면, 도시외곽에 대규모 쇼핑단지가 들어설 때 어느 정도의 인구가 그 지역에 유입될 것인지 예측하기 위해 다른 지역의 선행사례(prior example)를 이용할 수 있다.

【예제 6-5】 비교방법에 의한 인구 예측

지역 S의 인구는 15년 전의 U지역 인구와 같은 발달단계에 놓여 있으며, 지역 U의 인구는 지수공식 $P_t^U = 2(1+0.05)^t$ (단위 : 100만인, 년)에 따라 변화된다고 한다. 이 경우 지역 S의 인구가 앞으로 몇 년 후에 300만에 이르게 되는가를 구하시오.

풀이

$P_t^S = P_{t-15}^U = 2(1+0.05)^{t-15}$ $\quad 3 = 2(1+0.05)^t$

$\frac{3}{2} = (1+0.05)^t$ $\quad \log 1.5 = (t-15)\log 1.05$ $\quad t = 8.31+15 = 23.31$

즉, 앞으로 23년 이상이 경과되면, 지역 S의 인구는 300만의 규모로 증가될 것으로 예측된다.

5. 비율예측

비율예측(forecasts with ratios)은 연구대상도시 C(예, 시・군)의 인구성장은 그 도시를 둘러싸고 있는 넓은 지역 S의 인구성장과 매우 밀접한 상관관계를 가진다는 가정에 근거하고 있다. 만약 우리는 이와 같은 상호의존관계가 가까운 장래에도 계속될 것으로 판단하고, 큰 지역범위 S(예, 시・도)의 장래인구 ${}_SP_{t+n}$를 보다 용이하게 예측할 수 있다면, 그 때 두 인구사이의 비율이 일정하게 계속될 것으로 가정함으로써 연구대상도시의 장래인구 ${}_CP_{t+n}$를 쉽게 예측할 수 있다. 이를 수식으로 표현하면 다음과 같다.

$$\frac{{}_CP_{t+n}}{{}_SP_{t+n}} = \frac{{}_CP_t}{{}_SP_t} \tag{6.10}$$

식 (6.10)으로부터 연구대상도시 C의 장래인구 ${}_CP_{t+n}$은 다음과 같이 계산된다.

$${}_CP_{t+n} = \left(\frac{{}_CP_t}{{}_SP_t}\right){}_SP_{t+n} \tag{6.11}$$

식 (6.11)은 장래의 어떤 도시의 인구규모 (${}_CP_{t+n}$)는 그 도시를 둘러싸는 도(道)나 국가의 장래 인구규모 (${}_SP_{t+n}$)의 일정한 비율 (${}_CP_t/{}_SP_t$)이 될 것임을 보여준다.

비율예측방법은 연구대상 도시의 인구가 사회, 정치 및 경제적으로 통합적인 부분을 형성하고 있는 보다 큰 지역의 인구에 의해 영향을 받을 것으로 가정하고 있는 만큼, 해당도시의 인구가 상위 지역에서 차지하는 비율이 과거부터 일정한 것으로 발견되었을 경우 크게 무리 없이 사용될 수 있다.

【예제 6-6】 비율을 이용한 인구 예측

지역 C는 지역 S에 포함되어 있는 하위지역으로서 과거자료를 분석한 결과, C의 인구는 계속 S 인구의 20% 수준을 유지하는 것으로 밝혀졌다. 지역 S의 장래인구가 $P_t^s = 2 + 0.1t$(단위 100만인, 년)의 직선공식에 따라 변화된다고 할 때, 지역 C의 인구가 현재의 2배로 증가하려면, 몇 년이 걸리는지 계산하시오.

풀이

① $P_t^c = 0.2P_t^s$ ② $P_t^c = 0.2(2 + 0.1t)$

③ 현재의 C지역인구는 ②에 0을 대입하여 구한 결과는 0.4임. 시점 t의 C지역인구가 현재의 두 배가 된다면,

$P_t^c = 0.2(2+0.1t) = 2 \times 0.4$

$0.4 + 0.02t = 0.8$

$\therefore t = 20$(년)

즉, 지역 C의 인구는 앞으로 20년 후에 현재의 2배 되는 규모로 성장할 것이다.

연습문제

6.1 다음과 같이 어떤 도시의 과거 인구자료가 주어져 있다. 직선모형, 지수성장모형 및 수정된 지수성장 모형을 이용하여, 2030년의 인구를 예측하시오.
1995년 15만인, 2000년 16만인, 2005년 18만인, 2010년 20만인, 그리고 2015년 23만인

6.2 당신이 거주하고 있는 시·도 혹은 시·군의 과거 수년간의 총인구를 조사하여 정리한 후, 제6장에서 기술된 다양한 모형들을 이용하여 장래 인구를 추정해 보시오. 또한 인구추정 방법별로 각기 어떤 차이가 있는지를 검토하고, 그 이유를 설명한 후, 가장 타당하다고 생각되는 장래 인구추정 결과를 제시하시오.

6.3 위의 문제를 SAS, SPSS, STATGRAPH 등의 통계분석 프로그램을 이용하여 해결하시오.

6.4 제6장에 관련하는 용어를 5개 이상 선정하여 그 의미를 약술하시오.

제 3 편

공간경제분석

제 7 장 공간경제의 성장

제 1 절 공간경제 성장요인

지역개발의 문제는 제2차 세계대전을 전후하여 경제학의 새로운 연구분야로 등장하게 되었다. 이는 국민경제의 발전이 단순히 거시경제이론만으로는 분석되거나 예측될 수 없다는 점에 근거하고 있다. 즉, 이것은 지역산업의 입지와 지역간 교역을 통한 지역발전의 토대 없이 국민경제의 균형적 발전을 기대할 수 없다는 관점에서 출발하게 된 것이다.

이러한 견해는 미국 상무성이 1947년도 미국의 거래표(transaction table)를 작성하고 『레온티프』(Leontief)의 연구(Input-Output Economics)의 결과 더욱 확고하게 되었다. 이러한 과정에서 기존 연구방법인 입지이론(location theory)이나 국제무역 이론을 종합한 공간경제이론을 발전시켜왔다.

지역과학(regional science)은 "지역이 왜 성장하느냐"라는 문제에 대한 해답을 얻으려 부단히 노력해 왔다. 특히 "지역의 크기와 지역산업의 구조가 왜 변하는가"라는 문제에 관한 여러 이론을 정립해왔다. 그러나 대부분의 이론은 검증된 이론이라기보다는 아직도 가설로 남아 있거나 어느 특정지역에서의 사례연구의 결과라고 할 수 있다. 가설이나 사례연구의 결과를 우리는 보편타당한 이론으로 받아드릴 수는 없다. 따라서 본 절에서는 일반적으로 지역이 "왜 경제적으로 성장하는가"라는 문제에 관한 정설들을 독자들에게 소개함으로써 지역성장을 이해하는 데 도움을 주고자 한다.

첫째, 한 지역은 지역 외의 시장, 즉 전국 혹은 국제시장에 수출할 수 있는 능력의 크기에 따라 비교우위성(comparative advantage)을 갖게 될 수 있다고 주장한다. 이에 따르면 자원의 부존(賦存)이 지역시장과 지역생산을 유치하는데 커다란 역할을 담당한다. 다시 말해서, 천부의 자원은 지역생산과 지역시장을 형성하는데 일차적이자 지배적인 영향을 미친다. 그러므로 이용 가능한 부존자원, 지역산업 및 시장의 크기는 자연적인 지역형성의 중요한 요인을 이루게 된다. 지역성장의 이론 중 경제기반이론(economic base theory), 지역간 교역이론(inter-regional trade theory) 및 산업구조성장이론(industrial mix growth theory) 등이 여기에 속한다.

둘째, 지역은 경제단위로서의 기업이나 중심도시(central city) 혹은 공간(space) 등의 양적 혹은 질적인 진화(evolution)에 의해서 이루어진다고 주장한다. 여기에서 지역의 진화란 인구의 증가, 경제활동의 확대, 국민소득의 증가 등을 말한다. 이러한 이론에 의하면 지역은 외부경제(external economics), 규모경제(scale economics), 근린효과(neighborhood effects), 그리고 집적경제(agglomeration economics) 등의 역할에 의해서 진화한다고 한다.

많은 지역경제학자들은 중심지역(central places)으로서의 결절지점(nodes)이나 성장거점(growth pole)의 진화는 바로 도시 서비스의 생산확대에 따르는 규모경제의 확대를 통해서 나타난다는 사실을 주장한다. 규모경제가 확대됨에 따라 성장거점이나 결절지점으로서의 중심지들은 도시 서비스를 보다 효율적으로 배후지역(hinterlands)에 공급할 수 있게 된다. 따라서 도시간의 상호 의존도는 높아지고 지역은 확대되기 마련이다. 즉, 지역경제력의 확대는 지역 서비스구역의 확대를 의미할 뿐만 아니라, 도시 주변에 보다 높은 소득계층의 인구를 증가시킴으로써 지역의 질적 확대를 보여주기도 한다.

셋째, 위의 두 가지 이론과는 달리 지역발전의 원인을 단순히 어떤 사고(accident)에 있다고 주장한다. 여기에서의 사고는 인위적인 조작이나 천재지변 등의 우발적 사고 등을 의미한다. 우발적 사고는 임의의 영향(random influences)이라고 규정한다. 여기에서 인위적 사고가 주로 건설의 요인이 되는 반면, 임의의 사고는 주로 지역파괴의 요인으로 나타난다.

이 이론에 따르면 어떤 지역의 경제발전은 천부의 자원이나 지역경제활동의 진화 보다는 사고에 의한 것으로 간주한다. 어떤 지역은 경제활동과 관계없이 순수한 정책적 배려에 의해서 확대되고 성장되기도 하는 반면, 어떤 지역은 화산, 지진 등의 천재지변에 의해서 쇠퇴·파괴·소멸되는 경우를 말한다. 전자의 예로서는 군사시설의 확대에 따라 『휴스턴』·동두천 등의 발전, 그리고 도읍의 설치로서 『워싱턴디시』와 서울의 발전 등이 그 예로서 나타난다. 그리고 후자의 예로서는 지진이나 화산에 의하여 멸망된 여러 도시가 있으나, 특히 『폼페이』가 그 좋은 한 예이다. 창원, 포항, 구미, 과천, 안산, 분당, 일산, 중동, 산본 등은 신도시 건설이라는 인위적인 사고에 의해서 건설, 성장, 발전되어왔다.

전술한 지역발전의 3대 요인은 지역의 생성·발전 그리고 쇠퇴 등을 이해하는데 도움을 준다. 그러나 이들은 지역이 재화와 용역의 수요와 공급을 어떻게 증가시킬 것인가, 그리고 국민소득 혹은 지역소득을 어떻게 증가시킬 것인가에 관한 문제에는 해답을 주지 못한다. 일반적으로 지역성장은 중심지역의 진화, 경제구조의 변화, 산업구조의 변화, 자원의 이전과 재분배 등에 의해서 나타나고 있다. 아래에서 논의하게 될 지역성장의 이론은 바로 이러한 논제에 역점을 두고 있다.

경제분석의 모형은 경제개발 모형을 지역 환경에 적용해보려는 하나의 노력으로써, 수많은 분석도구(analytical tools)가 개발되어왔다. 그 대표적인 것으로서는 경제기반모형, 지역산업관련모형, 『헤롯드』(Harrod)의 성장률모형, 신고전적 지역성장모형, 변이할당분석 등에 이르기까지 다양하다.

제 2 절 공간경제 성장모형

1. 경제기반모형

(1) 목적

이 모형은 지역의 경제적 기반을 형성하고 있는 산업들을 파악하고, 기반산업들의 생산활동 변동에 따른 지역경제의 총량규모를 예측하는데 그 목적이 있다. 즉, 이 모형은 외부지역과의 시장경쟁에서 열세 또는 우세 산업들을 파악하고, 지역내의 산업들의 생산활동에 의한 공간경제의 수지균형(收支均衡)을 분석하며, 지역간 또는 시점간의 비교분석을 통해 올바른 지역발전상을 모색하기 위하여 사용되고 있다. 또한 기존산업들을 확장하거나 혹은 새로운 산업들을 유치할 경우에 따른 파급효과를 평가하고, 그 크기를 추정하는데 이용된다.

(2) 이론적 배경 및 가정

i) 이론적 배경

경제기반모형(economic base model)은 "지역의 성장은 그의 경제적 기반을 구축하고 있는 어떤 산업들에 의해 지배된다."라는 명제에서 출발한다. 이 모형은 지역경제를 크게 두 부문, 즉 ① 생산된 재화와 용역을 다른 지역에 수출하여 그 지역의 소득을 발생시키는 기반부문(基盤部門 ; basic sector), 그리고 ② 수출은 하지 않고 지역내의 기본수요만을 충족시키는 지원부문(支援部門 ; service sector)으로 나누어 접근하고 있다. 특히 이 모형은 기반산업이 지역성장에 미치는 효과를 분석하는 개념적 틀로서 많이 이용되고 있다. 이것은 케인즈 승수이론인 "한 개인의 소비활동은 다른 사람들의 소득이 됨과 동시에 이들의 소득은 다시 소비된다"는 단순한 사실에 근거하고 있다.

ii) 가정

① 산업(industry)은 크게 기반부문과 지원부문으로 양분되며, 지역의 성장은 기반부문에 의해서만 이루어진다.

② 기반부문의 수출활동은 지원부문의 생산활동에 영향을 미친다.

③ 기반부문에 의해서 생산된 재화와 용역은 그 지역에서는 소비될 수 없다.

④ 장래 추정에 필요한 성장인수, 즉 독립변수에 관계되는 매개변수와 승수의 값들은 일정하다.

(3) 방법

i) 산업의 구분

경제기반모형의 유용성은 기반부문과 지원부문의 합리적인 구분, 특히 기반부문의 경제규모를 정확하게 산출하는 것에 좌우된다. 이 구분은 개념적으로는 "생산된 재화와 용역의 판로범위(販路範圍)"를 기준으로 이루어진다. 분류방법엔 면접, 설문지 등을 이용하는 직접 조사방법과 입지상, 최소요구량, 회귀분석 등의 간접 조사방법이 있다. 여기에서는 기반부문 측정에 일반적으로 사용되는 입지상(L · Q, location quotient)에 대해서만 간략하게 설명한다.

ii) 입지상

입지상은 전국 혹은 비교 가능한 경제의 i 산업 구성비에 대한 특정 도시(또는 지역)의 i 산업 구성비로서 표현된다. 산업구성비 계산에는 일반적으로 부가가치나 소득보다는 자료의 획득이 용이한 고용인구가 사용된다. 입지상을 구하는 공식은 다음과 같다.

$$L \cdot Q = \frac{E_{ij}}{\sum_i E_{ij}} \Big/ \frac{E_i}{\sum_i E_i} \qquad (7.1)$$

여기에서 E_{ij}는 j 지역 i 산업 고용자수, $\sum_i E_{ij}$는 j 지역 전체 고용자수, E_i는 전국 i 산업 고용자수, 그리고 $\sum_i E_i$는 전국 총 고용자수이다.

위 공식에서 만일 LQ_{ij}가 1보다 크면 j 지역 i 산업은 그의 제품들을 수출하고, LQ_{ij}가 1보다 작으면 j 지역 i 산업은 일부 부분을 수입하는 것으로 분석한다. 또한 LQ_{ij}가 1이면 j 지역 i 산업은 자급자족하는 것으로 해석한다.

그렇지만 입지상 그 자체로서는 j 지역 i 산업에 종사하고 있는 기반부문 취업자수와 지원부문 고용규모를 알 수 없다. 따라서 잉여종사자(surplus workers)를 결정하는 방법을 이용하여 그 규모를 파악한다.

$$E_{bij} = \sum_i E_{ij} \cdot \left(\frac{E_{ij}}{\sum_i E_{ij}} - \frac{E_i}{\sum_i E_i}\right) \qquad (7.2)$$

여기에서 E_{bij}는 j 지역 i 산업에 종사하는 기반부문 고용자수이다.

iii) 수식

경제기반모형에서 나타나는 지역승수(regional multiplier)는 기반부문의 생산활동과 이로 인한 지역전체 또는 지원부문의 변화로서 표현된다. 여기에서는 측정단위가 소득일 경우와 고용(또는 총인구)일 경우에 대한 간단한 모형을 다룬다.

① 측정단위가 소득인 경우 : 대상지역의 총 소득은 수출을 통해 얻은 기반소득(Y_b)과 지역내의 소비를 위한 주민소득(Y_n)의 합으로 표현하면,

$$Y_t = Y_b + Y_n \tag{7.3}$$

주민소득의 규모가 총소득의 함수라 가정하면,

$$Y_n = f(Y_t) = cY_t \tag{7.4}$$

위 식에서 c는 한계소비성향을 의미한다.

방정식 (7.4)를 (7.3)에 대입하여 정리하면, 다음과 같은 단순모형을 얻을 수 있다.

$$Y_t = (1 - C)^{-1}Y_b \tag{7.5}$$

방정식 (7.5)의 $(1 - C)^{-1}$은 지역소득승수(k_1)로서, 다음과 같이 요약된다.

$$k_1 = \frac{dY_t}{dY_b} = (1-C)^{-1} = \frac{Y_t}{Y_b} = 1 + \frac{Y_n}{Y_b} \tag{7.6}$$

지역소득승수 k_1는 기반소득이 외생적(外生的)으로 주어졌을 경우(예, 정부투자), 지역의 총량규모의 변화를 산출(즉, 투자효과 파악)하는데 사용된다. 이 승수는 기반비율(base ratio)의 개념으로서, 기반부문의 소득 한 단위 증가에 따른 지원부문의 변화를 알 수 있게 한다.

② 측정단위가 고용(또는 총인구)인 경우 : 총 인구는 총 고용자의 함수로서, 지원부문의 고용규모는 총인구의 함수라 가성하면,

$$P = f(E_t) = \alpha E_t \tag{7.7}$$

$$E_s = g(P) = \beta P = \alpha\beta E_t \tag{7.8}$$

단, $\alpha > 1$, $0 < \beta < 1$

총 고용자수는 기반부문 고용자수와 지원부문 고용자수의 합과 같다.

$$E_t = E_b + E_s \quad (7.9)$$

여기에서 P는 총 인구, E_t는 총 고용자수, E_b는 기반부문 고용자수, E_s는 지원부문 고용자수, 그리고 α, β는 매개변수이다.

방정식 (7.7)~(7.9)를 총 고용인구와 총 인구의 함수로 정리하면,

$$E_t = (1-\alpha\beta)^{-1}E_b \quad (7.10)$$

$$P = (1-\alpha\beta)^{-1}\alpha E_b \quad (7.11)$$

위의 두 식에서 지역고용(또는 총인구) 승수는 $(1-\alpha\beta)^{-1}$이다. 고용승수는 소득승수와 마찬가지로 기반부문의 고용인구가 외생적으로 주어졌을 경우, 지역 총 고용자수를 산출하는 데 사용된다.

iv) 투입자료

① 전국과 연구대상 지역의 산업별 생산 또는 고용에 관한 통계자료

② 연구대상 지역의 고용자 1인당 소득

③ 연구대상 지역의 고용자 1인당 부양가족수

④ 목표연도에 있어 기반부문의 총 소득 또는 총 고용자수(예측치)

(4) 모형의 장 · 단점

i) 장점

① 경제기반승수는 계산이 용이할 뿐 아니라 이해하기가 쉬워 실무자나 정책결정자에게 설득력이 강하다.

② 통계자료가 부족한 경우, 기반비율(base ratio)만 알면 승수효과를 쉽게 예측할 수 있어 적용이 용이하다.

③ 이 모형은 투입・산출표(input-output table)가 없어도 산업간 연관성에 의해 생산량(또는 고용자수)을 예측할 수 있게 한다.

ii) 단점

① 소비자선호, 소득수준 등의 변동에 따른 지원부문의 생산성 증가, 경제활동의 지방분산

정책에 따른 입지요인의 변화, 그리고 공간규모의 설정기준 등에 따라 기반비율 및 승수의 값들이 달라짐에도 불구하고 예측기간동안 이들을 일정한 것으로 가정하고 있다.

② 기반부문만이 공간경제의 원동력이라는 점은 비판의 여지가 많다. 즉, 한 국가처럼 공간범위가 넓은 경우에는 수출이 경제활동의 일차적 결정인자가 아니다.

【예제 7-1】 경제기반모형을 이용한 고용인구 증가예측

어떤 도시의 총 고용인구는 50만인이고, 이중 지원부문 고용인구는 40만인이다. 그런데 이 도시에 외부지역으로만 수출하는 새로운 산업이 들어와서 5천인의 새로운 수출산업(기반활동) 고용자의 증가(ΔE_b)가 예상된다면, 이 도시의 총 고용인구(ΔE_t)는 얼마나 증가가 될까?

풀이

이 문제를 해결하기 위하여 우선 경제기반승수를 구해야 한다.

$k = E_t/E_b = 500{,}000/(500{,}000-400{,}000) = 5$

위의 값을 이용한 총 고용인구의 증가는 다음과 같이 계산된다.

$\Delta E_t = k \cdot \Delta E_b = 5 \cdot 5{,}000 = 25{,}000$(인)

따라서 도시의 총 고용인구는 25,000인 증가할 것이며, 이중 수출산업 (기반활동)의 고용증가는 5,000인으로 주어졌으므로 지원부문의 고용증가는 20,000인이 될 것이다. 또한 고용자 1인당 부양계수가 4인이라면, 총인구 증가(ΔP_t)는 100,000인이 될 것이다.

2. 투입 · 산출모형

(1) 목적

투입 · 산출모형(Input-Output Model)은 산업부문간 경제활동의 상호의존 관계를 설명할 뿐만 아니라, 최종수요의 규모가 변동됨에 따른 경제적 파급효과를 분석하는데 이용된다.

(2) 이론적 배경 및 가정

i) 이론적 배경

경제구조의 상호 의존관계를 분석하기 이론적인 연구는 1940년경에 경제계정의 개념을 도입하여 미국경제를 다룬 『레온티프』(Leontief)의 연구에서부터 비롯된다. 이후 많은 경제학자들이 지역의 경제구조를 분석하기 위해서 『레온티프』의 모형을 원용한 바 있으나, 지역간 투입산출 모형의 체계적 정립은 『아이사드』(Isard)에 의해 이루어졌다. 이것은 도시 또는 지역의 경제활동이 국가경제에 있어 중요한 요소로 대두됨에 따라 지역 차원에서 경제적 상호의존 관계를 분석하기 위한 기법으로서 개발되어졌다.

ii) 가 정

① 장래 추계기간동안 교역계수(trade coefficients)는 변화하지 않는다. 즉, 각 산업의 내부판매 또는 내부구매의 비율은 일정하다.

② 모든 산업은 각기 하나의 선형이면서 동질적인 생산함수(a single linear, homogeneous production function)를 가진다.

③ 각 산출물은 하나의 전문 산업부문(an unique industrial sector)에 의해서만 생산된다. 즉, 한 산업은 하나의 품목(a commodity)만을 생산한다.

④ 지방화 또는 도시화로 인하여 발생이 가능한 외부경제 혹은 외부불경제(external economies or diseconomies)는 존재하지 않는다.

(3) 방법

i) 투입·산출표의 작성

지역경제 구조의 분석을 위해서는 우선 지역 투입·산출표를 작성해야 한다. 이 표는 각 산업의 산출이 다른 산업과 부문들에 어떻게 배분되며, 각 산업이 어떠한 투입요소를 필요로 하는지 즉, 산업부문들간의 경제적 상호의존 관계를 나타내는 하나의 지역계정이며, 동시에 지역경제 구조를 보여주는 하나의 해부도이다.

이 모형에서는 지역의 경제체제를 ① 중간과정(processing sector), ② 지불부문(payment sector), ③ 최종수요부문(final demand sector)으로 나누고 있다. 지역 투입·산출표의 작성방법 및 구조는 다음 표와 같다.

〈표 7-1〉 투입 · 산출표

산출부문 / 투입부문		중 간 과 정 부 문 (X_j)						최종수요 부문(Y_i)	총 산출 (X_i)
		1	2	…	j	…	n		
중간 과정 부문 (X_j)	1	X_{11}	X_{12}	…	X_{1j}	…	X_{1n}	Y_1	X_1
	2	X_{21}	X_{22}	…	X_{2j}	…	X_{1n}	Y_2	X_2
	⋮	⋮	⋮		⋮		⋮	⋮	⋮
	i	X_{i1}	X_{i2}	…	X_{ij}	…	X_{in}	Y_i	X_i
	⋮	⋮	⋮		⋮		⋮	⋮	⋮
	n	X_{n1}	X_{n2}	…	X_{nj}	…	X_{nn}	Y_n	X_n
지불부문(P_j)		P_1	P_2	…	P_j	…	P_n		
총 투 입(X_j)		X_1	X_2	…	X_j	…	X_n		

ii) 수 식

지역 투입·산출 모형의 기본 구조는 『레온티프』의 투입·산출모형과 동일하다. 이를 수식으로 나타내면 다음과 같다.

$$X = AX + Y \tag{7.12}$$

여기에서 X는 산업부문별 총 산출을 나타내는 $n \times 1$ 벡터, A는 산업부문들간의 교역계수를 나타내는 $n \times n$행렬, 그리고 Y는 각 산업부문의 산출에 대한 최종수요를 나타내는 $n \times 1$ 벡터이다.

방정식 (7.12)는 "각 산업부문의 총 산출이 중간수요 합계와 최종수요 합계의 합과 같다"는 것을 의미한다. (7.12)식을 변형시켜 지역 투입·산출 모형의 일반식을 구하면 다음과 같다.

$$X = (I - A)^{-1}Y \tag{7.13}$$

여기에서 I는 대각원소들의 계수만 1이고 나머지 모든 원소들의 계수는 0인 단위행렬(unit matrix)이다.

방정식 (7.13)에서 나타난 $(I - A)^{-1}$는 최종수요의 변동에 따른 경제적 파급효과를 측정할 수 있게 하는 승수이다. 이것은 전술한 경제기반모형의 승수와 그 구조면에서 같다. 그렇지만 기반모형의 승수는 전체경제에 미치는 효과만을 측정하는 반면에 이것은 개별 산업부문에 대한 경제적 승수효과를 파악하는데 중점을 두고 있다. 지역 투입·산출 모형에서 나타나고 있는 주요 개념 몇 가지를 소개하면 다음과 같다.

① 교역계수(trade coefficients) : 교역계수는 어떤 산업부문의 산출 1단위 변동이 그와 연관된 산업부문들의 생산활동에 미치는 직접 효과를 나타내는 값이다. 이것은 다음 식에 의해서 구해진다.

$$A_{ij} = \frac{X_{ij}}{X_j} \qquad (7.14)$$

여기에서 X_{ij}는 생산부문 i 가 구매부문 j 에 판매한 액이고, X_j 는 구매부문 j 의 총 산출이다.

② 직·간접계수(direct and indirect coefficients) : 직·간접계수는 방정식 (7.13)에 나타난 $(I - A)^{-1}$ 행렬의 각 원소들로서, 최종수요 1단위 증감에 따른 경제적 파급효과를 의미한다.

③ 승수(multiplier) : 승수에는 일반적으로 소득승수와(income multiplier)와 고용승수(employment multiplier)가 있다. 위의 식에서 역행렬 $(I - A)^{-1}$ 로서 구할 수 있는 것은 소득승수이며, 위의 식에서 단위를 고용자수로 대체한다면, 고용승수를 구할 수 있다.

iii) 투입자료

① 지역 투입·산출표

② 생산부문별 장래 최종수요(예측치)

③ 생산부문별 고용자 통계자료

(4) 모형의 장·단점

i) 장점

① 지역 투입·산출 모형은 통계적 시계열분석이 보여줄 수 없는 지역간 및 지역내의 산업 연관관계를 파악하게 한다.

② 이 모형은 지역산업의 관계를 그 수요부문 내에서 중간재 생산부문의 수요(중간수요)와 최종수요로 구별함으로써, 최종수요 부문에서의 증감이 중간재 생산부문에 미치는 효과를 측정할 수 있게 하는 기법이다.

③ 이 모형을 효과적으로 사용하면, 장래의 최종수요 증감에 따르는 고용승수 효과를 측정할 수 있다.

ii) 단점

① 이 모형의 가정 중에서 '1차 생산함수'라는 가정은 일정불변의 생산계수를 의미하며, 이 가정은 모든 재화와 용역의 가격과 산업의 구매양태가 일정불변임을 의미하는바 현실과 괴리가 있다.

② 현상을 분석함에 있어 산업부문의 정확한 구분이 어렵고, 여기에는 전문적인 지식을 요한다.

③ 자료수집이 까다롭고, 많은 비용이 소요된다.

【예제 7-2】 'ㄴ'도시의 투입산출모형을 이용한 도시경제 계획

2015년 'ㄴ'도시의 투입·산출 표는 다음과 같다. 이 도시에서는 지속적인 경제성장으로 5년 후인 2020년 가계부문의 최종수요를 전망해 보면, 농업 부문은 현재보다 2억원 증가한 7억원, 제조업 부문은 현재보다 5억원이 증가한 15억원의 수준이 될 것으로 전망된다. 이 경우 총량수요를 만족시키려면, 각 부문에서는 얼마만큼 생산해야 하는가를 분석하시오.

산출부문 / 투입부문	농 업	제조업	가 계 (최종수요부문)	총산출
농 업	2	3	5	10
제조업	4	6	10	20
가 계	4	11	15	30
총투입	10	20	30	60

풀이

우선 투입계수 A를 구하면,

$$A_{11}=2/10=0.2,\quad A_{12}=3/20=0.15,\quad A_{21}=4/10=0.4,\quad A_{22}=6/20=0.3$$

방정식 (7.13)를 적용하기 위하여 [I - A]를 구하면,

$$I-A=\begin{pmatrix}1&0\\0&1\end{pmatrix}-\begin{pmatrix}0.2&0.15\\0.4&0.3\end{pmatrix}=\begin{pmatrix}0.8&-0.15\\-0.4&0.7\end{pmatrix}$$

또한 (I - A)의 역행렬인 (I - A) - 1을 구하면,

$$(I-A)^{-1}=\begin{pmatrix}1.4&0.3\\0.8&1.6\end{pmatrix}$$

따라서 방정식 (7.13)을 이용하여 풀면,

$$X=\begin{pmatrix}X_1\\X_2\end{pmatrix}=\begin{pmatrix}1.4&0.3\\0.8&1.6\end{pmatrix}\begin{pmatrix}7\\15\end{pmatrix}$$

$$X_1 = (1.47 \times 7) + (0.3 \times 15) = 14.3(\text{억원})$$
$$X_2 = (0.87 \times 7) + (1.6 \times 15) = 29.6(\text{억원})$$

그러므로 'ㄴ'도시의 경제개발 목표를 달성시키기 위해서는 농업부문에서 14.3억원의 생산량이, 그리고 제조업부문에서의 29.6억원의 생산량이 요구되는 것으로 추정된다.

3. 『헤롯드』성장률모형

(1) 목적

『헤롯드』의 성장률모형(the Harrod model of growth rate)은 경제발전의 단기적인 변동(즉, 경기순환)을 설명하거나 혹은 장기적인 경향을 이해하는데 유용하다.

2) 이론적 배경 및 가정

i) 이론적 배경

현대 자본주의 경제에 주어진 주요과제 중의 하나는 완전고용 수준을 유지하면서 경제를 발전시키는 것이라 할 수 있다. 이 문제를 다루는 방법론으로서 『헤롯드』의 성장률이론은 '저축과 투자의 균등화로 소득수준과 생산수준이 결정된다'는 『케인즈』(Keynes) 이론에 바탕을 두고서 경제발전을 규명하고 있다. 이 모형에서는 경제성장률을 소득증가율로 정의하며, 세 가지의 성장률 개념을 이용하여 경제발전의 단기적인 변동과 장기적인 경향이 설명되고 있다.

ii) 가정

① 지역은 하나의 폐쇄 경제체제(closed economic system)를 가진다. 따라서 지역간 자원의 이동은 없다.

② 저축은 지역소득의 비례함수이다.

③ 노동력은 일정한 비율로 증가하며, 외생적으로 결정된다. 즉 노동력 성장은 다른 경제요소에 의해 전혀 영향을 받지 않는다.

④ 기술진보는 없으며, 자본저량(資本貯量 ; capital stock)에 대한 감가상각(減價償却)도 없다.

⑤ 주어진 산출량을 생산하기 위해 요구되는 자본과 노동력의 양은 각각 주어진다. 즉, 노동생산성과 자본산출비율은 일정하다.

⑥ 완전고용의 성장을 전제로 한다.

(3) 방법

i) 지역성장함수

『헤롯드』의 성장률 모형은 자본산출비율(capital output ratio)의 개념에 입각하여, 다음 세 가지 지역 성장함수를 유도하고 있다.

① 현실성장률(actual rate of growth) : 현실성장률 G_a는 자본계수와 저축률의 크기에 의해 다음 식으로 표현된다.

$$G_a \cdot C = S \Rightarrow G_a = \frac{S}{C} \tag{7.15}$$

여기에서 G_a는 지역총생산의 성장률 $\frac{\Delta Y}{Y}$을 의미하고, C는 1단위 생산물을 증산하는데 필요한 자본량의 계수 $\frac{I}{\Delta Y}$이며, S는 저축률 $\frac{S}{Y}$을 나타낸다. 현실성장률은 현실적으로 달성된 사후 성장률이다.

② 적정성장률(warranted rate of growth) : 적정성장률 G_w는 생산자를 만족시키는 성장률로서, 이윤의 극대화를 추구하는 기업가의 합리적인 행동으로 결정되는 균형성장률이다. 이것은 기업가를 만족시키는 성장률 또는 목표성장률로서 비자발적 실업의 가능성을 내포하고 있다. 이것은 다음 식으로 표현된다.

$$G_w \cdot C_r = S \Rightarrow G_w = \frac{S}{C_r} \tag{7.16}$$

③ 자연성장률(natural rate of growth) : 자연성장률 G_n은 인구증가와 기술진보가 허용하는 최대 성장률로서, 지속적인 완전고용을 보장하는 성장률이다. 이를 수식으로 나타내면 다음과 같다.

$$G_n \cdot C_r = S \quad \text{또는} \quad C_n \cdot C_r \neq S \tag{7.17}$$

자연성장률은 미리 설정된 하나의 목표성장률이다. 위 식에서 C_r은 자본증가율이며, 위 식을 통해 완전고용의 여부가 결정된다. 즉 완전고용을 보장하는 저축률이 현실저축률과 일치하면 등호가 성립하고, 그렇지 않는 경우에는 등호는 성립되지 않는다.

ii) 적용결과의 해석

『헤롯드』의 성장률 모형에서는 현실성장률과 적정성장률과의 관계로 단기적 변동을 설명하고 있으며, 적정성장률과 자연성장률과의 관계로 경제발전의 장기적 경향을 설명하고 있다.

① G_n 〉 G_w인 경우 : C 〉 C_r이므로, 이는 지역총생산에 비해 새로운 자본재의 부족을 의미한다. 따라서 기업가는 더욱 더 많이 투자하여 경제확대를 자극하게 된다. 이것은 호황으로의 발전경향을 뜻한다. G_n 〉 G_w인 경우에는 상당히 장기간에 걸쳐 G_n 〉 G_w가 된다. 이때 경제는 벼락경기(boom)가 되기 쉽고, 인플레의 경향이 나타나 자본부족에 의한 실업의 발생 가능성이 있게 된다.

② G_n 〉 G_w인 경우 : 이 경우에는 G_a가 장기적으로 G_n을 초과할 수 없기 때문에 G_a 〉 G_w가 되지 않을 수 없다. 이것은 C 〉 C_r이며, 신규 자본재가 과잉되어 경제는 위축된다. 즉 경제는 일반적으로 침체상태에 빠진다. 여기에서 완전고용수준을 유지하면서 경제를 성장시키기 위해서는 G_n = G_w = G_a와 C = C_r이라는 조건에 필요하다. 즉 이 조건을 만족시키기 위해서는 정부는 사기업의 투자관리 외에도 공공투자, 법인세, 보조금 등을 통한 간접적인 방안도 병행해야 할 것이다.

iii) 투입자료

① 지역총생산에 관한 통계자료

② 지역별 투자 및 저축에 관한 통계자료

③ 지역・산업별 고용에 관한 통계자료

④ 자본에 관한 통계자료

4) 모형의 장 · 단점

i) 장점

① 투자가 경제성장에 미치는 영향을 파악할 수 있게 한다.

② 경제발전의 동인을 보다 구체화하여 균형성장에 필요한 조건을 제시한다.

③ 근대적 경제성장 이론의 효시로서 그 기여도가 높다.

ii) 단점

① 일정한 자본·산출비율의 가정은 지역경제와 같은 동태적인 체제에서는 불합리하다.

② 완전고용의 가정은 자원이용의 정도에 따라 지역간 차이가 있기 때문에 지역경제의 성장 문제를 다루는 데에는 불합리하다.

③ 국민소득에 대한 변수간의 함수적 관계를 설명하지 않고 있다.

④ 저축, 투자함수, 자본산출비 등 소득의 증대에 큰 영향을 미치고 있는 변수의 값이 단순히 평균값이어서 분석이 단조롭다.

4. 신고전적 지역성장모형

(1) 목적

신고전적 지역성장모형(A neoclassical model of regional growth)은 생산을 위한 요소들의 공급 측면에서 경제성장을 규명하기 위한 모형이다. 즉 노동, 자본, 기술 등의 생산요소들이 어떻게 결합되어져야 높은 성장을 이룩할 수 있는가 하는 문제를 다룬다.

(2) 이론적 배경 및 가정

i) 이론적 배경

이 모형은 '저축률이 일정하더라도 노동과 자본 사이에 대체관계가 있는 경우 자본의 축적 과정은 동적으로 안정된다'는 사실을 규명한 신고전적 경제성장이론을 배경으로 하고 있다.

ii) 가정

① 저축률이 일정하고, 저축금액은 모두 투자로 흡수된다.

② 노동증가율은 일정하다.

③ 자본은 감가상각되지 않는다.

④ 자본의 생산 탄력성과 노동의 생산 탄력성의 합은 1이다.

⑤ 규모의 수익률은 지속적이며 일정하다.

⑥ 완전고용 및 완전경쟁이 이루어져야 한다.

(3) 방법

이 모형은 생산요소들의 공급 측면에서 지역성장 문제에 접근하고 있다. 이들의 관계를 나타내는 대표적인 생산함수는 『커브-더글라스』(Cobb-Douglas) 생산함수이다.

i) 『커브-더글라스』 생산함수

$$Y = AL^{\alpha}K^{1-\alpha} \tag{7.18}$$

여기에서 Y는 산출량, A는 생산기술, L은 노동력, K는 자본, 그리고 α는 매개변수이다.

방정식 (7.18)을 성장률 개념으로 바꾸기 위해 편미분을 하면, 다음과 같다.

$$\frac{\Delta Y}{Y} = \frac{\Delta A}{A} + \alpha\left(\frac{\Delta L}{L}\right) + (1-\alpha)\cdot\left(\frac{\Delta K}{K}\right) \tag{7.19}$$

ii) 모형 식

『커브-더글라스』 생산함수를 이용한 지역성장모형은 다음과 같은 일련의 수식으로 구성되어 있다.

$$y_i = a_i l_i + (1-a_i)k_i + t_i \tag{7.20}$$

$$k_i = \frac{s_i}{v_i} \pm \sum_j k_{ji} \tag{7.21}$$

$$l_i = n_i \pm \sum_j m_{ji} \tag{7.22}$$

$$k_{ij} = f(R_i - R_j) \tag{7.23}$$

$$m_{ji} = f(W_i - W_j) \tag{7.24}$$

여기에서 y, k, l 및 t는 각각 산출, 자본, 노동 및 기술의 성장률을 나타낸다. 또한 a는 소득에 있어 자본률 또는 생산탄성치, s는 (저축/소비)비율 또는 저축률, v는 (자본/지출)비율 또는 자본형성율, k_{ji}는 지역 j에서 i로 유입된 연간 총 자본량, n은 인구의 자연증가율, m_{ji}는 지역 j에서 i로 이동한 연간 총 유입인구를 지역 i의 인구로 나눈 비율, R은 자본회전율, 그리고 W는 임금이다.

방정식 (7.20)은 표준 성장함수이며, 방정식 (7.21)과 (7.22)는 두 가지 생산요소의 성장을 나타내고 있다. 또한 방정식 (7.22)에서는 노동참여율이 일정한 것으로 가정되어 있다. 아울러 방정식 (7.23)과 (7.24)는 '다른 지역으로부터 투자를 유인할 수 있는 힘이 인접지역보다 고성장을 가져오게 하는 열쇠라는 점' 그리고 '이 방정식들이 신고전적 경제성장이론의 중심을 이루고 있는 검증 가능한 가정, 즉 자본과 노동은 수익률의 차이에 따라 이동한다는 사실'을 나타내고 있다는 의미에서 매우 중요하다.

iii) 투입자료

① 소득 또는 총생산에 관한 시계열 통계자료

② 인구 및 고용통계자료

③ 자본에 관한 통계자료

④ 자본회전율에 관한 자료

⑤ 생산요소의 지역간 이동에 관한 자료

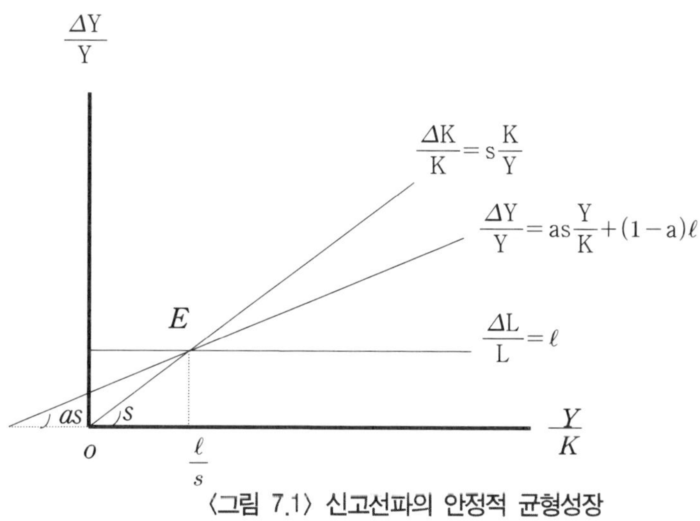

〈그림 7.1〉 신고선파의 안정적 균형성장

iv) 적용결과의 해석

우리는 지역성장모형을 적용하여 얻은 가상적인 결과를 〈그림 7.1〉과 같이 표현할 수 있다. 그림에서 알 수 있는 바와 같이, 저축성향 s가 정(正)이면 자본증가율(k)와 노동증가율(ℓ)은 반드시 1개의 교차점 E를 갖고, 그 교차점에서 y = k = l 이며, 자본생산성 $\frac{Y}{K}$는 $\frac{\ell}{s}$의 값을 갖는다. 만일 $\frac{Y}{K}$가 $\frac{\ell}{s}$는 보다 크다면 $\frac{\Delta Y}{Y} < \frac{\Delta K}{K}$가 되어 이 때에는 생산증가율보다 자본축적증가율이 빠르기 때문에 생산·자본비율 $\frac{Y}{K}$는 감소하고, 그리고 $\frac{Y}{K}$가 $\frac{\ell}{s}$보다 작으면 $\frac{\Delta Y}{Y} > \frac{\Delta K}{K}$가 되어 이 경우엔 생산증가율이 자본증가율보다 빠르기 때문에 생산·자본비율을 증대한다. 균형점 E에서 $\frac{\Delta Y}{Y} = \frac{\Delta K}{K} = \frac{\Delta L}{L}$이 성립된다.

위 그림의 현실적 의미는 다음과 같다. $\frac{\ell}{s}$의 우측에서는 자본저축률이 노동증가율보다 높기 때문에 노동력부족 현상이 일어나 임금을 상승시킨다. 그러나 임금이 자본의 가격, 즉 이자율에 대해 상대적으로 높아지면 기업은 노동을 자본으로 대체하고자 할 것이다. 이것은 자본설비의 증가를 통해 자본계수 $\frac{K}{Y}$를 높이게 된다. 자본계수의 상승은 일반적으로 자본이윤율을 낮추도록 작용하기 때문에 생산 확장을 억제시키고, 그 결과 자본축적률은 떨어져 균형점 E로 접근하게 된다는 것이다.

4) 모형의 장·단점

i) 장점

① 공급 측면에서 성장의 문제를 다루고 있다.

② 국가성장이론에서 제시된 개념이 지역경제의 분석에 비교적 쉽게 원용될 수 있다.

③ 생산요소들의 이동을 잘 설명하여 준다.

④ 명확하고 정확한 예측결과를 도출할 수 있다.

ii) 단점

① 지역경제의 특성에 관하여 아무런 정보도 제공하지 못한다.

② 지역내의 쇄신 및 기술진보의 확산에 대해서는 거의 주의를 기울이지 않고 있다.

③ 신고전적 경제성장이론에 나타난 기본가정들은 동적인 지역경제에 적용할 수 없다. 예컨대 완전고용의 가정은 자원이용의 정도에 있어 지역마다 다르므로 지역경제에 적용하기 어렵다.

5. 변이 · 할당분석

(1) 목적

변이 · 할당분석(shift-share analysis)은 지역경제 성장구조의 분석 및 장래예측을 위한 방법론으로서 뿐만 아니라 지역성장의 이면에 내재하고 있는 원인들을 보다 효과적으로 파악할 수 있게 하는 수단으로 이용된다.

(2) 이론적 배경 및 가정

i) 이론적 배경

지역산업은 시간의 흐름에 따라 그 구조를 변경시켜 나갈 뿐만 아니라 성장해 간다. 바꾸어 말하면, 지역산업의 전문화와 성장속도는 시간의 흐름에 따라 달라지며, 그 원인도 여러 가지가 있다. 이러한 발상에서 변이 · 할당분석은 지역성장을 산업구조별 성장의 원인을 찾는데 그 의의가 있다. 이 기법은 지역성장의 문제를 다루기 위해서 개발된 순수지역모형이라 할 수 있다.

ii) 가정

변이 · 할당분석의 기본전제는 전국적으로 빠른 성장을 보이는 산업의 구성비가 큰 지역은 그렇지 못한 지역보다 빨리 성장한다는 것이다. 또한 장래의 지역성장을 예측하기 위하여 과거자료에서 구한 변이계수(shift coefficient)의 값들은 일정하다고 가정한다.

(3) 방법

이 분석에서는 지역성장을 기준경제(일반적으로 전국)의 성장과 비교하여 나타난 격차를 국가성장효과(NG : national growth effect), 산업구조효과(IM : industrial mix effect), 그리고 지역할당효과(RS : regional share effect)로 나누어서 설명한다.

i) 성장의 구조 분석

① 국가성장효과(NG) : 이것은 일정기간동안 j 지역 i 산업부문의 총소득 또는 고용증가량 중에서 국가전체의 산업성장으로 유발된 소득 또는 고용의 증가부분을 의미한다. 즉 j 지역

i 산업이 전국의 소득 또는 고용증가율과 같은 비율로 증가한다는 가정에서 나타나는 i 산업부문의 전국경제성장효과이다. 이것은 지역의 성장이 국가의 성장과 무관한 상태 하에서 이루어질 수 없으며, 한 지역산업 또는 소득(고용)성장이 국가전체의 성장에 의해 큰 영향을 받는다는 사실을 근거로 한다.

$$NG = V_{ij}(0) \cdot \frac{V(t) - V(0)}{V(0)} \tag{7.25}$$

여기에서 $V_{ij}(0)$는 기준연도 (0)의 j 지역 i 산업의 부가가치 또는 고용자수, V(0)는 기준연도 (0)의 전국의 부가가치 또는 고용자수, 그리고 V(t)는 대비연도 (t)의 전국의 부가가치 또는 고용자수이다.

② 산업구조효과(IM) : 이것은 전국적인 차원에서 i 산업부문의 성장률에서 전체산업의 평균 성장률을 감한 i 산업부문의 순 성장이 j 지역 i 산업에 대하여 유발한 소득 또는 고용량을 의미한다. 다시 말해서, 이것은 지역이 전국의 고 성장 혹은 저 성장 산업에 전문화되었기 때문에 나타나는 결과로서의 소득 또는 고용증가이다. 또한 이것은 그 지역의 산업구조, 즉 산업복합상태를 알려주는 지표로서 전국적으로 빠르게 성장하는 산업에의 전문화 정도가 평균이상일 때는 정(+)의 값을 가지나, 그렇지 않을 때는 부(−)의 값을 가진다. 여기에서 정의 값이 클수록 산업구조는 양호하다.

$$IM = V_{ij}(0) \cdot \left[\frac{V_i(t)}{V_i(0)} - \frac{V(t)}{V(0)} \right] \tag{7.26}$$

여기에서 $V_i(0)$는 기준연도 (0)의 전국 i 산업의 부가가치 또는 고용자수이며, $V_i(t)$는 대비연도(t)의 전국 i 산업의 부가가치 또는 고용자수이다.

③ 지역할당효과(RS) : 이것은 지역경제의 수행능력에 따라 다르게 나타나기 때문에 지역수행효과라 부르기도 한다. 지역할당효과는 전국의 여타 지역에 대비한 j 지역의 경쟁적 위치를 설명한다. 이것은 그 지역이 지니고 있는 특수성, 예컨대 시장의 입지, 수송의 편의, 인구유입, 기타 산업입지요소 등 그 지역의 타 지역에 대한 상대적 경쟁력을 의미한다. 예로서, 전국에 비해 j 지역이 보다 빠른 소득 또는 고용의 성장을 보이는 산업을 가질 경우에는 이 산업이 지역의 총 성장에 기여하게 된다. 다시 말하면, 지역의 산업구조가 나타내는 비율보다 빠른 성장을 보일 때에는 지역은 (+)의 값을 가지므로, 이것은 지역에 영향을 끼치는 지역정책의 효율성(efficiency)을 반영할 수 있다. 따라서 지역할당효과는 지역간 경쟁력을 통한 지역성장에의 기여도를 보여준다.

$$RS = V_{ij}(0) \cdot V_{ij}(0) \cdot \left[\frac{V_{ij}(t)}{V_{ij}(0)} - \frac{V_i(t)}{V_i(0)} \right] \quad (7.27)$$

여기에서 $V_{ij}(t)$는 대비연도(t)의 j 지역 i 산업의 부가가치 또는 고용자수이다.

④ 총 변화효과(Total Change Effect : TC) : 이것은 j 지역 i 산업의 총소득 또는 고용의 증가를 표현한다. 따라서 이 값이 정 혹은 부의 값을 가짐에 따라 그 지역 i 산업의 소득 또는 고용의 증감 여부, 즉 i 산업의 성장 여부를 판단할 수 있다. 총 변화효과는 상술한 세 효과들의 합으로 표현된다.

$$TC = NG + IM + RS = V_{ij}(t) = V_{ij}(0) \quad (7.28)$$

⑤ 순 변화효과(Net Relative Change Effect : NC) : 이것은 그 지역의 총 변화효과 중에서 국가의 성장으로 인한 소득 또는 고용의 증가를 감한 순수한 그 지역자체의 성장력에 의한 소득 또는 고용증가를 의미한다. 따라서 이 값은 전국적인 차원에서 그 지역의 산업이 성장산업인지의 여부를 판별하는 기준으로서, 순 변화효과는 다음 식으로 표현된다.

$$NC = TC - NG = IM + RS \quad (7.29)$$

ii) 투입자료

① 전국 산업별 부가가치 또는 고용통계자료

② 지역 산업별 부가가치 또는 고용통계자료

③ 전국 및 지역의 인구통계

(4) 모형의 장 · 단점

i) 장점

① 지역성장을 관찰할 수 있는 간결하고 이해하기 쉬운 방법이다.

② 가장 저렴한 분석방법이다.

③ 2개 시점의 자료만 확보된다면 그 기간동안의 동적 분석을 시도할 수 있다.

④ 자료가 불충분하여 시계열분석이 어려운 경우나 시간과 자원이 제한되어 있을 경우에 용이하게 사용될 수 있는 기법이다.

⑤ 정책적인 의미를 가장 손쉽게 도출할 수 있는 방법이다.

ii) 단점

① 산업을 세분해도 구조적 차이는 노출되지 않는다. 즉, 산업간의 연계성을 고려할 수 없다.

② 노동생산성을 고려하지 않기 때문에 실업자의 증감이유를 설명할 수 없고, 산업성장의 구조적 특징, 즉 성장요인에 대하여 정확하게 설명할 수 없다. 예를 들면, 한 산업의 침체요인으로서 경쟁력의 약화는 어떻게 발생되었는지에 대한 구체적인 원인을 제시하지 못한다.

③ 성장 차이를 설명하는 근본 요인을 고려하지 않고 있다. 즉, 지역산업의 성장 차이가 지역정책에 의한 것인지 또는 지역자체의 내부요인에 기인된 것인지를 확신할 수 없다.

【예제 7-3】 'ㄷ'도시의 섬유업에 대한 변이할당분석

'ㄷ'도시의 섬유산업을 조사하기 위하여 2005년에서 2015년 동안 섬유산업 종사자는 25만인이 증가하였다. 이러한 증가를 변이할당분석방법을 이용하여 그 효과를 분석하시오.

구 분	2005년	2015년
전국 모든 산업의 고용자수(만인)	1,000	1,300
전국 섬유산업 고용자수(만인)	150	170
'ㄷ' 도시의 섬유산업 고용자수(만인)	30	55

풀이

섬유산업의 종사자 증가에 대하여 방정식 (7.25)~(7.27)을 이용하여 국가성장효과, 산업구조효과 및 지역할당효과로 나누어 분석하면, 다음과 같다.

국가성장효과(NG) = 30 · (1,300-1,000)/1,000 = 9(만인)
산업구조효과(IM) = 30 · (170/150 - 1,300/1,000) = - 5(만인)
지역할당효과(RS) = 30 · (55/30 - 170/150) = 21(만인)

이상의 계산결과로부터 'ㄷ'도시의 총 성장은 세 가지 효과의 합과 일치한다.

NG + IM + RS = 9 - 5 + 21 = 25(만인)

또한 순 효과(NC)는 총 효과에서 국가성장을 감한 값으로 산업구조효과와 지역할당효과를 합산한 결과와 같다.

NC = 25 - 9 = 16(만인)

연습문제

7.1 전국의 총 노동자 가운데 i산업에 종사하는 노동자의 구성비는 0.015라고 한다. 그리고 j도시의 총 고용인구는 25,000인이고, 이 중 5,000인이 i 산업의 고용인구이다. 단 j 도시에서 i 산업 이외의 고용인구는 모두 지원활동에 종사하는 것으로 가정한다.

(1) j 도시의 i 산업 고용인구 5,000인 중에서 기반활동, 즉 수출활동 종사자는 몇 명인지 입지상(LQ) 방법을 이용하여 계산해 보시오.

(2) 경제기반승수(k)를 계산해 보시오.

(3) 만약 j 도시에서 i 산업 고용인구가 1,000인 증가한다면, j 도시의 총 고용인구는 얼마나 증가할 것인지를 예측해 보시오.

7.2 제7장에 관련하는 용어를 10개 이상 선정하여 그 의미를 약술하시오.

7.3 경제기반모형의 개념적 한계성을 논하시오.

7.4 'ㄹ'도시의 기계제조업에 대한 변이 · 할당분석을 위하여 다음의 표가 준비되었다. 표를 이용하여 변이 · 할당분석을 수행하시오.

구 분	2005년	2015년
전국 모든 산업의 총고용인구 (만인)	800	1,300
전국 기계제조업의 고용인구 (만인)	110	230
'ㄹ'도시의 기계제조업 고용인구(만인)	15	40

제 8 장 소득과 산업의 분포

소득과 산업의 분포에 관한 논의는 오랜 기간동안 경제학의 한 영역을 차지하고 있다. 소득분포에 관한 경험적인 연구는 최근 통계자료의 이용이 편리해짐에 따라 더욱 활발해지고 있다. 일반적으로 소득분포는 다음 두 가지 관점에서 접근한다. 그 하나가 균등(equity)에 대한 판단을 사회복지의 관점에서 다루는 규범적 틀(normative framework)이고, 또 다른 하나는 소득불균등의 요인을 한계생산성 이론과 비교관점에 입각하여 설명하고자 하는 실증적 틀(positive framework)이다.

제 1 절 소득분포

소득분포의 측정방법은 '개인의 이동을 고려하지 않는다는 점'에서 정적(static) 방법이며, 소득의 비율변동은 '그 척도를 바꾸지 않는다는 점'에서 불균등 정도의 측정에만 관련되어 있다. 소득분포의 모양은 보통 두 가지 형태로 구분된다.

첫째는 분포의 도수함수(度數函數; frequency function)를 〈그림 8.1〉과 같이 단순하게 도표화하는 것으로서, 수평축에 소득을 그리고 수직축에 소득계층별 인구의 비율도수로서 나타내는 형태이다. 둘째는 『로렌쯔』곡선(Lorenz curve)으로서, 〈그림 8.2〉와 같이 횡축에 소득인구(저소득인구로부터)의 누적백분비 그리고 종축에 그에 대응하는 소득금액의 누적백분비를 표시하는 방법이다.

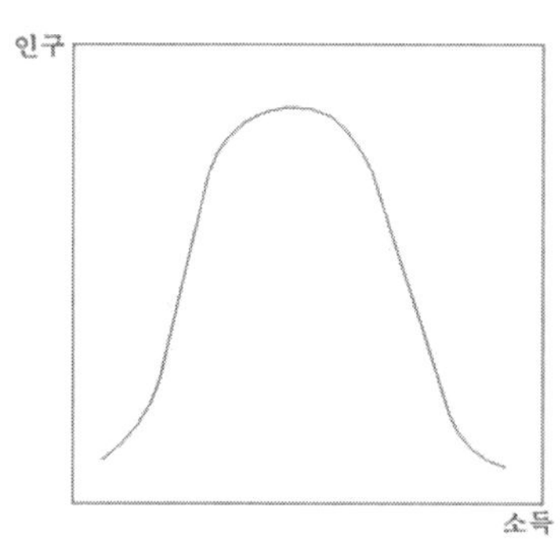

〈그림 8.1〉 도수함수

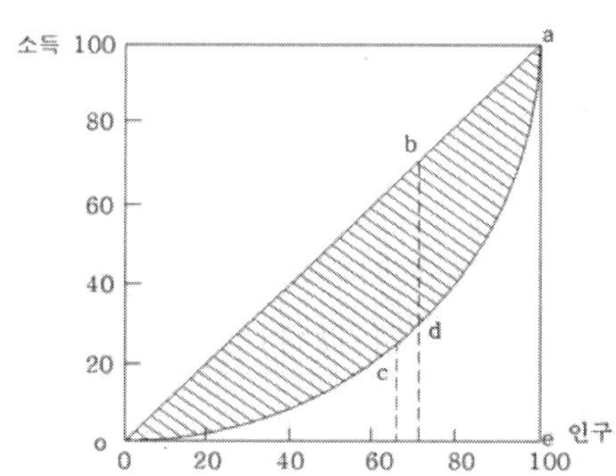

〈그림 8.2〉 『로렌쯔』곡선

1. 도수함수를 이용한 측정방법

(1) 『파레토』 α계수(Pareto α coefficient)

『파레토』법칙은 소득분포에 관한 고전적 경험법칙 중의 하나이다. 만일 x를 소득, N을 x이상의 소득을 가진 인구수(고소득으로부터 누적인구수)로 한다면, x와 N사이에는 일반적으로 다음 관계가 성립된다.

$$N = \frac{A}{x^{\alpha}} = Ax^{-\alpha} \text{ 또는 } \log N = \log A - \alpha \log x \qquad (8.1)$$

여기에서 A와 α는 각기 그 사회에 특유한 매개변수이며, A는 『파레토』선의 위치, 그리고 α는 그 기울기를 나타낸다. A는 인구수와 평균소득수준에 따라 달라지게 되지만, α는 이들과는 관계없이 소득분포에 의존한다. 이 α를 『파레토』상수 또는 『파레토』계수라 하며, 소득불평등(income inequality)의 척도로 이용된다.

방정식 (8.1)을 쌍대수표에 표시하면 이 분포는 하나의 직선으로 나타난다. 더욱이 이 직선은 횡축에 대해 부(負)의 기울기를 가지며, 이의 절대치가 『파레토』α계수이다. 현재의 해석으로는 α의 값이 크면 클수록 소득분포는 불균등한 것으로 간주된다. 『파레토』α의 경험치는 1.5~1.7 사이에 밀집한 경향을 나타내고 있다.

『파레토』법칙의 장점은 소득분포 상태를 간명하게 표시하며, 그 계산이 간단하다는 점에 있다. 이의 단점으로는 소득분포의 양끝, 즉 저소득계층이나 최고 소득계층의 분포에 대해서는 잘 적용되지 않는다는 점을 들고 있다. 즉, 식 (8.1)에서 x가 무한대로 될 때에만 N은 영이 되고, x가 영이 되면 N은 무한대가 되는데, 이러한 관계는 사실과 다르기 때문이다.

(2) 소득 대수치의 변이(variance of the logs of income)

Y를 소득, n을 표본수라고 놓으면 대수치의 변이는 다음 식으로 표현된다.

$$\text{Var}(\log Y) = \frac{1}{n}\sum_{i=1}^{n}(\log Y_i - \overline{\log Y})^2 \qquad (8.2)$$

여기에서 Y_i는 i 지역의 소득, 그리고 $\overline{\log Y}$는 소득 대수치의 평균을 의미한다.

이 방법은 다음 몇 가지 이유로 매력적이다. ① 만일 소득이 대수정규분포로 나타난다면,

대수변이는 그 분포의 분산을 설명하는 최우추정치(maximum likelihood estimate)가 된다. 통계학에서 대수변이는 산술평균보다 기하평균에 유사한 것으로 정의되어 있다. ② 대수를 사용함으로써 저소득계층에 상대적으로 보다 큰 가중치를 두게 된다. 그리고 ③ 대수변이는 상대적인 척도로서 모든 소득계층에 있어 소득수준이 비례적으로 변동한다고 하더라도 그 값은 전혀 영향을 받지 않는다.

대수변이의 결점은 "빈자에서 부자로의 소득이전은 불평등 정도를 증대시켜야 한다"는 『피구-달톤』조건(Pigou-Dalton condition)을 위반한다는 것이다. 예컨대 『로렌쯔』완전균등선(45°선)에 가까운 소득분포가 대수변이에서는 더욱 불균등한 것으로 판단되어질 수 있다.

일반적으로 대수변이의 값이 작으면 작을수록 소득분포는 균등해지고, 반대로 그 값이 커지면 커질수록 소득불균등은 심화된다.

(3) 변이계수(coefficient of variation)

어떤 도수분포의 분산은 관찰도수들의 분포범위를 나타내기 때문에 불균등의 척도로서 이용될 수 있다. 그렇지만 이것은 단위를 가진 함수이어서 항상 비교하기가 어렵다. 그러나 변이계수는 표준편차를 평균으로 나눈 값으로서 단위를 가지지 않기 때문에 상대적인 분포의 척도로 사용될 수 있다.

변이계수는 통계학에서 자주 사용되고 있는 『피구-달톤』조건(예를 들어, 계수 값은 0(완전균등)과 1(완전 불균등) 사이의 값)을 확실히 만족시킨다. 그러나 이를 불균등 척도로 이용해야만 할 특별한 실증적 혹은 규범적 정당성이 없는 것 같다. 대수치 변이와는 달리 변이계수는 모든 계층의 소득수준 변동에 똑같이 민감하다.

$$V_w = \frac{\sqrt{\sum_{i=1}^{n}(Y_i - Y_a)^2}}{Y_a} \tag{8.3}$$

여기에서 V_w는 변이계수, Y_i는 i지역의 소득, 그리고 Y_a는 전국 평균소득이다.

2. 『로렌쯔』곡선을 이용한 측정방법

(1) 『로렌쯔』곡선

소득분포의 불평등 정도를 측정하는 방법에는 여러 가지가 있지만, 그 중에서 가장 간명하고 기본이 되는 방법은 미국의 통계학자 『로렌쯔』(Max O. Lorenz)가 고안한 곡선에 의한 측정방법이다. 이것은 〈그림 8.2〉와 같이 도표상의 횡축에 소득인구(저소득인구부터)의 누적백분비를 표시하고, 종축에 그에 대응하는 소득액의 누적백분비를 표시한다. 소득분포가 완전히 균등하다면 둘에 대응하는 백분비는 서로 동일하기 때문에 소득분포곡선은 원점을 통하는 45° 선(대각선 $\overline{oa}$)이 된다. 이것을 완전평등분포 선이라고 한다.

그러나 현실의 소득분포 곡선은 완전평등 선에서 이탈하여 아래쪽으로 활처럼 굽는다. 사선부분의 면적 S가 클수록 소득분포의 불평등 정도는 커진다. 이 면적 S를 불평등면적이라고 하며, 이 면적의 완전평등면적 Δoae에 대한 비율을 가지고 소득분포의 불평등을 측정하는 척도로 삼는다. 이의 관계를 수식으로 나타내면 다음과 같다.

$$R = \frac{\sum_{i=1}^{n} |P_i - Y_i|}{2\sum P_i}, \quad (0 \leq R \leq 1) \tag{8.4}$$

여기에서, P_i는 i 번째 지역(또는 소득계층)의 총인구에 대한 구성비이며, Y_i는 i 번째 지역(또는 소득계층)의 총소득에 대한 구성비이다.

『로렌쯔』곡선에 의한 집중계수 R은 지리적 관련성을 나타내는 『플로렌스』계수(Florence's coefficient)와 매우 유사하다.

$$F = 1 - \frac{1}{2}\sum_{i=1}^{n} |P_i - Y_i| \tag{8.4.1}$$

(2) 『지니』의 집중계수

『지니』의 집중계수(Gini's coefficient of concentration)는 완전균등분포 선과 집중곡선 사이의 면적을 2배한 값과 같다. 이의 값은 0과 1사이에 있으며, 0일 경우에는 완전균등, 그리고 1일 때는 완전불균등을 나타낸다.

$$G = \frac{1}{2}\sum_{i=1}^{n}\sum_{j=1}^{n} P_i P_j \left|\frac{Y_i}{P_i} - \frac{Y_j}{P_j}\right| \tag{8.5}$$

여기에서 P와 Y는 각기 그 지역(또는 소득계층)의 총인구와 생산액(또는 소득)의 구성비들이다.

『지니』계수는 가중치(P_i, P_j)를 고려한다는 점에서 앞서 기술된 식(8.4) 보다 더 나은 방법이라고 말할 수 있다. 그렇지만 『지니』계수는 여타 척도들과 마찬가지로 지역(또는 소득계층)을 몇 개로 구분하느냐에 따라 영향을 받는다는 문제점을 지닌다.

(3) 『엘테토-프리그예스』 불균등지표

『엘테토』와 『프리그예스』는 소득불균등의 척도로서 『로렌쯔』곡선에 근거하여 다음 세 가지 지표들(Elteto-Frigyes inequality indices)을 제시하고 있다.

$$u = \frac{\overline{Y}}{\overline{Y_1}}, \quad v = \frac{\overline{Y_2}}{\overline{Y_1}}, \quad w = \frac{\overline{Y_2}}{\overline{Y}} \tag{8.6}$$

여기에서 $\overline{Y}$는 전체분포의 평균소득, $\overline{Y_1}$는 $\overline{Y}$보다 낮은 소득계층의 평균소득, 그리고 $\overline{Y_2}$는 $\overline{Y}$보다 높은 소득계층의 평균소득이다.

척도 v는 전체분포상의 불균등을 나타내고 있는 반면에 u와 w는 이 분포의 상·하 부분 각각에 있어 불균등을 나타낸다.

그렇지만 $v = \left(\frac{\overline{Y}}{\overline{Y_1}}\right)\left(\frac{\overline{Y_2}}{\overline{Y}}\right) = u \cdot w$ 이기 때문에 세 척도들의 값은 1에서 무한대까지의 범위에 있다. 그러나 그 값들이 0과 1사이에 있도록 다음과 같이 일반화될 수 있다.

$$u^* = \frac{\left(\overline{Y} - \overline{Y_1}\right)}{\overline{Y}}, \quad v^* = \frac{\left(\overline{Y_2} - \overline{Y}\right)}{\overline{Y_2}}, \quad w^* = \frac{\left(\overline{Y_2} - \overline{Y_1}\right)}{\overline{Y_2}} \tag{8.7}$$

이들 척도는 쉽게 계산이 될 뿐만 아니라, 설명 또한 용이하다. 이들은 지니계수와 밀접한 관계를 가지고 있다.

(4) 최대균등화 비율

이것은 대부분의 경제학자들은 불균등을 간략하게 표현하기 위해서 임의로 정한 비율로서 소득의 비중을 나타낸다. 여기에서 비율은 10, 100, 1000 등으로 표시될 수도 있다. 최대균등화

비율(maximum equalization percentage)은 소득분포를 완전히 균등하게 되도록 하기 위해서 재분배되어져야 할 총 소득부분으로서 정의된다. 수식으로는 인구비율과 소득비율간 절대 차의 합계를 2로 나눈 것으로 표현된다.

$$\mathrm{MEP} = \frac{1}{2} \sum_{i} |P_i - Y_i| \quad (8.8)$$

이것은 『로렌쯔』불균등 곡선에서 완전균등분포 선까지의 최장 수직거리, 즉 〈그림 8.1〉의 직선 bd를 나타내는 지표로서, 영에 가까울수록 소득분포는 균등함을 뜻한다. 이 척도는 『지니』계수와 아주 유사하기 때문에, 『지니』계수가 가지고 있는 장단점들을 함께 가지고 있다. 더군다나 이 척도는 어떤 비율을 선택하느냐에 매우 민감하다. 그렇지만 지역 또는 계층내의 재분배에는 영향을 받지 않는다.

(5) 『쿠츠네츠』비율

이것은 산업부문간 노동생산성의 불균등을 측정하는 가중척도이다. 『쿠츠네츠』(Kuznets)는 농업부문의 노동생산성이 일반적으로 개발도상국의 경우 전국평균보다 낮은 반면에 고소득국가에서는 전국평균에 가깝다는 사실을 발견한 바 있다. 또한 농업 외의 부문, 즉 제조업과 서비스업의 경우에는 이들의 노동자 1인당 생산성이 선진국가의 경우 전국평균에 가깝고, 반면 개도국에서는 전국평균보다 높다는 것이다. 이와 같이 산업부문에 있어 노동생산성의 상대적인 불균등은 경제발전 수준과 역관계로 나타나고 있음을 알 수 있다.

『쿠츠네츠』는 총 생산 및 노동력의 산업부문간 비율분포에 기초하여 노동생산성에 있어 산업부문간의 불균등을 측정할 수 있는 다음 척도를 제시하고 있다.

$$K_i = \left[L_i \left| \frac{Y_i}{L_i} - 1.0 \right| \right] \quad (8.9)$$

여기에서 L_i는 산업부문 i의 총 고용자수에 있어 점유비율, Y_i는 산업부문 i의 총생산액에 있어 점유비율이다.

『쿠츠네츠』비율은 전 산업부문의 평균생산액이 전국평균치와 같은 경우 영(0)이 되며, 한 산업부문이 모두 생산(한 산업부문만 존재하는)하는 경우 200이 된다. 『쿠츠네츠』비율은 개인 또는 가계소득에 관한 통계자료가 없는 국가들의 소득분포를 설명하는 간편한 방법으로서 가계보다는 산업부문들로서 분포를 측정한다는 점에서 여타 척도들과 다르다.

3. 기타 소득분포 측정방법

(1) 『테일』지수

『테일』(Theil)은 정보이론(information theory)에 바탕을 두고 주민 1인당 지역생산에 있어 불균등을 측정하는 방법을 제시한 바 있다.

$$T = \log(n)\sum_{i=1}^{n} y_i \log\left(\frac{1}{y_i}\right) \text{ 또는 } T = \sum_{i=1}^{n}\frac{Y_i}{Y}\log\frac{Y_i/P_i}{Y/P} \quad (8.10)$$

여기에서 y_i는 개인에 돌아갈 총소득분, n은 총인구수, $\frac{Y_i}{Y}$는 지역(또는 소득계층)별 소득점유비율, 그리고 $\frac{Y_i/P_i}{Y/P}$는 전국 1인당 평균소득에 대한 지역주민 1인당 평균소득 비율이다.

『테일』의 지수는 0과 1사이에 값을 가지며, 만일 $T=0$이면 주민소득은 완전균등, 그리고 T가 1에 가까우면 점점 더 불균등해짐을 나타낸다. 『테일』지수는 『지니』지수와 마찬가지로 가중치로서 소득분포를 조정한다. 그렇지만, 『지니』지수는 가중치로서 인구를 사용하나 『테일』지수는 생산액을 사용한다는 점이 다르다.

(2) 『앗킨슨』 척도

『앗킨슨』(Atkinson)은 균등분배소득 Y^e를 사회복지 함수로서 표현하고, 이를 근거로 소득불균등을 측정하고 있다.

$$A = 1 - \frac{Y^e}{Y} \quad (8.11)$$

여기에서 Y는 현재소득이다. 만일 소득이 균등하게 배분된다면, 이 때 $Y^e = y$ $(A = 0)$가 된다. 어떠한 분포라도 A는 0과 1사이의 값을 가진다. 위의 방정식에 나타난 e(epsilon)는 불균등 반감계수로서 이것이 곧 사회복지수준을 결정한다. 따라서 소득불균등의 정도는 복지수준을 나타내는 e의 크기에 의해서 좌우된다. 『앗킨슨』척도는 규범적인 틀에서 상대적인 불균등을 규정하고 있는 점이 타 지표와 다르다.

4. 동태적 측정방법

지금까지 기술된 방법들은 어떤 한 시점의 소득분포를 설명하고 있다는 점에서 정적인 방법들이다. 이와 같은 척도들은 한 사회 내에서 이루어진 소득이동의 정도를 나타내지 못할 뿐만 아니라, 두 시점을 서로 비교한다고 하더라도 얼마나 많은 사람들이 이동하였는지 혹은 몇 번 이동하였는가를 보여주지 못한다. 따라서 경제이동을 분석하기 위해서는 대표적인 동적 모형인 『마르코브』(Markov)의 변이확률행렬(transition-probability matrix)을 이용하는 것이 바람직하다.

하나의 이동행렬을 구성하고 있는 각 원소들 M_{ij}는 기간 t에서 t+1사이에 그룹 j로 이동하는 그룹 i에 속한 사람들의 비율이다. 이 그룹들은 소득계층별로 정의될 수 있으며, 그룹별 평균소득을 기준으로 최상위에서 최하위로 배열되게 한다. 각 그룹에 속한 사람들은 누구나 다음 기간에서 다시 계산되어야 하기 때문에 이동행렬의 행 합계는 1이 되어야 한다. 이동행렬의 한 예는 다음과 같다.

$$M = \begin{bmatrix} 0.7 & 0.2 & 0.1 \\ 0.3 & 0.6 & 0.1 \\ 0.1 & 0.1 & 0.8 \end{bmatrix}$$

M의 첫 번째 행(가장 부유한 그룹)을 보면 이 그룹의 70%는 고소득을 유지하고 있는 반면에 20%는 이보다 소득이 낮은 그룹으로, 그리고 나머지 10%는 소득이 가장 낮은 그룹으로 이동한다는 사실을 알 수 있다. 이와 같이 행렬 M은 일정 기간동안 소득분포에 있어 얼마나 많은 사람들이 자리(position)를 바꾸고 있는지를 밝혀주고, 그리고 소득계층별로 개인의 이동을 파악할 수 있게 한다.

변수 $f_{t,i}$를 시점 t에 있어 그룹 i의 상대적인 크기, 즉 소득계층별 인구구성비라고 할 경우, 시간이 경과함에 따라 이의 상대적 규모변동은 M행렬을 사용해서 계산될 수 있다. 예컨대, $M_{1,1}$과 $f_{t,1}$의 곱셈은 그룹 1에 남아있을 사람의 비율을 나타낸다. $M_{2,1} \times f_{t,2}$는 어떤 기간동안 그룹 2에서 그룹 1로 이동할 사람들의 상대적인 크기를 나타낸다.

$$f_{t+1,i} = \sum_{j} M_{ji} \cdot f_{t,i} \quad \text{(그룹 I 각각에 대해)} \qquad (8.12)$$

시점 t+1에 있어 소득계층 i의 크기는 이 기간동안 소득계층 i에 머문 사람과 다른 계층들에서 이 계층으로 이동한 사람들의 합으로 나타난다. 방정식 (8.12)를 반복 적용함으로써 장래 어떤 시점에 있어 소득계층별 분포를 얻을 수 있다. 만일 어떤 사회의 경우 계층간 이동이 없다면, M행렬은 단위행렬(대각원소들의 값은 1이고 그 밖의 나머지 원소들은 0으로 된 행렬)이 된다. 따라서 어느 누구도 초기 소득계층(initial class)에서 이동하지 않을 것이다.

【예제 8-1】 용어의 정의

GRP, GRDP, NRP 및 RI의 개념 및 그 차이를 논하시오.

풀이

□ GRP = Gross Regional Product
지역주민들이 일정기간동안 생산한 최종생산물의 합계 또는 부가가치의 합계

□ GRDP = Gross Regional Domestic Product
지역내 생산되는 총 생산물의 합계
GRP = GRDP + [지역외 순수취 요소소득]

□ NRP = Net Regional Product = 순지역생산

□ RI = Regional Income = 임금 + 지대 + 이자 + 비법인기업소득 + 배당 + 법인세 + 유보이윤
NRP = GRP - 감가상각 = RI + 간접세

【예제 8-2】 빈도함수와 『로렌쯔』곡선

소득분포에서 빈도함수와 『로렌쯔』곡선 측정방법의 차이를 논하시오.

풀이

□ 빈도함수는 수평축에 소득을 수직축에 소득계층별 인구의 비율도수를 나타낸 것으로, 여기에는 『파레토』 α계수, 소득대수치의 변이, 변이계수 등이 있음.

□ 『로렌쯔』곡선은 횡축에 소득인구(저소득인구로부터)의 누적백분비, 그리고 종축에 소득금액의 누적 백분비를 표시하는 것으로서, 『로렌쯔』 곡선, 『지니』 집중계수, 『엘테토-프레그에스』 불균등지표, 최대균등화비율, 『쿠츠네츠』 비율 등이 포함됨.

제 2 절 산업집중

지역의 성장과 발전요인에는 여러 가지가 있다. 어떤 지역은 자연자원을 풍족히 가지고 있기 때문에 다른 지역에 비해 빨리 성장해 간다. 그러나 어떤 지역은 반드시 그렇지도 않는 것 같다. 행정수도, 종교·문화 중심지 그리고 군사도시들은 천부의 자원이 없이도 성장한다. 어떤 도시는 신도시의 건설, 새로운 공단의 조성, 국가의 산업시설 확충의 일환으로 실시되는 방대한 정부투자 등과 같은 자극을 통하여 성장하기도 한다.

지역은 부존자원, 외부충격 등 그 어느 하나 혹은 둘 이상의 결합된 힘의 영향을 받아 성장해 가며, 어떤 특수 기능으로 전문화되어 간다. 일반적으로 절대적인 전문화는 있을 수 없으나,

어떤 형태의 산업구조를 가지고 성장해 가는 것은 틀림없다. 아울러 그 지역의 전문구조는 시간이 흐름에 따라 변화해 간다.

산업구조의 집중도나 고도화의 양상에 있어 지역간 차이의 분석은 '산업의 생산활동이 지역의 성장과 직결되고 있다'는 점 외에도 다음 두 가지 이유에서 매우 흥미롭다. ① 많은 연구에서 산업구조의 차이가 지역간 주민소득 격차를 가져오게 하는 중요한 하나의 원인으로서 밝혀지고 있다. ② 지역특화의 양상이 상대적이거나 절대적인 비용 차이에 있을 것으로 기대되는 관계를 규명할 수 있다.

1. 집중계수

집중계수(coefficient of concentration)는 특정산업의 지역분포, 즉 산업입지의 공간적인 분산 정도를 일정시점 또는 시점간에 비교하는 수단뿐만 아니라, 특정산업의 입지분포 변동을 알 수 있게 하는 척도이다. 이를 구하는 공식은 다음과 같다.

$$C^k = \frac{1}{2}\sum_i \left| \frac{e_i^k}{e^k} - \frac{e_i}{e} \right| \qquad (8.13)$$

여기에서 e_i^k는 일정시점에 있어 i지역 k업종의 생산액 또는 고용자수, e^k는 일정시점에 있어 전국 k업종의 생산액 또는 고용자수, e_i는 일정시점에 있어 i지역의 총 생산액 또는 고용자수, 그리고 e는 일정시점에 있어 전국 총생산액 또는 고용자수이다.

집중계수(C^k)는 0과 1사이에 있으며, 이 계수가 클수록 k업종의 특정지역에 대한 입지집중도는 크다고 볼 수 있다.

2. 특화계수

집중계수는 산업 또는 업종의 공간적 분포를 보여주지만, 지역내의 특화 산업이 무엇인가에 대해서는 밝혀주지 못한다. 특화계수(coefficient of specialization)는 특정지역에 있어 어떤 업종이 전문화되어 있는가를 판별하게 하는 척도이다.

$$C_i = \frac{1}{2}\sum_k \left| \frac{e_i^k}{e_i} - \frac{e^k}{e} \right|, \quad (단,\ 0 \le C_i \le 1) \qquad (8.14)$$

특화계수는 그 값이 크면 클수록 어떤 지역 내에 있어서는 업종 k가 발달되어 있음을 의미한다.

3. 『트레스』점수

『트레스』점수(Tress score)는 전국과 비교하지 않고 각각의 지역 자체내의 산업간 균형적인 발달상태를 평가하기 위한 방법이다. 이는 단순하게 각 업종별 구성비(%)를 산출한 후, 구성비가 큰 업종에서부터 차례로 누계를 낸 다음, 다시 그 누계들의 합계를 구하는 것이다.

예를 들면, 어떤 지역에 있어 4개의 업종 중 1개 업종밖에 없을 경우 구성비는 100%, 0%, 0%, 0%로 나타나고 그 누계는 100%, 100%, 100%, 100%로 기록되며, 이 경우 『트레스』점수는 400%이다. 『트레스』점수가 낮은 지역일수록 그 지역은 모든 업종이 고루 발달되어 있는 지역이라고 말할 수 있다. 통상적으로 특화계수가 높은 지역이 『트레스』점수도 높게 나타나며, 『트레스』점수의 범위는 업종의 세분화 정도에 의해 결정된다.

4. 업종 입지관련 정도

입지관련계수(geographical association coefficient)는 각 업종(k)이 특정지역에 위치하는데 있어서 타 업종(*l*)과 맺고 있는 관련정도를 평가하는 방법으로서, 이것은 다음 식에 의해서 구해진다.

$$C^{kl} = \frac{1}{2}\sum_{i}\left|\frac{e_i^k}{e^k} - \frac{e_i^l}{e^l}\right|, \quad (단,\ 0 \le C^{kl} \le 1) \tag{8.15}$$

이 계수가 작을수록 두 업종간의 입지관련 정도는 커진다. 전술한 집중계수, 특화계수 및 『트레스』점수와는 달리, 이 계수는 전체 업종간에 있어 각각의 관계가 어떻게 나타나는가를 살피는데 그 목적이 있다.

5. 산업구조의 유사 정도

산업구조의 유사정도(structural similarity)는 산업의 생산 또는 취업의 구조에 있어 유사한 지역들을 판별하는 방법이다. 즉 두 지역 i와 j가 갖고 있는 생산기능의 유사성을 평가하는 계수는 다음 식에 의해 얻어진다.

$$C_{ij} = \frac{1}{2}\sum_{k}\left|\frac{e_i^k}{e_i} - \frac{e_j^k}{e_j}\right| \tag{8.16}$$

지역간 구조적 유사성을 알려주는 이 계수는 입지관련계수와 마찬가지로 0과 1사이에 값을 가지며, 아울러 0에 가까울수록 두 지역간의 산업구조 유사정도가 큰 것으로 해석된다.

6. 산업구조변동의 척도

산업구조변동 척도는 지역재분포 계수라고도 한다. 이것은 두 기간동안 특정지역내의 산업구조의 변동을 살펴보는 방법이다. 다시 말하면, 이것은 지역특화계수의 차를 계산하는 방법이다.

$$D_i = \frac{1}{2}\sum_k \left| \left(\frac{e_i^k}{e_i}\right)_t - \left(\frac{e_i^k}{e_i}\right)_{t-1} \right|, \quad (\text{단, } 0 \le D_i \le 1) \tag{8.17}$$

이 계수 (D_i)가 0이면, 특정지역의 산업구조(예컨대, 산업간 고용분포)는 아무런 변동도 일어나지 아니하였음을 의미한다. 반면에 D_i = 1이면 산업간 고용분포는 완전히 재배치가 이루어졌음을 나타낸다.

7. 입지변동계수

입지변동 계수(index of locational change)는 일정한 기간동안 특정산업의 공간적인 분포가 어느 정도 바뀌어졌는가를 측정하는 척도로서, 산업재분포계수라고도 한다. 이것은 전술한 집중계수의 두 시점간 변동 크기를 측정하는 방법으로 다음 식에 의해 계산된다.

$$D_k = \frac{1}{2}\sum_i \left| \left(\frac{e_i^k}{e^k}\right)_t - \left(\frac{e_i^k}{e^k}\right)_{t-1} \right| \tag{8.18}$$

산업구조변동의 척도와 마찬가지로 입지변동 계수(D_k)는 그 값이 0에 가까울수록 특정산업의 공간적 입지분포의 양상은 변동하지 않았음을 나타낸다. 이 지수의 값은 0과 1사이에 존재한다.

【예제 8-3】『트레스』점수

어떤 지역의 업종구성비가 50%, 30%, 15%, 5%일 경우 『트레스』점수는 얼마인가?

풀이

『트레스』점수 = 50 + 80(=50+30) + 95(=80+15) + 100(=95+5) = 325%

위의 점수는 낮을수록 그 지역의 업종이 고르게 분포된 상황을 나타냄.

연습문제

8.1 제8장에 관련하는 용어를 10개 이상 선정하여 그 의미를 약술하시오.

8.2 지역별 인구분포와 취업구조를 가정한 간단한 표를 만들어 각종 불균등 지표를 계산하고, 그 의미를 판단하시오.

8.3 당신이 거주하고 있는 시 · 도를 중심으로 과거 수년간의 인구, 소득, 인구밀도, 자동차보유율, 인당 공원면적 등 관심 있는 도시지표를 조사한 후, 본 장에서 제시된 각종 불균등 정도를 분석할 수 있는 지표들을 활용하여 지역간 혹은 도시간 불균등 정도를 평가하고, 발전방향을 제시하시오. 아울러 위의 문제에서 불균등 지표 계산을 SAS, SPSS 등의 통계 페키지나 필요시 프로그램을 작성하여 해결하시오.

8.4 당신이 거주하고 있는 시 · 군을 중심으로 과거 수년간의 경제지표를 조사한 후, 본 장에서 제시된 각종 산업집중의 정도를 분석할 수 있는 지표들을 활용하여 계산하고 평가한 후, 그 지역이나 도시의 발전방향을 제시하시오. 가능하면, 산업집중 지표의 계산을 각종 통계 페키지를 활용하거나 필요시 프로그램을 작성하여 해결하시오.

제 9 장 경제활동의 공간적 배분

제 1 절 배분모형의 개요

경제활동의 공간적 배분 또는 상호작용 모형의 대부분은 그 기본개념을 중력모형에 두고 있다. 이것은 『레일리』(Reilly)가 『뉴턴』(Newton)의 만유인력 법칙에서 개념을 이끌어 낸 것으로 물리학과 밀접한 관계가 있어 사회물리학(social physics)이라고도 한다.

초기의 중력모형에 관한 연구는 주로 상업시설의 입지에 관한 것으로 특정 쇼핑센터의 인구 유인력을 측정하여 상권(商圈)을 알아내는 것이었다. 『레일리』(Reily)의 '소매점의 중력법칙'(Law of Retail Gravitation)에 의하면 어떤 도시의 상업거래량은 도심으로부터 거리의 제곱에 반비례하고 인구규모에 정비례한다고 한다. 이것을 수식으로 나타내면 다음과 같다.

$$R = \frac{P}{d^2} \tag{9.1}$$

여기에서 R은 도시의 쇼핑센터 유인력, P는 도시인구, 그리고 d는 쇼핑센터로부터의 거리이다.

위 식은 각 쇼핑센터의 유인력을 측정할 수 있으나, 두 도시간의 시장 분계점을 결정하기 어렵다. 따라서 여러 도시들 각각의 영향력 범위를 결정하기 위해서는 위의 식으로부터 유도된 다음 식을 활용한다.

$$d_b = \frac{d_{ab}}{1 + \sqrt{\dfrac{P_a}{P_b}}} \quad \left(\Leftarrow \frac{P_a}{d_{xa}^2} = \frac{P_b}{d_{xb}^2} \right) \tag{9.2}$$

여기에서 P_a와 P_b는 각각 도시 A와 B의 인구규모(또는 상업시설의 상면적), d_a와 d_b는 각각 도시 A와 B의 시장분계점까지의 거리이며, d_{ab}는 d_a와 d_b를 합산한 거리이다.

그러나 이 방법에도 몇 가지 제약이 있다. 우선 각 쇼핑센터가 각기 영향력이 우세한 상권을 갖는다는 가정은 비현실적이며, 둘째 실증적 결과로 볼 때 거리에 따른 자승(自乘)적 감소함수의 개념이 충분하지 않으며, 마지막으로 이 수식 자체를 뒷받침하는 이론이나 인간행태에 관한 설명이 거의 없다는 것이다.

이러한 제약성을 극복하기 위하여 『허프』(Huff)는 『레일리』의 기본적인 중력모형을 이용하여 다음 이론을 제시한 바 있다. 각 쇼핑센터의 유인력은 그 센터에 있는 상업시설 규모에 정비례하고 쇼핑센터들 간의 거리에 반비례한다는 것이다. 이를 수식으로 나타내면 다음과 같다.

$$R_{ij} = \frac{F_j}{d^{\alpha}_{ij}} \tag{9.3}$$

여기에서 F_j는 쇼핑센터 j의 유인요인(상품종류, 시설규모, 연간판매액 등), d_{ij}는 주거지역 i에서 쇼핑센터 j까지 거리, α는 거리함수의 매개변수, 그리고 R_{ij}는 쇼핑센터 j가 지역 i주민을 유인하는 힘이다.

대부분의 도시모형은 이러한 형태의 중력모형에 기본을 두고 있다. 최초로 적용된 사례는 『랙쉬매넌』(Lakshmanan)과 『한센』(Hansen)이 연구한 미국 『벌티모어』(Baltimore) 지역의 상업시설에 관한 것이다. 그 이후 중력모형이 널리 응용되고 있으나, 현재 이용되고 있는 중력모형의 일반적인 형태는 다음과 같은 이중제약모형(double constrained model)이다.

$$T_{ij} = A_i\ B_j\ O_i\ D_j\ \exp\left(-\lambda C_{ij}\right) \tag{9.4}$$

여기에서 $A_i = \left[\sum_j B_j\ D_j\ \exp(-\lambda C_{ij})\right]^{-1}$, $B_j = \left[\sum_i A_i\ O_i\ \exp(-\lambda C_{ij})\right]^{-1}$, T_{ij}는 출발지역 i에서 목적지역 j까지 이동한 량, O_i는 출발지역 i의 인구, D_j는 목적지역 j의 유인요인, C_{ij}는 출발지역 i에서 목적지역 j까지 거리(또는 통행비용), 그리고 λ는 계산과정에서 결정되어지는 매개변수이다.

이 모형의 특성은 도시내부 공간체계를 정적인 균형상태로 다루며, 동일 시점에서는 횡단면(橫斷面: cross-sectional))적 분석을 수행한다는 것이다. 따라서 이것은 모든 경제・사회활동의 지역간 배분모형으로 쉽게 발전되었으며, 장래 취업자 분포에 따라 발생될 통근패턴과 인구 및 경제활동 분포의 예측에 유용한 수단이 되어왔다. 이러한 모형개발에서 가장 중요한 것은 '장래 주민들의 공간이용 행태도 현재와 유사할 것이다'라는 가정이다.

중력모형의 이론을 배경으로 개발된 여러 모형들은 적용상 동일한 문제점과 한계성을 지니고 있다. 그것은 ① 통행발생 저항함수에 한가지 매개변수만이 사용되어 실제 통행행태에 미치는 다른 인자들이 간과되고 있다는 점, ② 지역을 어느 정도의 규모로 구분하느냐에 따라 모형의 실험결과가 영향을 받는다는 점, ③ 자료의 불충분으로 매개변수의 값을 모형내부에서 구할 수밖에 없고, 그리고 ④ 도시 또는 지역 자체에서 일어나는 변화만으로서 공간상호작용을 설명할 뿐 동적 특성은 고려되지 않고 있다는 점등이다.

본 장에서는 공간상호작용 모형을 중심으로 지역간 사회・경제활동의 배분 문제를 다룬다. 이와 관련된 주요 모형에는 기회개재모형(intervening opportunity model), 『엔트로피』극대화 모형(entropy-maximizing model), 그리고 중력모형에 이론적 바탕을 두고 있지 않은 EMPIRIC 모형 등이 있다.

제 2 절 주요 배분 모형

1. 기회개재 모형

(1) 이론적 배경 및 가정

i) 이론적 배경

기회개재 모형은『스토퍼』(Stouffer)의 인구이동에 관한 연구에서 처음 제시된 모형으로, 그의 발표 이후 많은 연구자들에 의해서 확대 개발되어왔다. 이 모형은 '통행이 가능한 한 단거리에서 이루어져야 하며, 부득이 그 통행범위 안에서 만족을 얻을 수 있는 목적지를 찾지 못하는 경우에는 장거리 통행이 이루어질 수 있다'는 확률개념을 사용하고 있다. 이 모형에서는 공간적 분리를 존간의 통행시간, 비용 또는 거리의 개념이 아니라 만족을 얻을 수 있는 어떤 목적지까지 가는데 개재하고 있는 제어력(intervening opportunity)의 크기로서 측정한다. 이와 같은 점에서 이 모형은 중력모형과는 본질적으로 크게 다르다.

ii) 가정

① 출발지 i와 목적지 j간의 상호작용 크기(예, 통행량)는 목적지 j가 가지고 있는 유인력에 정비례하고 그 목적지까지 가는데 개재하고 있는 제어력, 즉 최종목적지에 가기 이전의 다른 목적지들이 가지고 있는 유인력에 반비례한다.

② 통행자는 각 목적지에서 얻을 수 있는 만족을 그 곳에 도착될 때마다 차례대로 생각하므로 그의 욕구가 충족될 확률은 제한되어 있다. 통행자가 '어떤 출발지를 선택할 확률은 모든 지역이 동일하다'는 것은 목적지의 경우에도 마찬가지이다.

(2) 방법

i) 모형의 틀

이 모형에서 첫 번째 기회는 출발지와 가장 가까운 목적지이며, 일정한 선택 확률을 가지고 있다. 두 번째 기회는 기본적으로는 첫 번째 목적지와 동일한 선택 확률을 가지고 있으나, 그의 확률은 실제로 줄어든다. 이것은 통행인의 일부가 이미 첫 번째 기회를 받아들였기 때문이다. 이와 같은 절차는 이후의 목적지들에 대하여 선택 확률이 점차 감소된다는 것을 의미한다. 목적지들은 출발지 i 에서 작은 저항(impedance)을 가진 순서로 배열되어져야 한다.

ii) 수식

① 어떤 목적지에서 개인의 통행이 만족될 확률 (LD_{ju}) : 예를 들어, 출발지에서 가장 가까운 첫 번째 목적지에서 그의 통행이 만족될 확률은 어떤 기회에 의해 개인이 만족될 확률과 그 목적지에 있는 기회 크기의 제곱과 같다. 이것을 수식으로 나타내면 다음과 같다.

$$LD_{ju} = L \times D_{ju} \tag{9.5}$$

여기에서 LD_{ju}는 어떤 출발지 i 로부터 u번째 위치한 목적지에서 만족될 확률, L은 어떤 기회에 의해서 개인이 만족되어질 확률, 그리고 D_{ju}는 u번째 위치한 목적지가 가지고 있는 기회의 크기이다.

② 어떤 목적지에서 만족을 얻지 못하고 다음 목적지로 갈 확률(Q_{iju}) : 위의 경우와는 달리 첫 번째 목적지에서 만족을 얻지 못하고 두 번째 목적지로, 두 번째에서 세 번째 목적지 등으로 갈 확률은 다음 식으로 표현된다.

$$Q_{ij1} = 1 - LD_{j1} \tag{9.6}$$

그리고 u = 2일 때,

$$Q_{ij2} = Q_{ij1}\ (1 - LD_{j2}) \tag{9.7}$$

만일 어떤 출발지 i 에서 u번째 위치한 목적지까지 통행발생이 일어난다면, 이의 확률은 다음과 같다.

u = u일 때,

$$Q_{iju} = Q_{iju-1}\ (1 - LD_{ju}) \tag{9.8}$$

방정식 (9.8)을 변형시키면 방정식 (9.9)와 같이 된다.

$$\frac{Q_{iju} - Q_{iju-1}}{Q_{iju-1}} = -LD_{ju} \tag{9.9}$$

$D_{ju} = V_{ju} - V_{ju-1}$이라고 놓으면, 방정식 (9.9)는 다음과 같이 표현된다. 여기에서 V_{ju}와 V_{ju-1}은 u번째와 u − 1번째까지의 누적기회를 말한다.

$$\frac{Q_{iju} - Q_{iju-1}}{Q_{iju-1}} = -L(V_{ju} - V_{ju-1}) \text{ 또는 } \frac{dQ}{Q} = -LdV \tag{9.10}$$

방정식 (9.10)을 $\frac{dQ}{dV} = -LQ$로 정리한 후, 이를 적분하면, 다음과 같은 변형된 수식을 얻을 수 있다.

$$\ln Q = -LV + C \Rightarrow Q_{ij} = K\exp(-LV) \tag{9.11}$$

여기에서 C와 K는 상수이다. 위 방정식은 u번째 목적지(ju)를 지나 통행할 사람들의 비는 u번째까지의 모든 기회들의 누적합계에 따라 지수(指數)적으로 변한다는 것을 보여주고 있다.

③ 출발지와 목적지들간 상호작용의 크기(I_{iju}) : 출발지 i와 목적지 j간 상호작용(통행)의 크기는 출발지 i에서 발생하는 총 통행량과 u번째 목적지에 남아 있을 확률의 제곱으로 나타난다. 이것이 기회개재모형의 개념적인 틀이다. 이 모형의 일반식은 다음과 같다.

$$I_{iju} = O_i(Q_{iju-1} - Q_{iju}) \text{ 또는 } I_{iju} = K_iO_i[\exp(-LV_{ju-1}) - \exp(-LV_{ju})] \tag{9.12}$$

iii) 투입자료

① 출발지의 총 통행량

② 목적지에 있는 기회의 크기(상업시설면적, 상품종류 등)

③ 개인의 기회에 의한 통행만족 확률

(3) 모형의 장 · 단점

기회개재모형은 공간분리의 척도로서 출발지에서 어떤 목적지까지 도달하는데 있어 개재된

기회들의 크기를 사용한다는데 그 특색이 있다. 그렇지만 이 모형은 간단하지 않고, 어떤 기회에 의해 개인의 통행이 만족될 확률을 결정하기 어렵다는 단점을 가지고 있다. 이 모형의 장점으로는 목적지의 통행수요를 파악하는데 비교적 신뢰성이 높다는 점을 들 수 있다. 그러나 이 모형은 현재 잘 이용되지 않는 모형이라 할 수 있다.

2. 『엔트로피』극대화 모형

(1) 『엔트로피』개념의 도입

사회현상의 규명을 위하여 자연과학, 특히 물리학에서 정립된 자연법칙들을 이용하고 있다. 이의 한 사례로서 물리학(열역학의 제2법칙)에서 널리 사용되고 있는 『엔트로피』(Entropy) 개념이 사회과학, 특히 도시 및 지역계획을 위한 모형에 도입되고 있다.

『엔트로피』란 “어떤 시스템의 가장 있음직한 상태”로서 정의된다. 사회과학에서 이 개념이 처음 도입된 분야는 정보이론이었다. 정보이론에서는 이의 개념을 ‘어떤 주어진 신호로부터 최대한 유용한 정보를 획득할 수 있는 불확실성의 척도’로서 정의하고 있다. 만약 주어진 신호가 부분적이나마 도시 또는 지역체제를 설명하는 자료라고 한다면, 정보이론은 이 자료를 근거로 도시전체의 현황을 그릇되게 설명하는 것을 최소화할 수 있는 자료분석의 틀을 제공한다.

『윌슨』(Wilson)의 『엔트로피』극대화 모형은 도시내부 통행발생의 공간적 상호작용 관계를 규명하기 위해서 개발된 바 있다. 이 모형은 사회현상의 경험적 규칙성을 자연법칙에 의거한 하나의 유사모형에 기초를 두고 있다는 점에 그 의의가 있다. 이 모형의 개발은 공간상호작용 모형의 정립에 하나의 커다란 혁신을 가져왔다고 할 수 있다.

(2) 『엔트로피』의 개념

『엔트로피』는 확률과 불확실성의 사고들과 직접 관련되어 있으며, 직접 측정 가능한 하나의 시스템으로서의 속성을 지니고 있다. 『고울드』(Gould)는 〈그림 9.1〉과 같이 『엔트로피』에 관한 하나의 훌륭한 예를 제시하고 있다. 어떤 한 도시에 20명의 사람이 거주하고 있으며, 이들이 사용할 수 있는 에너지, 즉 교통비 보유정도에 따라 직장(도심에 위치한 것으로 가정)으로부터 떨어진 여러 곳에서 생활하고 있고, 그들이 도심(직장)으로부터 떨어져 생활할 수 있는 거리는 교통비용의 함수로서 나타난다고 가정하면, 이것은 그들이 주거입지를 결정하는데 있어 하나의 제약조건으로 작용한다.

〈그림 9.1〉은 이용할 수 있는 에너지의 양이 정확히 42단위가 있을 때, "가장 있을 수 없는 상태" (A)와 "가장 있음직한 상태" (B)를 보여주고 있다. "있음직한 상태"는 다음과 같은 관계식에 의해 측정된다.

$$W = \frac{n!}{\prod_i n_i!} \tag{9.13}$$

방정식 (9.13)에서 n은 총인구이고, n_i는 직장으로부터 어떤 주어진 거리에 살고 있는 사람들의 숫자이다. 이때 W는 주어진 거리 범위에서 사람들을 할당할 수 있는 방법들의 총수이다.

예를 들면, n = 5이고, 그들에게 각각 1~5라는 고유번호가 주어졌다고 가정하자. 또한 에너지 제약 때문에 이들 다섯 명 중 세 사람은 직장에서 2마일 떨어진 곳에서 살아야 하고, 나머지 두 사람은 직장에서 7마일 거리에서 생활하여야 한다고 가정하자. 이 때 방정식 (9.13)에서 우리는 $W = 5!/(3!2!) = 10$ 임을 알 수 있다. 다시 말하면, 세 사람은 2마일 거리에, 그리고 나머지 두 사람은 7마일 거리에 위치시키도록 다섯 사람을 배열(arrangement)시키는 방법은 모두 10가지가 있다는 것이다.

■ **예제 9-1『엔트로피』개념**

〈그림 9-1〉에 나타난 이용한 주거지 분포를 이용하여 "있음직한 상태"를 평가하시오.

풀이

방정식 (9.1)을 〈그림 9.1(A)〉에 나타난 20명의 입지분포에 적용하여 W의 값을 구하면,

$$W = \frac{20!}{2!\ 3!\ 6!\ 9!} = 7.8 \times 10^{8}$$ 이다.

비록 배열의 수가 크다고는 하지만 이것은 〈그림 9.1(B)〉의 "있음직한 분포상태"에 비하면 그 크기는 훨씬 작다. 이 경우에 W의 값은 다음과 같다.

$$W = \frac{20!}{6!\ 4!\ 3!\ 2!\ 2!\ 1!\ 1!\ 1!} = 5.9 \times 10^{12}$$

따라서 그림 B는 A에 비해 훨씬 더 있음직한 태로 평가할 수 있다.

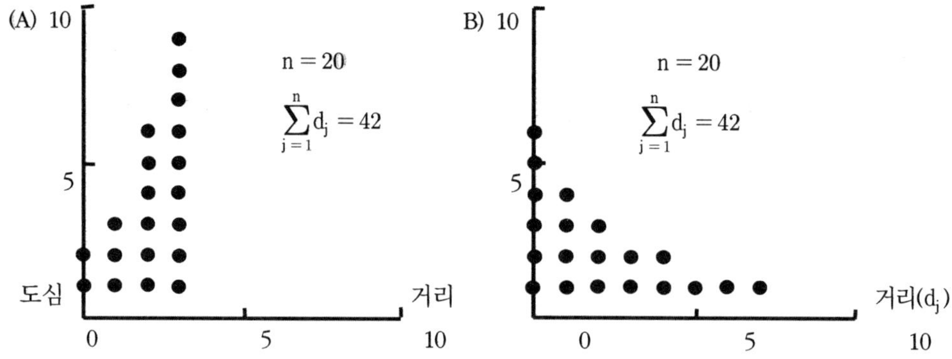

〈그림 9.1〉 주거지 분포도

위의 예제에 나타난 바와 같이, 직장 가까이 거주하는 사람의 수는 많고, 그리고 원거리일수록 거주하는 사람이 줄어드는 경우가 그렇지 못한 경우보다 동일한 제약조건하에서 더 많은 배열의 수를 가지고 있다. 상당히 대규모인 시스템의 경우 가장 있음직한 상태는 거리가 멀어짐에 따라 거주하는 사람이 감소하는 경향을 보일 것이다. 즉, 도심으로부터 거리에 따른 사람들의 분포는 다음 관계식으로서 설명될 수 있다.

$$P_j = P_0 \times e^{-bj} \tag{9.14}$$

위 방정식은 도심으로부터 j만큼 떨어진 거리에서 생활하고 있는 사람들의 규모가 도심 인구 P_0, 거리 j 그리고 매개변수 b로 이루어진 하나의 음지수(negative exponential) 함수를 나타내고 있음을 의미하고 있다. 『윌슨』과 『고울드』는 이 관계식이 기본적으로 방사능 물질들의 반감기로서 설명하고 있는 『볼쯔만』(Boltzman)의 법칙과 유사하다고 지적한 바 있다. 매개변수 b는 어떤 시스템을 구성하고 있는 각각의 분자 또는 개인에게 이용 가능한 평균에너지의 함수이다. 바꿔 말하면, 에너지가 증대함에 따라 b의 값은 감소한다.

(3) 방법

i) 모형의 틀

『화이트』(White) 교수에 따르면 『엔트로피』개념은 상태(state)를 서로 구별하지 않는다고 한다. 따라서 그는 "만일 반대되는 정보가 없다면, 어떤 시스템의 모든 상태들은 똑같은 확률을 가질 것"이라고 말한다. 윌슨은 도시에 있어 존들 간의 통행분포 패턴을 알기 위하여 『엔트로피』개념을 사용한 바 있다. 도시내의 통행분포 패턴을 살펴보기 위해서는 우선 기·종점간 통행분포 표가 작성되어야 한다. 이 표의 일반적인 형태는 다음과 같다.

〈표 9-1〉 기 · 종점 통행분포 표

O_i \ P_j	1　2　⋯⋯　j　⋯⋯　n	$\sum_i O_j$
1	I_{11}　I_{12}　⋯⋯　I_{1j}　⋯⋯　I_{1n}	$\sum_j I_{1n}$
2	I_{21}　I_{22}　⋯⋯　I_{2j}　⋯⋯　I_{2n}	$\sum_j I_{2n}$
⋮	⋮　⋮　⋮	
i	I_{i1}　I_{i2}　⋯⋯　I_{ij}　⋯⋯　I_{in}	$\sum_j I_{in}$
⋮	⋮　⋮　⋮	
n	I_{n1}　I_{n2}　⋯⋯　I_{nj}　⋯⋯　I_{nn}	$\sum_j I_{nn}$
$\sum_j O_j$	$\sum_i I_{n1}$ $\sum_i I_{n2}$ ⋯⋯ $\sum_i I_{nj}$ ⋯⋯ $\sum_i I_{nn}$	$\sum_i \sum_j I_{ij}$

위의 표에서 이동의 분포는 O-D 표상의 각 난에 할당된 통행분포 행렬 $\{ I_{ij} \}$을 나타낸다. 만일 새로운 정보가 없다면 각각은 똑같은 발생확률을 가지게 되므로, '가장 있음직한 상태'는 가장 많은 배열의 수를 가진 행렬일 것이다. 배열의 수를 $W \{ I_{ij} \}$라고 하면, 다음과 같이 정의된다.

$$W \{ I_{ij} \} = \begin{bmatrix} \text{I 에서 } I_{11}\text{을} \\ \text{선택하는 방법의 수} \end{bmatrix} \times \begin{bmatrix} (I-I_{11})\text{에서 } I_{12}\text{를} \\ \text{선택하는 방법의 수} \end{bmatrix} \times \cdots \qquad (9.15)$$

여기에서 I는 O-D표상의 $\sum_i \sum_j I_{ij}$, 즉 총 통행수이다. I에서 I_{11}을 선택하는 방법의 수는 하나의 조합과 같다. 이것은 $\binom{I}{I_{11}}$ 또는 $\frac{I\,!}{(I-I_{11})\,!\,I_{11}\,!}$와 같다. 그러므로 방정식 (9.15)는 아래와 같이 다시 쓸 수 있다.

$$W \{ I_{ij} \} = \frac{I\,!}{(I-I_{11})\,!\,I_{11}\,!} \times \frac{(I-I_{11})\,!}{(I-I_{11}-I_{12})\,!\,I_{12}\,!} \times \cdots = \frac{I\,!}{\prod_i \prod_j I_{ij}\,!} \cdots \qquad (9.16)$$

위의 문제를 해결하기 위해서는 우선 함수인 $\{ I_{ij} \}$를 구하고, 제약조건을 설정한 후, 목적함수 S를 극대화하는 과정을 거쳐야 한다.

$$S = \log W \{ I_{ij} \} \qquad (9.17)$$

제약조건 식은 다음과 같다.

$$\sum_j I_{ij} = O_i \tag{9.18}$$

$$\sum_i I_{ij} = D_j \tag{9.19}$$

$$\sum_i \sum_j I_{ij} C_{ij} = C \tag{9.20}$$

극대화 문제를 해결하기 위해서 방정식 (9.17)에 (9.20)을 『라그랑지안』(Lagrangian) $\mathcal{L}$로 나타내면 다음과 같다.

$$\mathcal{L} = S + \sum_i \lambda^{(1)} (\sum_j I_{ij} - O_i) + \sum_j \lambda^{(2)} (\sum_i I_{ij} - D_j) + \beta (\sum_i \sum_j I_{ij} C_{ij} - C) \tag{9.21}$$

여기에서 $\lambda_i^{(1)}$은 방정식 (9.18), 그리고 $\lambda_j^{(2)}$는 방정식 (9.19)와 관련된 『라그랑지』(Lagrange) 승수들이다. 『라그랑지』승수는 일정 제약조건하에서 주어진 함수의 극대치를 찾는 하나의 간단한 수학적 표현이다. 만일 제약조건이 없는 경우라면 미분을 통해 극대치를 찾을 수 있다

【예제 9-2】『라그랑지』함수를 이용한 문제 해결

다음 문제를 『라그랑지』함수를 이용하여 해결(x, y 및 U값을 구함)하시오.
Max $U(x, y) = 2xy^2$
subject to $x + y = 24$

풀이

$\mathcal{L} = 2xy^2 + \lambda(24 - x - y)$
$d\mathcal{L}/dx = 2y^2 - \lambda = 0$ ·········(1)
$d\mathcal{L}/dy = 4xy - \lambda = 0$ ·········(2)
$d\mathcal{L}/d\lambda = (24 - x - y) = 0$ ······(3)
(1) − (2) → $2y^2 - 4xy = 0$ → $2y(y - 2x) = 0$ → $y = 0$ 혹은 $y = 2x$
이것을 (3)식에 대입하여 풀면,
$y = 0$ 일 경우, $x = 24$, 여기에서 $U = 0$
$y = 2x$ 일 경우, $x = 8$, 여기에서 $U = 2 \times 8 \times 16^2 = 4{,}096$
따라서 $x = 8$, $y = 16$, 그리고 Max $U = 4{,}096$

위의 문제 $\frac{\partial \mathcal{L}}{\partial I_{ij}}$ 를 계산하는데 필요한 $\frac{\partial S}{\partial I_{ij}}$ 를 구하기 위해서 S [방정식 (9.17)]를 간단한 형태로 바꾸어야 한다.

$$\log W\ \{I_{ij}\} = \log \frac{I\,!}{\prod_i \prod_j I_{ij}!} = \log I\,! - \sum_i \sum_j \log I_{ij}! \tag{9.22}$$

『스터링』(Stirling)의 근사식 $\log N! = N\log N - N$ 을 이용하여 방정식 (9.22)를 변형하면,

$$\log I_i j\,! = I_{ij} \log I_{ij} - I_{ij} \tag{9.23}$$

그리고 미분법칙을 이용하면,

$$\frac{\partial}{\partial I_{ij}} (I_{ij} \log I_{ij} - I_{ij}) = \log I_{ij} \tag{9.24}$$

이를 다시 변형하면, 다음과 같이 표현할 수 있다.

$$\frac{\partial S}{\partial I_{ij}} = \log I_{ij} \tag{9.25}$$

방정식 (9.21)에서 극대화 문제를 풀기 위해 미분하면,

$$\frac{\partial \mathcal{L}}{\partial I_{ij}} = \log I_{ij} + \lambda_{i^{(1)}} + \lambda_{j^{(2)}} + \beta C_{ij} = 0 \tag{9.26}$$

$$\frac{\partial \mathcal{L}}{\partial \lambda_i^{(1)}} = \sum_j I_{ij} - O_i = 0 \tag{9.27}$$

$$\frac{\partial \mathcal{L}}{\partial \lambda_j^{(2)}} = \sum_j I_{ij} - D_j = 0 \tag{9.28}$$

$$\frac{\partial \mathcal{L}}{\partial \beta} = \sum_i \sum_j I_{ij} C_{ij} - C = 0 \tag{9.29}$$

방정식 (9.27)~(9.29)는 제약조건식들의 변형이며, 방정식 (9.26)에서 승수들로 나타나는 $\{ I_{ij} \}$를 구할 수 있다.

$$I_{ij} = e^{-\lambda_i^{(1)} - \lambda_j^{(2)} - \beta C_{ij}} \tag{9.30}$$

방정식 (9.27)~(9.29)에서 $\lambda_i^{(1)}$, $\lambda_j^{(2)}$ 및 β를 치환하고, 편의상 $\lambda_i^{(1)}$과 $\lambda_j^{(2)}$를 풀기에 앞서 변수 A_i와 B_j를 사용하여 $\lambda_i^{(1)}$과 $\lambda_j^{(2)}$를 정의해 보면, 다음과 같다.

$$A_i \ O_i = e^{-\lambda_i^{(1)}} \tag{9.31}$$

$$B_j \ D_j = e^{-\lambda_j^{(2)}} \tag{9.32}$$

그러면 방정식 (9.30)은 다음과 같이 나타낼 수 있다.

$$I_{ij} = A_i \ O_i \ B_j \ D_j \ e^{-\beta C_{ij}} \tag{9.33}$$

그리고 방정식 (9.27)과 (9.28)을 치환하면 다음 식이 된다.

$$A_i = \left[\sum_j B_j D_j \exp(-\beta C_{ij})\right] \tag{9.34}$$

$$B_j = \left[\sum_i A_i \ O_i \ \exp\ (-\beta C_{ij})\right] \tag{9.35}$$

이러한 과정을 종합해 보면, 우선 방정식 (9.33)에서 (9.35)까지는 배분모형의 개요에서 기술된 중력모형의 일반적인 형태인 이중제약모형과 동일함을 알 수 있다. 여기에 『엔트로피』극대화 모형의 중요성이 있다. 즉 중력모형의 이론적 배경을 『엔트로피』극대화 모형에서 찾을 수도 있기 때문이다.

ii) 투입자료

① 기·종점간 통행실태 조사표

② 기점(또는 출발지)의 총 고용인구 자료

③ 종점(또는 목적지)의 취업기회 수(취업지역 인구)에 대한 통계자료

④ 기·종점간의 통행비용 자료

【예제 9-3】『엔트로피』 극대화 모형 적용

다음 주어진 통행 발생량을 근거로 가장 적합한 O/D표를 『엔트로피』극대화 모형을 이용하여 해결하시오.

O/D	D_1	D_2	D_3	계
O_1				4
O_2				3
계	2	3	2	7

풀이

위의 조건을 만족시키는 배분방법은 총 8가지이며, 방법별 W(Tij)값은 다음과 같다.

(1)

1	3	0
1	0	2

(2)

2	2	0
0	1	2

(3)

0	3	1
2	0	1

(4)

2	0	2
0	3	0

(5)

2	1	1
0	2	1

(6)

0	2	2
2	1	0

(7)

1	2	1
1	1	1

(8)

1	1	2
1	2	0

W(Tij)을 계산하면, ⅰ) = 420, (2) = 630, (3) = 420, (4) = 210, (5) = 1,260, (6) = 630, (7) = 2,520 그리고 (8) = 1,260

따라서 (7)의 배분방법이 『엔트로피』값을 극대화하는 방법이다.

3. EMPIRIC 모형

(1) 목적

EMPIRIC 모형은 과거의 도시개발 양상을 중심으로 지역성장, 교통, 녹지, 공공편익시설 등 지역성장에 관계하는 정책내용을 근거로 존 또는 도시내의 하위계층 지역들의 개발패턴을 예측하는데 그 목적이 있다.

(2) 이론적 배경 및 가정

i) 이론적 배경

이 모형은 『보스톤』(Boston) 지역의 종합개발계획을 수립할 당시 『힐』(Hill)에 의해 고안된 모형이다. 그는 모형정립의 개념적 틀로서 "도시활동의 개발 양상은 상호 체계적으로 관련되어 있다는 사실은 도시활동들의 예측을 가능하게 하는 합리적인 기초가 된다"고 주장하고 있다. 또한 그는 그의 이론적 배경을 '도시활동의 발전양상에는 안정적인 관계가 존재하므로, 5~10년 동안 나타난 각 개인의 의사결정 유형을 통계적으로 분석하면, 이들간의 구조적 관계를 파악할 수 있을 뿐만 아니라, 장래 발전양상도 예측할 수 있을 것'이라는 경험적인 사실에 두고 있다.

ii) 가정

① 도시활동의 발전양상은 안정적이다.

② 각 하위계층 지역에 배분될 어떤 활동변수의 변동은 (i) 그 지역 내에 있는 그 밖에 배분될 모든 활동변수들의 규모변동, (ii) 해당 지역 자체가 가지고 있는 여러 유인변수의 변화정도, 그리고 (iii) 해당 지역의 기타 유인변수들에 대한 구성비의 변동에 비례한다.

③ 도시활동들의 발전양상은 선형적인 관계로 표현될 수 있다.

(3) 방법

i) 모형의 틀

EMPIRIC 모형은 인구, 고용 등과 같이 외생적(모형 밖에서)으로 추정되는 활동들을 존 또는 소 지역들에 배분 혹은 할당하기 위해서 개발된 것이다. 이러한 배분과정은 공공서비스의 질과 교통망이 변화하고, 시간이 경과함에 따라 총 활동의 크기가 달라지기 때문에 필요한 과정이다.

이 모형은 두 단계를 밟아 적용된다. 첫 단계는 계산단계로서 기존의 발생양상을 나타내는 계수들을 추정하는 것이며, 두 번째 단계는 외생적으로 추정된 여러 활동들을 존간에 배분하는 할당단계이다.

ii) 수식

EMPIRIC 모형의 목적은 어떤 예측기간의 종료시점에 있어 각 소권에 대한 여러 도시활동의 규모를 예측하는데 있다. 이 개념을 수식으로 표현하면 다음과 같다.

$$\triangle R_i = \sum_{\substack{j=1 \\ j \neq i}}^{N} a_{ij} \triangle R_j + \sum_{k=1}^{M} b_{ik} (Z_k \text{ or } \triangle Z_k) \tag{9.36}$$

여기에서 i와 j는 1, 2, …, i, j, …,N으로서 배분되어질 활동변수의 수, k는 1, 2, …, k, …, M

으로서 유인변수의 수, ΔR_i는 계산단계의 시작 또는 일정한 예측기간동안에 i번째 배분되어질 활동의 변화량, Z_k는 계산단계의 시작 또는 일정한 예측기간동안 k번째 유인변수의 크기, ΔZ_k는 k번째 유인변수의 변화량, 그리고 a_{ij}와 b_{ik}는 변수들간의 상관관계를 나타내는 계수들이다.

이 모형은 여러 다른 유형의 외생변수 또는 독립변수들을 포함시킬 수도 있는 신축성 있는 모형이다. 이 연구에서는 다음과 같은 세 가지 유인변수 집합을 모형구축에 적용한 바 있다.

① 변수집합 I : 토지이용의 집약도(밀도), 현행 지역지구제도, 지역내 자동차 접근도

② 변수집합 II : 변수집합 I + 대중교통수단의 접근도

③ 변수집합 III : 변수집합 II + 상수공급 및 하수처리의 질

한편 변수 a와 b는 과거시점들에 관한 자료를 이용한 회귀분석에 의해 결정된다.

(4) 모형의 운용

EMPIRIC 모형에는 두 단계의 적용과정, 즉 계산과정(calibration stage)과 할당과정(allocation stage)이 있다.

i) 계산과정

이 단계에서는 상기 방정식에 나타나고 있는 모든 변수들의 값을 과거 두 시점의 자료들로부터 구한다. 그러나 매개변수 a와 b의 값들은 미지의 것으로, 이들은 회귀분석에 의해 결정된다. 계산과정의 목적은 대비연도(예측기간 중 종료시점)의 발전양상이 최소 오차를 가지고 재생될 수 있도록 계수 a와 b의 값을 결정하는데 있다.

ii) 할당단계

이 단계에서는 예측기간동안 소권별로 배분될 활동변수들의 변화량 $\Delta R_i'$을 추정한다.

$$\Delta R_i' = \sum_{\substack{j=1 \\ j \neq i}}^{N} a_{ij} \Delta R_j' + \sum_{k=1}^{M} b_{ik} \left(Z_k^1 \text{ or } \Delta Z_k^1 \right) \tag{9.37}$$

일정한 예측기간동안 유인변수의 값들은 외생적으로 결정된 예측수치와 과거 자료로부터 직접 얻어진다. 방정식 (9.37)을 풀어서 얻은 값들은 목표연도에 있어 각 소 지역(소권)에 할당될 인구, 고용 등의 규모가 아니라, 단지 이 기간동안에 있어 각 소권의 점유비율 변동만을 나타낸다.

iii) 투입자료

① 소득계층별 인구규모

② 직종별 고용자 분포현황

③ 토지이용현황

④ 접근성에 관한 자료

⑤ 공공서비스 척도에 관한 자료

(5) 모형의 장 · 단점

i) 장점

① 여러 유형의 도시활동들을 동시에 포함하고 있어 실용적일 뿐만 아니라 신축성 있는 종합모형이다.

② 5년 내지 10년을 하나의 단계로 하는 지역발전을 점진적으로 예측할 수 있게 한다.

ii) 단점

① 모형의 이론이 난해하다.

② 도출된 방정식들은 한 소권 내에 있는 활동들에 대한 규모변동 관계를 설명해 줄뿐이다.

③ 이들 활동들의 순 변화를 파악하기 위해서 필요한 소권간 상호의존 관계에 대해서는 밝히지 못하고 있다.

연습문제

9.1 『엔트로피』극대화 모형과 중력모형간의 관련성을 논하시오.

9.2 제9장에 관련하는 용어를 10개 이상 선정하여 그 의미를 약술하시오.

9.3 다음 주어진 통행 발생량을 근거로 가장 적합한 O/D표를 『엔트로피』극대화 모형을 이용하여 해결

하시오.

O/D	D_1	D_2	D_3	계
O_1				2
O_2				4
O_3				3
계	3	2	4	9

9.4 위의 문제를 컴퓨터 프로그램을 작성하여 해결하시오.

9.5 귀하가 관심을 가지고 있는 지역간(혹은 시설간) 이동의 문제, 즉 교통량, 인구이동, 정보량, 시설 이용량 등의 자료를 수집하고, 중력모형이나 『엔트로피』모형을 이용하여 분석하고, 그 결과에 대하여 논의하시오.

제 4 편

체 계 분 석

제 10 장 규모와 계층구조

제 1 절 규모분포의 모형

1. 순위규모분포

(1) 이론적 배경 및 목적

이 모형은 도시 순위와 그 규모와의 관계를 파악하는데 그 목적이 있다. 한 국가에서 일정 규모 이상의 도시를 인구 크기에 따라 순위별로 나열하면, 당연한 사실이지만 순위가 빠를수록 그 규모가 크고 순위가 느릴수록 그 규모가 작게된다. 즉 도시규모와 그 순위와는 음(-)의 상관관계가 있다. 이러한 관계를 규명한 것이 순위규모분포(rank-size distribution)모형이다. 이 모형에 의해 순위 i 번째 도시의 인구규모를 개략 계산해 낼 수 있다.

(2) 모형

도시규모와 순위와의 관계를 나타내는 모형은 다음과 같이 표현될 수 있다.

$$P_r = \frac{P_1}{r^q} \qquad (10.1)$$

여기에서 r은 도시의 순위, P_r은 순위 r번째 도시의 인구, q는 매개상수, 그리고 P_1은 순위 첫 번째 도시의 인구이다. 또한 q = 1인 특수한 경우의 수식을 등위규모 법칙이라 한다. 위의 식에서 양변에 자연대수를 취하면 1차 함수로 쉽게 변환되므로, 선형회귀방정식을 이용하여 P_1과 q를 구할 수 있다.

(3) 적용

회귀방정식에서 도출되는 q값을 이용하면, 그 국가의 도시체계를 개략 파악할 수 있다.

① $q = 1$이면, 등위규모 분포로 도시체계가 전체적으로 균형이 잡힌 상태이다.

② $q > 1$이면, 종주분포(primate distribution)로 상위 몇몇 도시에 인구가 과다하게 밀집되어 있는 상태이다.

③ $q < 1$이면, 상대적으로 중간계층의 도시들이 성장한 상태이며, $q \rightarrow 0$이면 도시계층이 형성되어 있지 못한 상태, 즉 모든 도시들이 같은 규모를 가지고 있는 경우이다.

④ $q \rightarrow \infty$이면, 단 한 개의 도시만 형성되어 있는 상태이다.

이러한 q값은 시간적으로 달라질 뿐만 아니라 동일한 시점일지라도 공간적으로 다르게 나타난다. 따라서 동일한 국가에 대한 q값의 시간적 변화나 동일 시점에 있어서 q값의 국가별 비교는 의미 있는 결과를 가져올 수 있다. 그러나 이 q값은 국가의 크기에 영향을 받으므로 그 해석에 주의해야 한다. 일반적으로 q값은 국가의 크기가 작아질수록 그 값이 커지는 경향이 있다.

도시규모 분포를 순위규모 분포로서 분석하는데 유의해야 될 점은 다음과 같다. (i) 순위규모 법칙은 경험적 사실을 통계적으로 표현한 것에 불과하므로, 이를 뒷받침할 수 있는 이론적 기반이 빈약하다는 사실이다. 예를 들면, $q = 1$인 등위규모분포 상태가 바람직한 상태라는 것에 대한 이론적 근거가 없다. (ii) 이 분포체계는 엄격한 의미에서 도시체계를 설명하는 중심지이론과 서로 부합되지 않는다. (iii) 순위규모분포로는 전체 정주(定住)체계를 분석할 수 없다. 즉 아주 작은 마을까지 포괄하는 전체 정주공간내의 규모분포는 대수정규분포를 나타내므로, 일정 규모 이상의 도시들만을 대상으로 순위규모분포로 설명할 수밖에 없다.

【예제 10-1】 순위-규모법칙의 적절성 검토

다음 표에 주어진 우리 나라 인구자료를 활용하여 순위-규모법칙이 얼마나 잘 지켜지는지를 검토하시오. 단 q값을 1로 주어진 것으로 가정하시오.

순위	도 시	인 구
1	서 울	10,229,262
2	부 산	3,813,814
3	대 구	2,449,139
4	인 천	2,307,618
5	대 전	1,272,143

풀이

표에 주어진 자료에 순위-규모법칙을 적용하면,

$$P_1 = \frac{P_1}{1} = \frac{10,229,262}{1} = 10,229,262$$

$$P_2 = \frac{P_1}{2} = \frac{10,229,262}{2} = 5,114,631$$

$$P_3 = \frac{P_1}{3} = \frac{10,229,262}{3} = 3,409,754$$

$$P_4 = \frac{P_1}{4} = \frac{10,229,262}{4} = 2,557,316$$

$$P_5 = \frac{P_1}{5} = \frac{10,229,262}{5} = 2,045,852$$

계산된 인구와 실제 인구를 비교해 보면, 우리나라의 도시체계는 순위규모분포를 따르지 않는 것을 알 수 있다. 이러한 원인은 수위도시인 서울의 인구규모가 다른 도시들에 비해 지나치게 크기 때문이다.

【예제 10-2】 순위-규모법칙에 따른 인구규모 결정

1순위의 인구가 1,000만이고, q값이 1.5인 경우, 순위규모분포에 따른 3순위의 인구는 얼마인가?

풀이

$$P_3 = \frac{1000}{3^{1.5}} = 192.45\text{만인}$$

2. 대수정규분포

(1) 이론적 배경 및 목적

도시를 인구규모별로 등급을 나누어 계층을 정할 때, 순위규모분포 모형의 경우엔 '하위계층에 속하는 도시일수록 그 수가 많고 상위계층으로 올라갈수록 그 수가 적어진다'고 가정하고 있다. 이와 같은 가정은 『크리스털러』(Christaller)나 『뢰쉬』(Lösch)의 기능적 계층(functional hierarchy)의 개념에서도 마찬가지이다. 그러나 이와 같은 현상은 실제 일반적이라 할 수 없다. 즉 독립된 농가의 수는 그 위의 마을 수보다 많은 것이 아니라, 오히려 그 수가 적은 것이 보통이다. 따라서 순위규모분포의 모형은 일정 크기 이상의 도시들의 규모분포를 파악하는데는 크게 무리가 없으나, 모든 정주체계의 규모분포를 파악하는데는 사용하기 어렵다. 여기에 대수정규분포(lognormal distribution)를 사용하는 의의가 있다.

(2) 모형

대수정규분포에 있어 도시 수와 그 규모와의 관계는 다음과 같이 표현된다.

$$N_c = a + b \cdot \log P \quad (10.2)$$

여기에서 N_c은 주어진 인구규모(일반적으로 도시규모를 계층으로 구분)까지 도시 수의 누적백분율이며, P는 인구규모이고, a와 b는 매개변수이다.

(3) 적용

① 분석에서 도출된 회귀방정식의 기울기 b값이 클수록 큰 도시의 비율은 적고, 작을 경우에는 그 반대다.

② 회귀방정식을 이용하여 일정 수준 이하까지 도시 수의 누적백분율을 구할 수 있으며, 일정 계층내의 도시 수의 비율을 개략 계산해 낼 수 있다.

③ 대수정규분포는 모든 정주체계의 규모분포 상태를 포괄적으로 파악하는데 유효하므로 순위 규모분포의 한계를 극복할 수 있다. 또한 이 모형은 전체 정주체계를 대상으로 하지 않고 편의에 따라 일정 인구수준(예를 들어, 인구 2만 이상의 도시)으로 끊어 그 이상의 도시들을 대상으로 분석할 수도 있다.

④ 특히 작은 지역(예를 들어, 도나 군 이하의 지역)내에 있는 정주체계의 규모분포를 살피는 데에 잘 적용될 수 있다.

3. 『파레토』분포

(1) 이론적 배경 및 목적

『파레토-레비』(Pareto-Levy) 함수는 『로렌츠』곡선과 더불어 소득분포의 불균형상태를 파악하는데 흔히 쓰이는 손쉬운 방법 중의 하나로 잘 알려져 있다. 소득수준(최빈치 수준 이상의 소득)을 Y라고 하고, Y이상 소득자의 비율을 X라 하면, $(X = AY^{-\alpha})$이라는 관계식이 성립된다. 이러한 관계를 이용하여 도시규모 분포를 분석한다. 『파레토』분포는 순위규모 분포와 마찬가지로 일정규모 이상의 도시들의 규모분포 상태를 파악하는데 사용된다.

(2) 모형

규모 임계치(size threshold)를 상회하는 특정 도시의 인구를 P라 정의하고, P보다 많은 인구를 가진 도시 수의 비율을 N $(\bar{p})$라고 하면, 이 N $(\bar{p})$와 P사이에는 다음 식이 성립한다.

$$N(\bar{p}) = A P^{-\alpha} \quad \text{또는} \quad \log N(\bar{p}) = \log A - \alpha \log P \qquad (10.3)$$

여기에서 A와 α는 상수이다. 『파레토』함수에서는 P가 증가함에 따라 $N(\bar{p})$, 즉 P보다 많은 인구를 가진 도시 수의 비율은 감소하고, 순위규모분포 식에서는 P가 증가함에 따라 순위 R이 감소한다.

(3) 적용

『파레토』분포의 모형은 순위규모분포의 경우와 마찬가지로 최빈치, 즉 규모임계치 이상 도시들의 규모분포를 파악하는데 사용되므로 모든 정주체계를 대상으로 사용할 수 없다. 함수식에서 기울기 α의 값이 클수록 대도시에 인구가 집중되어 있는 분포로 상대적으로 중간규모의 도시가 빈약한 형태이며, α값이 작을 경우에는 그 반대이다.

4. 종주화 지수

(1) 이론적 배경 및 목적

전술한 q, b 그리고 a계수의 비교방법은 유용하지만, 자료처리에 많은 노력이 소요된다. 도시체계가 종주(宗主)분포를 이루고 있는지 혹은 그렇지 않은지를 손쉽게 알 수 있는 방법이 바로 종주화 지수(primacy index)이다.

(2) 모형

이 지수는 『데이비스』(K. Davis)가 처음 사용한 개념으로 최대 도시의 인구를 하위 3개 도시의 인구의 합으로 나눈 수이다.

$$PI = \frac{P_1}{(P_2 + P_3 + P_4)} \qquad (10.4)$$

여기에서 PI는 종주화 지수이며, $P_1 \sim P_4$는 순위별 각 도시인구이다.

(3) 적용

이 종주화 지수를 시계열로 비교함으로써 그 변화를 알 수 있으며, 종주분포인지 그렇지 않는지 그리고 그 강도는 어떠한지를 알 수 있다. 만약 도시규모분포가 등위규모법칙(rank-size rule)에 따라 분포되어 있다면, 종주화 지수 PI는 $\frac{1}{(1/2+1/3+1/4)}$ = 0.92가 된다.

제 2 절 개념적 모형

제1절은 정적 측면에서 주어진 도시체계를 어떻게 분석하느냐에 중점을 두고 있다. 그러나 도시체계는 정적인 것이 아니라 동적인 것으로 경제발전과 더불어 부단히 변화·발전하고 있다. 그러면 "이와 같은 한 국가의 도시체계는 시간이 지남에 따라 어떤 과정을 거쳐 어떤 형태로 발전하는가?", "그 발전의 궁극적인 단계로서 안정되고 균형 잡힌 도시체계는 어떠한 것인가?" 그리고 "도시체계와 경제발전과의 관계는 어떠한가?" 하는 문제들이 우리의 주요 관심사가 아닐 수 없다.

『프리드만』(J. Friedmann)은 국가발전을 위한 가장 근원적인 두 가지 요건으로서 지역간 균형과 도시의 계층구조를 지적하면서, 그는 경제발전에 따른 도시체계의 발달과정을 다음 4단계로 나누어 설명하고 있다.

① 무계층, 지방중심도시 단계 : 도시의 계층적 구조가 아직 발달하지 못한 단계로서 개별적으로 지방의 취락중심도시가 산재하고 있는 경우이다. 산업화 이전에서 흔히 볼 수 있는 전형적인 공간구조로 도시는 비교적 폐쇄적인 작은 지역의 중심지로서의 기능만 수행하며, 지역경제는 정체상태를 벗어나지 못하고 있는 단계이다.

② 종주도시 출현 단계 : 산업화 초기단계에서 흔히 볼 수 있는 공간구조로 하나의 강력한 중심도시가 출현하는 단계이다. 이와 같은 종주도시의 출현은 국가경제를 단일수도권 경제로 격하시키며, 지방에서 중심도시로 지식인, 기업인, 노동력 등이 대거 이동하기 시작한다. 따라서 지방경제는 침체되고, 이로 인해 정치적·사회적 불안이 조성될 가능성이 있는 단계이다.

③ 지방거점도시 개발 단계 : 산업화가 성숙됨에 따라 제2단계에서 생긴 공간상의 갈등이 해소되기 시작하는 단계로써 지방거점도시들이 출현한다. 종주도시로의 과잉집중이 완화되고 외곽지역의 자원은 보다 생산적인 국가경제로 투입된다. 그러나 외곽지역은 여전히 빈곤상태에 머물러 있으며, 문화적인 후진성도 탈피하지 못한 채로 있다.

④ 기능적 상호의존적 도시체계 단계 : 산업화가 성숙된 시기에 나타나는 공간구조로 각 도

시들은 기능적으로 상호 의존하는 도시체계를 형성한다. 이 단계에서는 국민통합, 성장 잠재력의 극대화, 지역간 격차의 해소 등이 성취된다.

『베리』(Berry, 1961)는 세계 38개 국가의 도시규모분포를 대수정규분포모형으로 비교·분석하는 연구에서 〈그림 10.2〉와 같이 도시규모분포는 종주분포단계에서 중간분포의 단계를 거쳐, 등위규모분포의 단계로 발전한다는 개념적인 모형을 제시한 바 있다. 그림에서 *x*축은 대수척도에 의한 인구규모, 그리고 *y*축은 정규확률척도에 의한 도시 수의 누적백분율을 나타내고 있다.

종주분포란 한 국가의 도시인구가 상위의 몇 개 도시를 중심으로 과다하게 집중되어 있는 상태를 말한다. 특히 제1의 도시인구가 차위(次位)의 도시인구보다 몇 배나 되고, 순위규모분포 모형에서 계산되는 q의 값이 1보다 클 때 그 도시를 종주도시(primate city)라 한다.

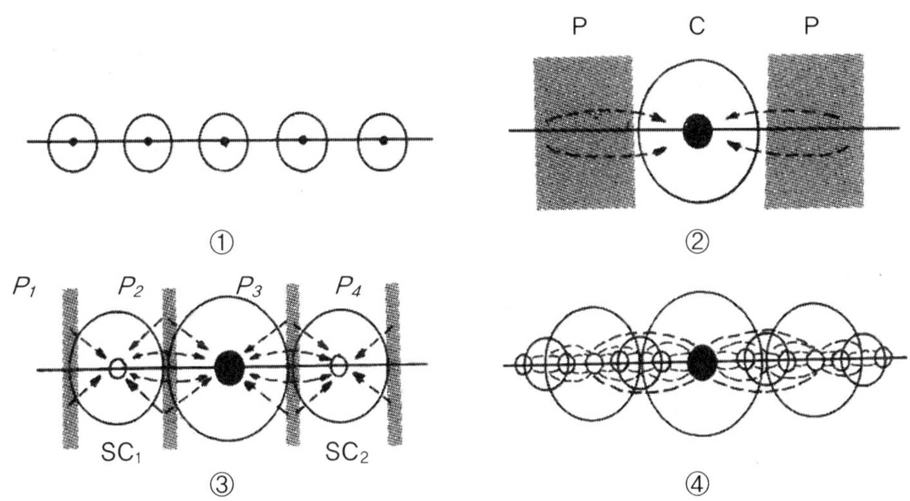

〈그림 10.1〉 도시체계의 발달단계

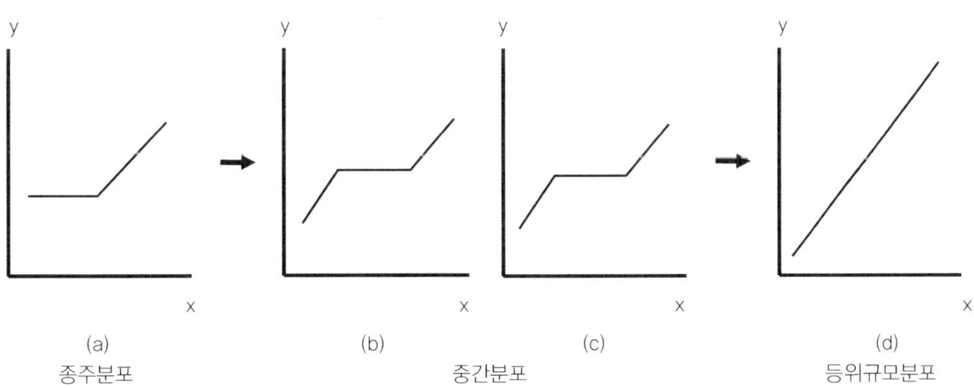

〈그림 10.2〉 도시규모분포의 발전적 모형

중간분포란 종주분포와 등위규모분포의 중간단계로 종주도시의 모든 부문에 걸친 우월성이 완화되고, 그 이하 도시들의 성장이 상대적으로 강화되는 단계를 나타낸다. 그리고 여기서 말하는 등위규모분포 상태란 q = 1인 특수한 경우의 분포, 즉 등위규모법칙(rank-size rule)에 따른 분포를 말하며, 이는 도시체계발전의 궁극적인 단계로서 도시체계가 안정되고 균형이 잡힌 상태를 가리킨다.

그러나 이와 같은 『베리』의 견해에 대해서 많은 논란이 있다. 그 중에서도 전술한 바와 같이 이 q의 값은 국가의 크기에 영향을 받는다는 사실과 q = 1인 등위규모법칙에 따른 분포가 가장 안정되고 균형이 잡힌 체계라는 주장에 대한 이론적 근거가 희박하다는 것이 가장 큰 약점의 하나로 지적되고 있다.

제 3 절 계층구조

작은 마을에서 대도시에 이르기까지 한 국가의 모든 집락(settlement)들은 하나의 커다란 체계를 이루고 있다. 이와 같은 체계를 일반적으로 정주(定住)체계라고 부른다. 이 체계에는 별다른 규칙성이 없는 것 같지만 좀 더 자세히 살펴보면, 그 입지나 규모, 그리고 집락 간의 거리 등 어떤 규칙성이 있음을 쉽게 발견할 수 있다.

예를 들어, 서울과 같은 대도시는 전국이 그 영향권이라 할 수 있지만, 작은 마을의 경우는 그 인근에 걸치는 조그만 범위의 영향권밖에 갖지 못한다. 또한 작은 마을간의 거리는 짧지만, 규모가 큰 도시들 간의 거리는 훨씬 멀다.

이와 같은 규칙성을 설명하는 하나의 이론이 중심지 이론(central place theory)이다. 이 이론은 독일의 『크리스털러』(Christaller)에 의해 처음으로 체계화되었다. 그러나 물론 그 이전에도 집락의 입지분포의 규칙성을 해명하려는 시도와 연구는 여러 번 있었다.

계층구조에 관한 이론정립에서 우리는 '도시간의 계층을 어떤 방법으로 구분할 것인가'하는 문제에 직면하게 된다. 일반적으로 도시계층은 그 도시가 가지는 중심지 기능과의 관계로써 파악되는데, 본 절에서는 우선 중심성 지수를 근거로 도시계층을 구분하는 방법을 설명한다.

1. 『크리스털러』 중심지 이론

『크리스털러』(Christaller)의 논문은 『배스킨』(Baskin)에 의해 영어사용권 국가에 처음 소개되었으나 널리 퍼지지 못했다. 그러나 논문의 번역판이 『배스킨』에 의해 책으로 출판되자 비로

소 널리 알려지기 시작했다. 물론 그 동안 중심지 이론에 관한 논문들이 많이 발표되었는데, 그 대부분은 『크리스털러』의 이론을 실증적으로 검증하고자 시도한 논문들이었다. 특히 『베리』(Berry)와 『개리슨』(Garrison)의 연구는 도시간 계층구조의 개념을 도시내의 계층구조 개념으로 확장하여, 3차 산업 입지의 공간구조에 관한 이론을 전개한 것으로 유명하다. 『크리스털러』의 중심지 이론은 "① 중심지들의 배열체계, ② 시장지역(market area)의 배열체계, 그리고 ③ 교통노선(transportation route)의 배열체계"라는 3가지 기본명제로 구성되어 있다.

(1) 기본개념

일반적으로 사물이 배열되는 기본질서 중의 하나는 어떤 핵을 중심으로 배열(예 : 태양계, 원자구조 등)되는 것이다. 이와 같은 배열원리를 중심지향원리라고 하는데, 『크리스털러』는 이 원리가 인간의 정주체계의 공간 배열에도 그대로 적용되는 기본원리라고 생각하고 있다. 즉 그는 도시가 지역사회의 중심이자 상업활동의 중개지로서 역할을 수행하므로, 도시를 중심지(central place)라고 명명하고 있다. 모형을 개발하기 위한 기본개념들은 다음과 같다.

먼저 '보완지역(complementary region)'이란 중심지에 의해서 서비스를 받는 주변지역을 말하며, '중심지 상품이나 서비스'란 중심지에서 제공되는 상품이나 용역을 말한다. 이와 같은 중심지 상품이나 서비스를 제공하는 활동을 중심지 활동(central activity)이라 하며, 중심지 활동이 제공되는 공간적 한계를 범위(range)라 한다.

이러한 범위는 다시 두 가지 개념으로 나누어, 중심지 상품이나 서비스의 도달가능거리를 범위의 외적 한계(outer limit of the range)라 정의하고 있으며, 그 상품이나 서비스를 제공하는 업체가 유지되기 위해서 필요한 최소한의 수요범위, 즉 임계치(threshold)를 범위의 내적 한계(inner limit of the range)라고 한다. 그리고 이와 같은 범위가 넓은 중심지를 상위계층의 중심지, 그리고 범위가 좁은 중심지를 하위계층의 중심지라고 정의한다.

(2) 가정

① 인구가 균등하게 분포되어 있고, 균등한 구매력을 가지고 있으며, 사방으로 개방된 이상적인 평면(plain)이 있다.

② 보완지역 내의 소비자들은 가장 가까운 중심지에서만 중심지 상품을 구매한다.

③ 이 평면상의 어떤 지역도 중심지에 의해서 서비스를 제공받지 않지 않는 지역은 없다. 즉 이 평면은 여러 개의 분할된 거래지역으로 전부 채워진다.

④ 소비자가 중심지로 왕래하는 거리는 최소화되어야만 한다.

⑤ 어떤 중심지도 과잉이윤을 획득하지 못하지만, 정상이윤은 가능하다.

(3) 범위의 개념

일반적으로 범위의 외적 한계를 그냥 범위라고 부르며, 그 내적 한계는 단순히 임계치(threshold)라고 부른다. 범위란 전술한 바와 같이 중심지 상품의 도달거리를 말하는데, 이를 소비자의 입장에서 보면 그 상품을 구매하기 위해서 기꺼이 여행하는 최대거리가 된다. 이 범위는 여러 공간요소에 의해 영향받기 마련이다. 각 상품은 그 나름대로의 독특한 범위를 가지며, 동일한 상품의 경우에도 중심지가 다르면 그 범위가 달라지게 될 것이다.

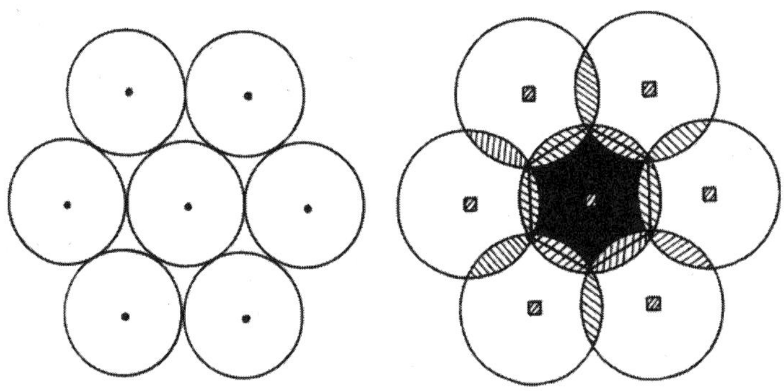

〈그림 10.3〉 육각형 시장지역의 결정

또한 범위는 중심지를 기준으로 동일한 거리에 분포되지 않을 가능성이 높기 때문에, 그 모양은 원형보다는 오히려 불규칙적인 성형(星型)에 가까울 것이다. 그러나 가정 ①에서 이상적인 평면을 전제로 하고 있으므로 범위는 원형으로 나타난다. 그리고 가정 ③에 의해 중심지로부터 서비스를 제공받지 못하는 지역은 없어야 되므로, 이 원은 〈그림 10.3〉에서 보는 바와 같이 중복되지 않을 수 없다. 이 중복된 지역 내에 있는 소비자들은 가정 ②와 ④에 의해서 교통비용을 절감할 수 있는 가장 가까운 중심지를 택할 것이 요구되므로 이 중복된 부분은 양분되어 결과적으로는 위 그림에서 보는 바와 같이 육각형 모양의 공간적 배열을 이루게 된다.

(4) 중심지 체계

위에서 살펴본 것처럼, 동일한 규모의 중심지는 같은 규모의 육각형의 영향권을 갖게 된다.

작은 마을들에 의한 육각형의 배열은 작은 육각형으로, 큰 마을들에 의한 육각형의 배열은 큰 육각형으로, 그리고 보다 더 큰 도시에 의한 배열은 보다 더 큰 육각형으로 배열될 것이다. 이와 같은 육각형 모양의 영향권을 『크리스털러』는 중심지의 지역범위(range of region)라고 부르고 있다.

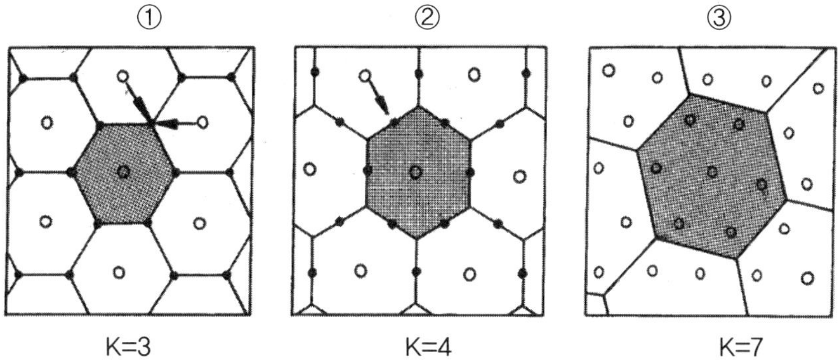

〈그림 10.4〉 지역범위의 결정

이와 같은 중심지의 지역범위는 중심지의 크고 작음에 따라 달라진다. 다시 말하면, 지역범위는 각 중심지가 속해 있는 계층에 따라 다르게 된다. 그러면 계층은 어떠한 방법으로 분류할 수 있으며 각 계층의 지역범위는 어떻게 정할 수 있을까? 예를 들어, 크기가 같은 단위 중심지가 한 평면상에 무수히 많이 균등하게 분포되어 있다고 가정하면, 각 중심지의 지역범위는 그 속에 포함되는 단위중심지의 수로서 표시할 수 있을 것이다.

단위중심지의 수를 k라고 표시하면, 〈그림 10.4〉의 ③은 k = 7인 육각형의 지역범위를 나타낸다. 그림 ①에서 단위중심지는 3개의 중심지로부터 같은 크기의 영향력을 받고 있다. 따라서 그림 ①의 k값은 $k = 1/3 \times 6 + 1 = 3$이 되며, 그림 ②의 k값은 같은 방법으로 $k = 1/2 \times 6 + 1 = 4$가 된다. 이론적으로는 위에서 예시한 3가지 방법 외에도 무수히 많은 k값, 즉 k = 3, 4, 7, 9, 12, 13, ,,, 등으로도 육각형 체계의 형성은 가능하다. 하위계층부터 상위계층으로 그 계층번호를 i = 1, 2, ..., n이라고 하면, i계층 중심지의 지역범위에 속하는 단위중심지의 수는 일반적으로 다음 식으로 나타낼 수 있다.

$$n_i = k^i \ , \quad i \geq 0 \tag{10.5}$$

여기에서 i는 계층번호, n_i는 i계층에 속하는 단위중심지 수, 그리고 k는 k값이다.

예를 들어, 『크리스털러』의 "K3 System"에서는 i에 따라, $n_0 = 3^0 = 1$(M-place), $n_1 = 3^1 = 3$(A-place), $n_2 = 3^2 = 9$(K-place), $n_3 = 3^3 = 27$(B-place), … 이 된다.

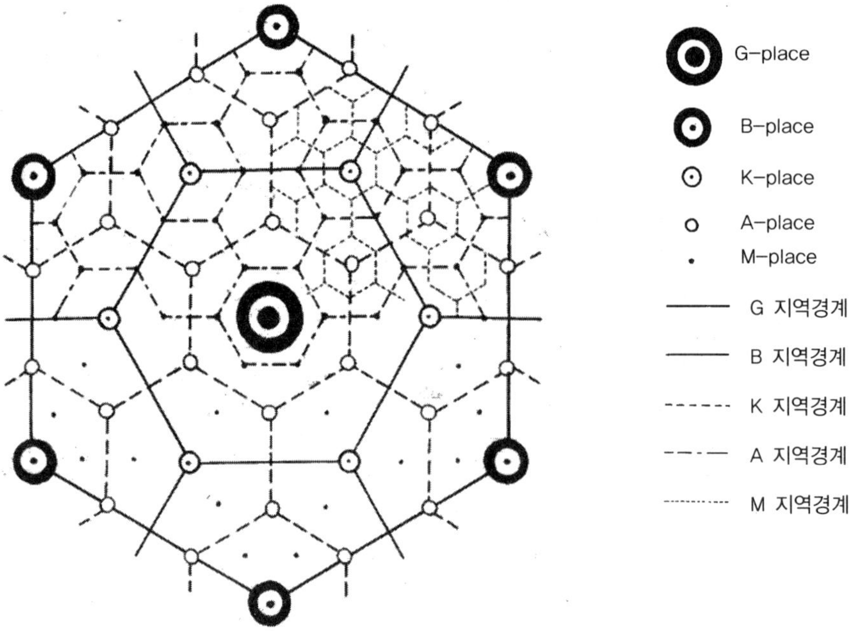

〈그림 10.5〉 『크리스털러』의 중심지 계층체계

(5) 안배(按配)원리(nesting principles)

『크리스털러』가 k=3이라는 특수한 경우로 시장지역에 관한 계층체계를 수립한 것은 그의 실증적 연구에 바탕을 둔 것이다. 그는 남부 독일의 중심지 계층체계가 다른 어떤 체계보다도 k=3인 체계에 잘 들어맞는 것을 발견하고, 이를 시장원리(marketing principle)라고 명명한 바 있다. 그후 그는 중심지의 계층체계에는 어떤 다른 보조적인 원리, 즉 교통원리(transportation principle)와 행정원리(administrative principle)가 작용하고 있음을 주장하고 있다.

교통원리란 큰 도시들을 연결하는 교통노선 상에 가능한 주요 중심지가 많이 놓이도록 배열하는 원리이다. 이 원리에 따를 경우 가장 효율적으로 교통노선을 건설할 수 있다는 것이다. 이 경우가 바로 k=4의 법칙에 따라 보완지역이 안배되는 경우이다. 행정원리란 k=7인 경우로 각 보완지역들이 행정통제나 방어의 목적에 용이하도록 분할하여 배열되는 원리를 말한다.

그는 이 3가지 원리를 안배원리(nesting principles)라고 명명하고, 중심지 체계는 이 3가지 원리의 상호작용에 의해 결정된다고 주장한다. 이 3가지 원리는 분포법칙 혹은 정주법칙이라고 한다. 이 중 행정원리는 정치적 원리를 말하는 것이며, 나머지 둘은 경제적 원리를 설명하는 것이다.

(6) 비판

① 『크리스털러』에 의한 도시계층체계는 실제와 부합되지 않는다. 그의 이론은 단층적(stepped) 계층구조를 상정하고 있으나, 실제 관측되는 계층구조는 연속적(continuous) 계층구조를 보이고 있다.

② 그의 이론은 폐쇄체계(closed system)를 가정하고 있다. 따라서 그의 이론은 폐쇄되어 있는 농촌지역의 도시체계를 설명하는데는 유용할지는 모르지만, 그렇지 않은 도시체계의 형성은 설명할 수 없다.

③ 중심지 이론에서 가정하고 있는 것처럼 도시가 모든 중심지 기능을 다 가지고 있다고 하면, 이론적으로 어떤 특수한 기능을 가지는 공업도시가 존재할 여지가 없다.

2. 중심성 측정방법

중심성(centrality)이라는 개념을 정확하게 표현하기는 매우 어렵다. 이것은 사용하는 사람마다 개념을 달리할 뿐만 아니라 그 개념 자체가 매우 포괄적인 성격을 지니고 있기 때문이다. 다음에 설명되는 몇 가지의 중심성 측정방법도 이와 같은 문제점을 지니고 있다.

(1) 『데이비스』방법

『데이비스』(W. K. Davis)는 모든 중심지 기능을 종합해서 표현할 수 있는 중심성 지수를 개발한 바 있다. 이 지수는 공업지리학에서 쓰이는 입지계수를 수용한 것으로, 여러 중심지간의 값을 비교할 수 있고 객관적인 검증도 가능하다. 이것은 다음 3단계로 계산된다.

① 입지계수의 결정

$$C = \frac{t}{T} \cdot 100 \tag{10.6}$$

여기에서 C는 특정기능 t에 대한 입지계수, t는 특정기능 t의 업체 1개, 그리고 T는 전체 업체내의 특정기능 t의 총 업체수이다.

② 중심성 값(centrality value)의 결정 : 이것은 위에서 계산된 특정기능 t에 대한 입지계수에다 특정도시의 특정기능 t의 업체 수를 곱한 것을 의미한다.

③ 기능지수(functional index)의 결정 : 위에서 계산된 각 기능별 중심성 값을 도시별로 모두 더한 것을 의미한다.

【예제 10-3】『데이비스』방법을 이용한 중심성 지수 측정

다음 표에서 보는 바와 같이 전체 체계 내에 도시가 3개(A, B, C)만 있으며, 그 기능도 3개 (a, b, c)만 있고, 그 업체수가 다음 표와 같다고 가정하여, 중심성 지수를 측정하시오.

기능 / 도시	a	b	c	FI
A	10	20	10	70.5
B	30	15	10	87.5
C	40	25	20	141.7
계	80	60	40	300

풀이

A도시의 예를 들면, a기능의 입지계수 $C = (\frac{1}{80}) \times 100 = 1.25$, 중심성 값은 $1.25 \times 10 = 12.5$, b기능과 c기능도 마찬가지 방법으로 그 중심성 값은 각각 33, 25가 되어 A지역의 기능지수 $FI = 12.5 + 33 + 25 = 70.5$가 된다. 이렇게 해서 결정된 기능지수는 각 지역(중심지)의 중심성 지수로서 사용된다.

위에서 설명한 『데이비스』방법은 정밀하지 못하다는 결점이 있다. 따라서 이를 해결하는 방법은 업체 수를 포함하여 고용인수나 상면적의 비중을 주는 것이다. 그러나 이 방법은 어떤 지역이나 체계내의 중심지를 대상으로 그 상대적 비율을 파악하는 것이므로, 그 지역이나 체계 밖과의 상호작용은 고려되지 않는 폐쇄체계를 전제하고 있다는 비판을 면할 수 없다.

(2) 『더트』방법

『더트』(Dutt)의 지수는 복합적 계층수준(composite hierarchic level)으로서 다음 식으로 표현된다.

$$CHL = \left(\frac{X_i}{A} + \frac{Y_i}{B}\right) \cdot 100 \qquad (10.7)$$

여기에서 A는 시장을 이용하는 총 고객 수, B는 시장면적의 총합, X_i는 i시장의 총 고객 수,

그리고 Y_i는 i시장의 점유면적이다.

이 방법에서 가장 중요한 문제는 정확하고 객관성 있는 자료의 수집에 있다. 만약 수집된 혹은 계산된 원래의 자료가 부정확하다면, 이 지수는 별다른 의미를 지닐 수 없게 된다. 자료에 대한 신뢰성만 확보된다면, 이 방법은 도시내의 계층구조뿐만 아니라 도시간 계층구조 설정에도 이용될 수 있다. 즉 국가전체에 적용한다면, 각 도시에 대한 CHL도 계산할 수 있다.

(3) 『크리스털러』방법

『크리스털러』(Christaller)는 중심성 지수의 측정에 전화이용자수를 사용한 바 있다. 특정도시가 전체 도시계층구조 내에서 점하는 계층적 지위(hierarchical status)는 그 도시가 배후지역에 대해서 가지는 영향권으로부터 추론해 낼 수 있다는 가정에 근거를 둔 것으로, 아래와 같이 표현된다.

$$Z_z = T_z - E_z \cdot \frac{T_g}{E_g} \tag{10.8}$$

여기에서 T_z는 중심지내의 전화 수, E_z는 중심지의 인구, T_g는 그 지역내의 총 전화 수, 그리고 E_g는 그 지역내의 총인구수이다.

이 방법에는 다음과 같은 비판이 있다. (i) 전화대수가 중심성을 나타내는 적절한 지표중의 하나임에는 틀림없지만, 중심성이라는 것은 여러 기능에 대한 복합적인 표현이므로 전화대수만으로 중심성을 측정한다는 것은 오류를 범할 가능성이 많다. (ii) 전화에 따라서도 그 사용빈도가 다르므로 전화대수로서 그 중심성 지수를 측정하는 것보다는 오히려 통화량을 이용하여 측정하는 것이 보다 더 합리적이다.

(4) 『프레스톤』방법

『프레스톤』(Preston)은 『크리스털러』의 중심성에 관한 개념을 받아들여 다음과 같은 방법을 제안하고 있다. 즉 특정도시에 대한 중심성은 그 도시가 가지는 전체 중심지 기능에서 그 도시를 서비스하는 부분을 제외한 나머지 부분으로 표시된다.

$$C = R + S - \alpha M F \tag{10.9}$$

여기에서 R은 특정도시의 상업업체의 총 판매액, S는 특정도시의 서비스업체의 총 판매액, α는 특정도시의 중위 값(median) 가계소득에서 상업이나 서비스업체에 소비되는 부분의 평균 백분율, M은 특정도시 가계소득의 중위 값, 그리고 F는 특정도시의 가구총수이다.

이 방법이 중심성을 측정하는 지수로서 비교적 무난한 방법으로 알려져 있으며, 『크리스털러』 방법에 대한 비판을 어느 정도 피할 수 있으며 자료의 획득·처리에도 용이한 장점이 있다.

연습문제

10.1 당신이 거주하고 있는 국가나 혹은 지역의 도시규모 분포를 순위규모분포, 대수정규분포 및 『파레토』분포를 활용하여 분석하시오. 또한 과거 5년 단위의 시계열 자료를 활용하여 변화양상을 분석하시오. 특히, 위의 문제를 SAS, SPSS 등의 통계분석 프로그램을 이용하여 해결하고, 그 결과를 논의하시오.

10.2 종주화지수를 이용하여 국가별 도시규모분포를 비교 분석하고, 도시성장이 어떻게 일어나는지 파악하고, 그 결과를 정리하시오.

10.3 제10장에 관련하는 용어를 10개 이상 선정하여 그 의미를 약술하시오.

10.4 다양한 중심성 지수를 이용하여 당신이 거주하고 있는 도시나 지역의 중심성을 분석하고, 논의하시오.

제11장 기능과 구조

제1절 기능적 분류

도시 분류에는 여러 가지 방법이 있다. 즉 도시를 인구규모별로 나눌 수도 있고, 그 형태를 기준으로 나눌 수도 있다. 그러나 지역계획이나 국토개발계획에 있어 보다 중요한 의의를 갖는 것은 기능에 따른 도시분류이다.

일반적으로 도시는 다음 3가지 기능을 갖고 있다. 첫째 배후지역을 서비스하는 중심지 기능, 둘째 지역간을 연결하는 교통기능, 그리고 마지막으로 공업기능처럼 비교적 넓은 지역을 대상으로 하는 특화 기능(specialized function)이다.

도시기능에 관한 가장 중요한 이론으로 중심지이론(central place theory)을 들 수 있다. 하지만 중심지이론은 첫 번째 기능의 설명에는 적절할지는 모르지만, 다른 기능들의 입지분포 설명에는 매우 불충분하다. 따라서 단순한 중심지기능 뿐만 아니라, 어떤 특화 기능이나 자원 지향적인 기능을 수행하는 도시들을 고찰할 경우에는 그 도시들이 국가경제나 지역경제에 미치는 영향 등을 살피는 것이 필요하다. 즉 특화기능의 입지분포유형, 특화형태나 정도, 도시사회의 특징 등을 살피는 것이 중요하다.

그러므로 도시를 기능적으로 분류한다는 것은 "특화 기능을 어떻게 찾아내어 어떤 방법으로 측정하고, 이를 어떻게 분류하느냐" 하는 문제에 직결된다. 도시의 기능적 분류는 학문적 관심뿐만 아니라 국토개발 정책 수립에 특히 중요하다. 이것은 적절한 방법에 의한 도시의 기능적 분류는 국토개발상의 기능 재배치 문제뿐만 아니라 지방거점도시들을 어떤 기능으로 육성·발전시킬 것인가 하는 문제들에 대해서 충분한 시사점을 제시해 주기 때문이다.

도시의 기능적 분류방법은 크게 정성(定性)적 방법과 정량(定量)적 방법으로 나눌 수 있다. 정성적 방법이란 일반적인 관찰이나 이론적인 연역을 통해서 주관적으로 도시를 분류하는 방법이다. 그러나 정량적 접근방법이란 정성적 방법의 주관성을 탈피하고, 그 분류에 명확한 기준을 마련하고자 고안된 것이다. 본 장에서는 정량적 방법을 중심으로 도시기능과 구조를 논의하게 된다.

1. 통계분석방법

(1) 입지계수법

입지계수법이란 지역의 상태를 국가의 평균상태와 비교하는 방법이다. 입지계수(location quotient)는 다음 식으로 계산된다.

$$LQ = \frac{\frac{e_{ij}}{E_i}}{\frac{P_j}{P}} \tag{11.1}$$

여기에서 P는 국가전체 고용자수(또는 전국인구), P_j는 j 도시의 고용자수(또는 상임인구), E_i는 i 산업의 국가전체 고용자수, 그리고 e_{ij}는 i 산업의 j 도시 고용자수이다.

(2) 표준편차방법

이 방법은 『넬슨』(Nelson)이 미국 도시들의 서비스산업을 분류하는 데에 사용했던 방법이다. 그는 '서비스업 종사자의 비율이 어느 정도 이상이면 정상보다 높아 특화기능으로 볼 수 있을까' 하는 의문을 제기하고, 특정 서비스업 종사자의 비율이 국가전체의 평균보다 높으면 정상보다 높아 특화기능으로 규정했다. 따라서 그는 특화의 정도를 정상에서 멀어진 정도로 생각했으며, 이를 표준편차로 측정한 바 있다. 그가 수행한 절차는 다음과 같다.

① 센서스에서 유사한 기능들을 묶어서 몇 개의 그룹으로 나눈다.

② 도시별로 각 그룹에 해당하는 고용자수를 산출한다.

③ 도시별로 각 그룹에 대한 고용자수의 비율을 계산한다. 또한 각 그룹별로 비율의 평균과 표준편차를 구한다.

④ 평균보다 높은 도시들만 발췌하여 그 도시의 특화정도를 계산한다. 즉 j 도시의 i 산업에 있어 고용자수의 비율이 P_{ij}이고, 평균이 M_i, 표준편차가 SD라면

만약 $M_i \leq P_{ij} < M_i + SD$ 이면, M_i는 1로

$M_i + SD \leq P_{ij} < M_i + 2SD$ 이면, M_i는 2로

$M_i + 2SD \leq P_{ij} < M_i + 3SD$ 이면, M_i는 3으로 표시한다.

예를 들어, i 산업 고용자수의 도시별 평균이 2.5%이고 그 표준편차가 3.0%일 때 j 도시의 i 산업에 대한 고용자수의 비율이 10%라면 j 도시는 [2.5% + 2 × 3.0% < 10% < 2.5% + 3 × 3.0%] 이므로, M_i는 3이라고 그 특화정도가 표시된다.

⑤ 그리고 아무런 특화의 경향을 보이지 않는 도시를 그는 기능이 다원화된(diversified) 도시라고 명명했다.

이상에서 설명한 통계적 분석방법에 대한 비판은 다음과 같다. (i) 이 방법은 변수간의 상대적 강도만을 나타낼 뿐이므로 그 값들 자체가 어떤 의미를 주는 것은 아니다. (ii) 『넬슨』의 방법은 변수들이 정규분포를 이루고 있지 않을 경우에는 적용하기 곤란하며, 전체평균이 정상상태라는 가정에 대한 논리적 근거가 희박하다.

2. 경제기반분석법

도시의 경제활동은 크게 기반활동과 비기반활동으로 나눌 수 있다. 기반활동이란 국가경제에 관계되는 부문으로 주로 그 도시 외의 지역을 서비스하는 활동으로 도시형성 활동이라고 부르기도 한다. 비기반활동이란 주로 그 도시내부를 서비스하는 활동으로 도시서비스 활동이라고도 한다. 경제기반분석법을 이용해서 도시를 분류하는 방법은 도시의 경제활동 중 기반활동은 수출활동이므로, 이의 크기에 따라 도시를 분류하는 방법이다.

(1) 『매틸라』와 『탐슨』방법

이 방법은 『매틸라』와 『탐슨』(Mattila and Thompson)에 의해 개발된 것으로 미국의 대도시 지역의 경제기반을 측정할 목적으로 수행된 방법이다. 그들이 사용한 절차는 다음과 같다.

① 아래 식으로 각 도시에 대해서 산업별 잉여노동자지수를 구한다.

$$S = e_i - \frac{e_t}{E_t} \cdot E_i \qquad (11.2)$$

여기에서 e_i는 특정도시의 i산업의 고용자수, e_t는 특정도시의 전체 고용자수, E_i는 국가전체의 i산업의 고용자수, 그리고 E_t는 국가전체 고용자수이다.

② 이렇게 해서 특정도시의 모든 산업별(i = 1, 2, ...) 잉여노동자지수가 계산되면, 이 중에서 0보다 큰 값을 나타내는 산업의 지수만 모두 더한다. 이것이 바로 그 도시의 잉여노동자지수이다.

③ 이 비율에 따라 높은 것부터 순위를 매겨 정리한다.

④ 이 순위를 근거로 도시를 분류한다.

그러나 이 방법도 앞서 살펴 본 통계적 분석방법과 동일한 결점을 가지고 있다. 즉 이 방법은 국가전체의 평균비율 이상의 노동자를 잉여노동자로 보는데, 평균치가 정상적인 상태라는 가정에 대한 논리적 근거가 희박하므로 평균치 이상을 잉여노동자로 보는 데에 문제가 있다.

(2) 『울만』과 『데세이』방법

『울만』과 『데세이』(Ullman and Dacey)는 특화의 정도를 잴 수 있는 새로운 방법을 고안한 바 있다. 그들은 비슷한 규모를 가진 도시들의 산업별 고용자비율을 서로 비교하여, 그 중에서 가장 낮은 비율을 그 정도 규모의 도시를 지탱하는 최소요구 값으로 생각하고 이를 기준으로 특화의 정도를 계산한다. 그들이 사용한 절차는 다음과 같다.

① 도시들을 규모별로 분류한다.

② 각 산업을 유사한 것끼리 묶어 그룹화 한다.

③ 도시 그룹별로, 각 도시들의 14개 산업에 대해서 그 고용자수로 비율을 구한다. 이 중에서 도시 그룹별 최소의 산업비율을 그 규모계층의 도시를 지탱시키는 최소요구 값으로 생각한다.

④ 각 산업별로 최소요구 값이 결정되면, 이를 도시규모와 회귀분석을 실시한다.

⑤ 이 회귀방정식을 이용하면 각 도시들에 대해서 그 인구규모에 해당하는 최소요구 값의 기대 값(expected value)를 구할 수 있다. 그러면 이 기대값과 실제 값을 서로 비교하여, 기대값 이상의 비율은 수출되는 비율이라고 생각할 수 있다.

⑥ 기대값과 실제 값으로 특화지수(index of specialization)를 구한다. 특화지수를 S라고 하면

$$S = \sum i \frac{\dfrac{(P_i - M_i)^2}{M_i}}{\dfrac{(\sum i\ P_i - \sum i\ M_i)}{\sum i\ M_i}} \qquad (11.3)$$

여기에서 P_i는 특화도시 i 산업의 고용자 비율이며, M_i는 그 도시의 i 산업 고용자 비율의 기대값이다. 이때 S값이 크면 클수록 그 특화의 정도가 심하고, 작으면 작을수록 특화의 정도가 약하다. 즉 특화정도가 약하면, 각 산업은 균형이 잡혀있으며 다양화되어 있다.

3. 다원분석방법

위에서 언급한 분류방법은 한 가지 변수만으로 도시를 분류하기 때문에 그 신뢰성에 문제가 있다. 경제적 요건만 생각해도 고용자수 외에도 부가가치 금액이나 생산량, 업체 수, 소득 등 여러 가지 변수들이 있다는 사실을 쉽게 알 수 있다. 다원적 분석방법이란 이와 같은 일련의 변수들을 종합적으로 고려해서 도시를 기능적으로 분류하는 방법이다. 이것은 주로 주성분분석(principal component analysis)이나 요인분석(factor analysis)을 통해서 이루어진다.

『모서』와 『스콧』(Moser and Scott)의 연구는 〈표 11-1〉에 나타나듯이 인구 50,000이상의 영국내의 도시들을 대상으로 그 사회・경제적 차이에 따라 도시를 기능적으로 분류한 것이다. 그들은 ① 인구규모와 구조, ② 인구변동, ③ 가계 및 주거현황, ④ 경제적 특성, ⑤ 사회계층, ⑥ 선거경향(voting characters), ⑦ 보건 및 교육의 총 57개의 변수를 사용한 바 있다. 그들은 각 변수에 20년의 시간적 변화라는 동적인 요소(dynamic element)를 가미하고 있다. 이 점은 이때까지의 연구가 대부분 정적 현황(static situation)을 근거로 분석한 것에 비추어 볼 때, 괄목할 만한 것이다. 주성분분석방법을 사용하여 도출된 도시분류는 다음 표와 같다.

〈표 11-1〉 도시의 구분 (영국의 사례)

Mainly resorts, administrative and commercial towns 1. mainly seaside resorts, 2. mainly spas, professional and administrative centers, 3. mainly commercial centers with some industry,
Mainly industrial towns 4. including most of the traditional railway centers, 5. including many of the large ports as well as two Black Country towns, 6. mainly textile centers in Yorkshire and Lancashire, 7. including the industrial towns of the north-east seaboard and mining towns of Wales, 8. including the more recent metal manufacturing towns,
Suburbs and suburban type towns 9. mainly exclusive residential suburbs, 10. mainly older mixed residential suburbs, 11. mainly newer mixed residential suburbs, 12. including light industry suburbs. national defence centres and towns within the sphere of large conurbations, 13. mainly older working class and industrial suburbs, 14. mainly newer industrial suburbs.
Not allocated : London and Huyton.

4. 도시기능과 토지이용

(1) 목적

『뢰벤스타인』(Loewenstein)은 집중지수(index of concentration)란 개념을 사용하여 도시내 각 활동의 토지이용현황을 분석한 바 있다. 이 지수를 사용하면 도시내 각 활동의 집중과 분산의 정도를 측정할 수 있으며, 시간적으로 그 변화를 고찰하면 특정기능이 외곽으로 분산되는지 어떤지를 알 수 있다.

(2) 가정

① 도시는 동심원 구조로 되어 있다.

② 도시지역을 5개의 동심원으로 구분한다.

③ 제1동심원은 도심(CBD)지역의 범위와 일치하게 하고 제5동심원은 도시권(metropolitan area)과 일치하게 한다.

(3) 방법

① 도시내 각 기능을 사용목적에 따라 몇 개의 주요기능으로 분류한다. 예를 들면 도소매업, 서비스업, 공업, 공공행정 등으로 분류할 수 있다.

② 전체면적에 대한 개별동심원의 면적의 백분율과 누적백분율을 구한다.

③ 고용자수로 각 기능에 대해 개별동심원이 차지하는 백분율과 누적백분율을 구한다.

④ 아래 식에 의해서 집중지수를 구한다. 집중지수 C는 다음과 같다.

$$C = 1 - \sum (X_i - X_{i-1})(Y_i + Y_{i-1}) \qquad (11.4)$$

여기에서 Y_i는 i 번째 동심원까지의 전체면적에 대한 누적백분율, X_i는 i 번째 동심원까지의 특정기능전체에 대한 각 동심원의 누적백분율이다. 이에 따른 계산 예는 〈표 11-2〉와 같이 집중지수는 0.84로 나타난다.

〈표 11-2〉 집중지수 계산 예

동심원	총 면 적			행 정			(3) × (6)
	동심원내 면적비율 (1)	(1)의 누적 (2)	(2)의 두 지점간 합산 (3)	동심원내 행정기능 면적의 비율 (4)	(4)의 누적 (5)	(5)의 두 지점간 차이 (6)	(7)
1	0.04	0.04	0.04	0.64	0.64	0.64	0.0256
2	0.12	0.16	0.20	0.24	0.88	0.24	0.0480
3	0.20	0.36	0.52	0.07	0.95	0.07	0.0364
4	0.28	0.64	1.00	0.05	1.00	0.05	0.0500
5	0.36	1.00	1.64	0.00	1.00	0.00	0.0000
계	1.00	—	—	1.00	—	—	0.1600

주 : 집중지수 = 1 - (7)열의 계 = 1 - 0.16 = 0.84

(4) 적용

① 집중지수 C값의 범위는 -1 ≤ C ≤ 1이다. C = 1이면 완전집중이고, C = 0이면 균등분포이며, C = -1이면 완전분산의 분포를 가리킨다.

② 각 기능의 도시내의 입지분포상태를 알 수 있다. 즉 각 기능이 동심원상에서 주로 어디에 위치하는지를 알 수 있다.

③ 동심원 구조에다가 선형(扇型)구조를 병용해서 사용될 수 있다.

④ 집중지수를 시간적으로 비교 분석하면 각 기능의 입지분포가 어떻게 변화되는지를 알 수 있다. 즉 그 기능이 시간에 따라 분산되는 경향이 있는지, 혹은 집중되는 경향이 있는지, 그렇지 않으면 일정한 값을 계속 유지하고 있는지를 알 수 있다.

제 2 절 도심의 결정

1. 설정기준

일반적으로 도심(CBD)은 다른 지역과는 달리 어떤 특수 기능을 수행하는 것으로 간주되고 있다. 이 기능을 보통 도심기능이라고 부른다. 따라서 도심의 물리적 한계를 정하려면 '무엇이 도심기능인가'부터 밝혀내야만 한다. 하지만 무엇이 도심기능인가를 밝혀내기란 매우 어렵다. 일반적으로 도심기능으로서 상업기능, 업무기능 등을 들고 있지만, 이것도 세분하면 그 구별이 매우 어렵게 된다. 그러므로 이를 대신할 수 있는 간접적인 방법을 많이 사용한다. 여기에서는 『머피』와 『밴스』(Murpy and Vance)의 방법을 소개한다.

2. 『머피』와 『밴스』 방법

『머피』와 『밴스』(Murphy and Vance)는 여러 도시에 공통으로 적용될 수 있고 각 도시를 서로 비교할 수 있는 방법을 개발하고자 시도한 바 있다. 먼저 그들은 "도심기능이란 지금까지 도심에 남아 있는 기능을 말한다"라는 정의로 도심기능을 추출하고 있다. 즉, 그들은 '무엇이 도심기능인가가 아니라, 무엇이 도심기능이 아니냐'하는 점에서 출발해서 명백히 도심기능이 아닌 것, 예를 들면 순수 주거기능, 교회, 대학, 공지와 같은 것들을 각 지구(block)의 전체이용에서 제외해 나감으로써 지구당 도심기능에 의한 이용상태를 측정하고 있다. 그들이 사용한 절차는 다음과 같다.

① 각 지구당 전체고도지수(total height index)를 구한다.

$$HI = \frac{\text{총 연상면적(total floor space)}}{\text{총 건축면적(ground floor space)}} \quad (11.5)$$

HI는 각 지구가 무엇으로 이용되고 있는지에 관련 없이 각 지구의 평균고도를 나타내는 것이다.

② 각 지구당 CBD기능의 이용상태를 측정한다. 이것은 중앙업무고도지수(central business height index)로 표시된다.

$$CBHI = \frac{\text{중앙업무용 총 연상면적(total CB use floor space)}}{\text{총 건축면적(ground floor space)}} \quad (11.6)$$

이것은 각 지구당 CBD 기능으로 이용되고 있는 총 연상면적의 전 일층 상면적에 대한 평균고도를 가리킨다.

③ 각 지구당 전체 상면적에 대한 중앙업무용으로 이용되는 상면적의 비율을 구한다. 이것은 중앙업무집약지수(central business intensity index)로 측정된다.

$$CBII = \frac{\text{중앙업무용 총 연상면적(central business floor space)}}{\text{전체 상면적(total floor space)}} \quad (11.7)$$

④ 중앙업무지수(central business index)를 구한다. 중앙업무지수란 도심을 정하는 기준이 되는 지수로서 CBHI가 1인 동시에 CBII가 50%인 한계 값을 의미하는 지수이다. 그러므로 어떤 지구가 이 CBHI수준을 넘으면 도심지구로 간주된다. 즉, CBHI가 1보다 크고 동시에 CBII가 50%이상이면 도심지구로 간주된다.

⑤ 이와 같은 조건을 만족하는 지구를 지도상에서 확인할 때에는 지구를 경계짓는 도로를 기준으로 한다. 그런데 여기서 유의해야 할 점은, 첫째 어느 특정 지구가 이 조건을 만족

하지 못한다 하더라도 주변이 도심지구로 둘러싸여 있으면, 그 지구는 도심에 속하는 것으로 간주되며, 둘째 어느 특정 지구가 위의 제 조건을 만족하여 도심에 해당된다고 하더라도, 다른 도심지구와 연결되지 못하면 도심에 들어가지 않은 것으로 해서 제외시킨다.

이상의 『머피』와 『밴스』의 방법은 도심설정에 대한 기준을 제시하고 있어 각 도심을 서로 비교할 수 있으며, 시간적으로 분석한다면 도심이 어떻게 어떤 방향으로 확장되어 가는가를 밝힐 수 있다. 또한 부도심지의 확인 방법으로도 사용될 수 있다. 그러나 이 방법은 다음 몇 가지 점에서 비판을 받고 있다.

첫째, 지구의 크기가 고려되지 않고 있다. 즉 분석대상이 되는 지구의 크기가 일정하지 않기 때문에 지구의 규모에 따라 도심경계 책정에 오류가 생길 가능성이 있다.

둘째, 이 방법에서 정의되고 있는 '무엇이 중앙업무용(central business use)인가'라는 사항이 주관적으로 결정되고 있다.

셋째, 토지이용의 질적인 문제가 고려되어 있지 않다. 예를 들면, 동일한 크기의 상면적을 이용하고 있다고 하더라도 조잡한 구멍가게로 이용되는 경우와 고급전문점으로 이용되는 경우에는 질적인 차이가 있다. 그럼에도 불구하고 이를 같은 차원의 이용으로 보는 것은 무리가 있다. 따라서 상면적에다 그 이용의 질에 따라 어떤 비중을 주는 것이 필요하다.

넷째, 이 방법으로는 도심을 정할 수 있지만 그 중에서도 어느 지역이 핵심지역인가는 정할 수 없다. 이에 대해서 그들은 후에 CBII가 80%이고, CBHI가 4 이상인 블록을 핵심지역이라고 명명한 바 있으나, 여전히 그 기준은 주관적이라는 비판을 면할 길 없다.

제 3 절 상업지역의 결정

1. 『허프』모형

(1) 이론적 배경 및 목적

『허프』(Huff) 모형은 도시내 각 상업중심지가 포괄하는 시장지역의 크기 측정에 그 목적이 있다. 이 모형에서 계산되는 시장지역의 크기는 여러 계획의 기초자료로서 사용될 수 있다. 예를 들면, 주변 인구가 얼마일 경우 어느 정도 규모의 시장이 필요할 것인가? 시장간의 거리는 여러 변수에 비추어 볼 때 어느 정도가 되어야 하는가? 하는 문제에 대한 해답을 던져줄 수 있으며, 또한 도시 상업의 계층구조 상태를 파악할 수 있게 한다.

일반적으로 상업지역의 결정모형으로 흔히 쓰이는 것은 후술하는 『레일리』(Reilly) 모형이다. 그러나 그 모형은 도시간 상업지역의 결정에는 유용한 수단이 될 수 있지만, 도시내의 상업지역 결정에는 잘 이용되지 않는다. 그것은 농촌지역에서는 거리라는 요인이 상당히 중요한 역할을 하지만 도시내부지역에서는 상대적으로 그 중요성이 약할 뿐만 아니라, 연속된 시가지상에서 그 단절점(breaking point)을 찾았다고 하더라도 별다른 의미를 지니지 못하기 때문이다. 이에 따라 『허프』는 중력모형(gravity model)을 수용하고 여기에 확률의 개념을 도입시킨 새로운 모형을 만들었다.

(2) 모형

① 도시내의 쇼핑센터가 존 j = 1, 2, … 에 있다고 가정한다. 그리고 각 쇼핑센터에 대한 소비자의 이용도를 u_1, u_2, … u_j 라고 하면, 특정 쇼핑센터 j 가 소비자에 의해 선택될 확률 P_j는 u_j에 대한 비율로 나타난다.

$$P_j = \frac{u_j}{\sum_j u_j} \qquad (11.8)$$

여기에서 $\sum u_i = 1$, $P_j = u_j$, 그리고 $0 < P_j < 1$이다.

② 특정 쇼핑센터가 소비자에 의해 선택될 확률은 다른 쇼핑센터 선택과는 서로 독립적이므로,

$$\frac{P_i}{P_k} = \frac{u_i}{u_k} \qquad (11.9)$$

③ 따라서 식 (11.8)과 (11.9)에 의해 i 존에 있는 소비자가 j 존에 있는 쇼핑센터를 선택할 확률 P_{ij}는 다음 식으로 표시된다.

$$P_{ij} = \frac{u_{ij}}{\sum u_{ij}} \qquad (11.10)$$

④ j 존의 쇼핑센터에 대한 i 존의 소비자의 이용도 u_{ij}는 그 쇼핑센터의 크기에 비례하고 그 사이의 교통시간에 반비례한다고 보면,

$$u_{ij} = \frac{S_j}{(T_{ij})^{\alpha}} \qquad (11.11)$$

여기에서 T_{ij}는 i 존에서 j 존까지의 교통시간, S_i는 j 존에 있는 쇼핑센터의 크기, 그리고 α는 매개변수이다.

⑤ 식 (11.10)과 (11.11)에서 다음과 같은 식이 성립된다.

$$P_{ij} = \frac{\dfrac{S_j}{(T_{ij})^{\alpha}}}{\sum_j \left\{ \dfrac{S_i}{(T_{ij})^{\alpha}} \right\}} \qquad (11.12)$$

(3) 비판

① 위 모형은 쇼핑센터가 주어진 것으로 간주하고 있다. 그러나 실제로는 쇼핑센터의 입지분포와 소비자 행태(行態; consumer's behavior)는 상호의존적인 관계에 있다. 즉, 소비자 행태 유형 (behavior pattern)은 쇼핑센터의 입지분포나 그 구조에 변화를 불러일으키고, 역으로 쇼핑센터의 변화도 소비자의 행태유형에 변화를 가져오기도 한다. 그러나 이 모형은 이와 같은 점에 대한 고려가 없다.

② 상품의 계층적인 특성을 무시하고 있다. 상품은 그 계층에 따라 여행거리가 다르다. 즉 일상잡화 같은 것은 주변의 쇼핑센터에서 구입할지는 모르지만, 특정 상품은 비록 멀리 떨어져 있다고 하더라도 특정 쇼핑센터에서 구매한다.

③ 인간의 행태(human behavior)는 개인의 소득수준이나 사회경제적 계층에 따라 다르게 마련인데, 위 모형은 이를 모두 동일한 것으로 보고 있다.

④ 통행(trip)은 다목적을 갖는 경우가 많다는 것이다. 모형의 전개과정 ②에서 쇼핑센터에

대한 소비자의 선택은 상호 독립적이라고 가정하고 있으나, 실제로는 퇴근길에 근처 쇼핑센터에서 물품을 구매할 수도 있고 다른 일로 시내에 나왔다가 거기서 물품을 구매할 수도 있다.

⑤ 쇼핑센터의 이용도가 거리와 쇼핑센터의 크기로만 결정되는 것은 아니다. 이 외에도 쇼핑센터의 물리적 시설이나 쇼핑센터간의 경쟁, 주변인구의 소득수준 등 많은 변수가 있다. 그리고 또한 소비자의 심리적인 요인도 무시할 수 없다.

(4) 수정모형

이와 같은 비판에 대해서 『랙솨메넌』과 『한센』(Lakshamanan and Hansen)은 쇼핑센터의 크기 대신에 유인력 지수(attraction index)를 사용하여 주변 인구의 수득수준도 고려하는 수정모형을 제시하고 있다. 그의 모형은 다음 식으로 표시된다.

$$SAL_j = \sum RSP_i \frac{\frac{(ATR_j)^b}{(T_{ij})^a}}{\sum \frac{(ATR_k)^b}{(T_{ik})^a}} \tag{11.13}$$

여기에서 SAL_j는 쇼핑센터 j 의 총 판매액, RSP_i는 존 i 의 구매력, ATR_j와 ATR_k는 쇼핑센터 j와 k의 유인력지수, T_{ij}와 T_{ik}는 존 i 에서 쇼핑센터 i 와 k 까지의 교통시간(travel time), 그리고 a와 b는 매개변수이다.

2. 쇼핑센터의 유인력 지수

(1) 이론적 배경 및 목적

이미 언급한 바와 같이 『허프』모형은 소비자의 물품구매 행위를 쇼핑센터의 크기와 거리와의 관계로만 파악하고 있는데, 이는 실제와 매우 다르다. 즉 소비자의 물품구매 행위는 상품계층, 소비자의 생활수준, 사회경제적 요인, 심리적 요인 등에 따라 영향을 받기 마련이다. 따라서 '이와 같은 여러 요인들을 포괄할 수 있는 어떤 지수가 없을까'하는 의문에 대한 하나의 노력이 바로 유인력 지수이다. 이 지수의 사용으로 소비자의 공간적 선호유형(spatial preference pattern)을 파악할 수 있으며, 보다 정교한 도시 상업지역의 결정모형을 만들 수도 있다.

(2) 모형

① 특정 쇼핑센터에 대한 유인력 지수는 그 쇼핑센터의 선호도(a measure of preference)와 기회도(a measure of opportunity)의 비로써 측정될 수 있다. 쇼핑센터의 선호도란 특정 쇼핑센터를 이용하는 실제 고객 수를 말하며, 기회도란 『허프』모형에서 측정되는 것과 같은, 즉 쇼핑센터의 크기나 거리에 의해서 추정되는 고객 수를 말한다.

② 쇼핑센터를 규모에 따라 1, 2, …, i의 계층으로 나눈다.

③ 또한 쇼핑센터를 특정 소비자와의 거리를 기준으로 1, 2, …, j 까지의 거리그룹으로 나눈다.

④ 그러면 i 번째 규모계층(size class)과 j번째 거리그룹에 속하는 쇼핑센터를 찾는 소비자의 수를 A_{ij}라고 하고, 이 쇼핑센터의 위치적 근접성으로 보아 이 센터의 상업지역에 들어가는 고객 수를 P_{ij}라고 하면, 이 쇼핑센터의 유인력 지수 I_{ij}는 다음과 같다.

$$I_{ij} = \frac{A_{ij}}{P_{ij}} \tag{11.14}$$

연습문제

11.1 당신이 거주하고 있는 시 · 도 혹은 시 · 군의 도시기능관련 자료를 조사하여 정리한 후, 통계적 분석방법을 활용하여 도시기능을 분석하고 논의해 보시오. 분석에는 가능한 통계모형을 이용하도록 하시오.

11.2 당신이 거주하고 있는 도시의 도심 및 부도심지역을 다양한 모형을 활용하여 결정하고 논의하시오. 특히 도심지역의 크기에 따른 도시의 분류방안을 모색하여 보시오.

11.3 제11장에 관련하는 용어를 5개 이상 선정하여 그 의미를 약술하시오.

제 12 장 연계 및 영향권

제 1 절 연결성 및 접근성

1. 연결성의 측정

교통망이란 교통수요지역과 교통공급지역 간에 여러 가지 흐름에 대한 채널을 제공하여, 교통체계내의 점들이 상호 연결되도록 고려된 공간구조이다. 교통망의 특성을 설명하고 분석하는데 가장 어려운 점의 하나는 그의 복잡성에 기인하고 있다. 따라서 학자들은 이를 어떻게 단순화시켜 의미 있는 결과를 도출하느냐에 관심을 갖게 되었다. 이러한 관심은 수학의 그래프이론을 이용함으로써 많은 진전을 보게 되었다.

그래프이론은 위상수학(topology)의 한 분야로서 점과 선으로 이루어지는 추상적 형상을 취급하는 이론이다. 실제 교통체계는 그래프이론에 의해 고도로 단순화된다. 하지만 그래프이론은 교통망에 관한 위상학적 특성만을 고찰하므로 교통망에 관한 모든 특성을 다 살필 수는 없다.

어떠한 교통망도 위상학적 그래프의 관점에서는 다음 3가지 매개변수와의 관계로 간략하게 풀이된다. 3가지 주요 매개변수란 ① 결절(node)의 수, ② 각 결절을 서로 연결하는 링크(link)의 수, 그리고 ③ 하나로 연결되지 않는 부분그래프(sub-graph)의 수를 가리킨다. 따라서 이 3가지 매개변수에 관한 여러 지수(指數)로서 교통망을 분석·평가할 수 있게 된다.

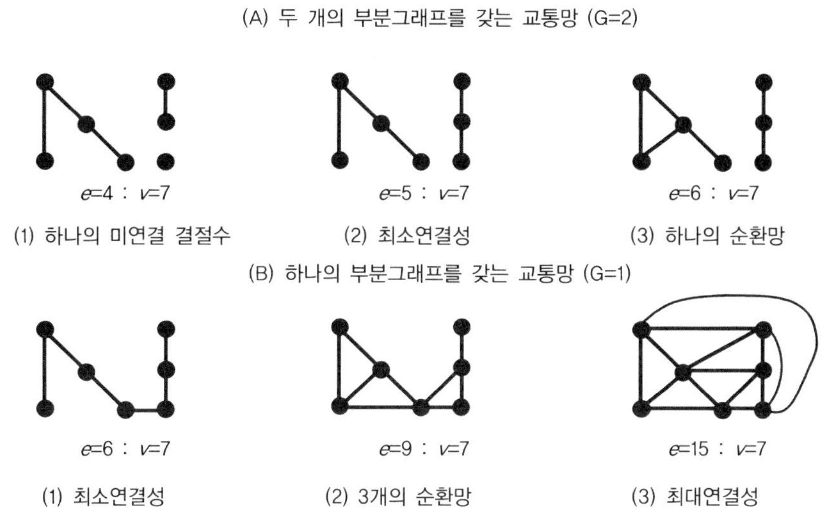

〈그림 12.1〉 교통망의 형태

(1) γ지수

γ지수란 주어진 교통망에서 실제 링크 수와 가능한 최대 링크 수와의 비율을 말한다.

$$\gamma = \frac{e}{e_{max}} = \frac{e}{3(v-2)} \tag{12.1}$$

여기에서 e는 실제 링크 수, e_{max}는 가능한 최대 링크 수, 그리고 v는 결절의 수이다. 또한 γ의 범위는 $0 \leq \gamma \leq 1$이다.

(2) β지수

β지수란 주어진 교통망에서 총 결절 수와 총 링크 수간의 비율을 가리킨다.

$$\beta = \frac{e}{v} \tag{12.2}$$

여기에서 β의 범위는 $0 \leq \beta < 3$이다.

(3) α지수

주어진 교통체계에서 점 A에서 점 B로 가는 방법에는 여러 가지가 있다. 상호 연결되는 다른 길이 많다는 것은 그만큼 연결성이 양호하다는 의미가 된다. 이처럼 대안이 되는 다른 길을 우회로라고 한다. α지수란 주어진 교통망에서의 실제 총 우회도로 수와 가능한 최대 총 우회도로 수와의 비율이다.

$$\alpha = \frac{C}{C_{max}} \tag{12.3}$$

여기에서 C는 실제 우회도로 수를 말하며 C_{max}는 가능한 총 우회도로 수를 말한다. 또한 α의 범위는 $0 \leq \alpha \leq 1$이 된다.

(4) 지수의 적용

교통망은 <그림 12.2>에 서 보는 바와 같이 4개의 발달단계로 나누어 볼 수 있다. 제1단계는 몇 개의 주요도시를 중심으로 그 배후지역을 연결하는 통행로가 형성되는 단계이다. 제2단계는 몇 개의 주요도시들이 우선 연결되고 중간규모의 도시들과 그 주변의 소도시들이 점차 연결되는 단계이다. 이때 전체 교통망은 척추형(spinal)의 유형을 나타낸다.

제3단계는 중간규모의 지방도시들이 상호 연결되는 단계이다. 그림에서 C의 경우가 이에 해당하며, 이때의 교통망은 격자형(grid)의 유형을 보인다. 제4단계는 경제가 발달함에 따라 지방도시들이 육성되고 각 배후지역의 중소도시들과의 유대가 강화됨에 따라 이를 연결하는 교통망이 점점 완성되는 단계이다. D의 경우가 이에 해당하며 교통망은 델타형(delta)의 구조를 가진다.

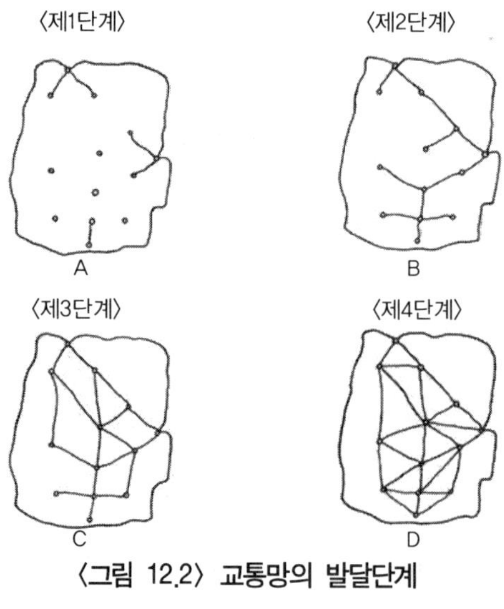

〈그림 12.2〉 교통망의 발달단계

이와 같은 교통망의 발달과정은 앞에서 살펴 본 여러 가지 지수의 값으로 추적할 수 있다. 여기에서는 그 계산된 지수 값을 중심으로 그 결과가 시사하는 의미를 살펴보면 아래와 같다.

① γ지수의 경우, $\frac{1}{3} \leq \gamma \leq \frac{1}{2}$이면 척추형($v \geq 4$), $\frac{1}{2} < \gamma < \frac{2}{3}$이면 격자형($v \geq 4$), 그리고 $\frac{2}{3} \leq \gamma \leq 1.0$이면 델타형이다.

② α지수의 경우, $\alpha = 0$이면 척추형($v = e + 1$), $0 < \alpha < \frac{1}{2}$이면 격자형($v \geq 3$), 그리고 $0.5 \leq \alpha < 1$ 이면 델타형($v \geq 3$)이다.

2. 결절접근성의 측정

(1) 목적

전체 교통망체계 내에서 각 결절에 대한 상대적 접근성의 정도를 측정한다.

(2) 방법

결절접근성(nodal accessibility)의 측정은 다음과 같은 절차를 통해 이루어진다.

① 연결행렬 C를 만든다. 연결행렬이란 종축과 횡축에 각 결절 v_1, v_2, …, v_i를 기입하고, 두 결절 v_i와 v_j가 직접 연결되면 1, 그렇지 않으면 0을 기입한 행렬을 말한다.

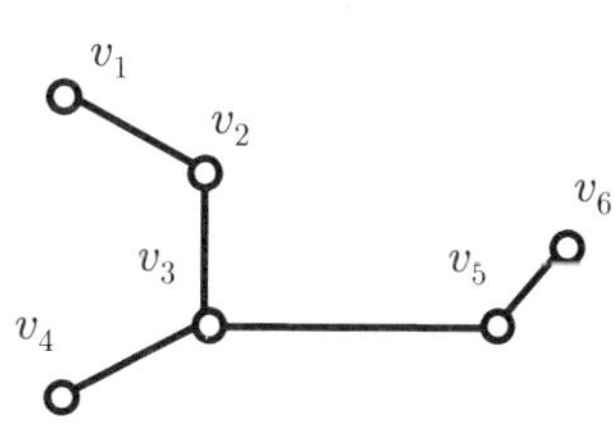

	v_1	v_2	v_3	v_4	v_5	v_6
v_1	0	1	0	0	0	0
v_2	1	0	1	0	0	0
v_3	0	1	0	1	1	0
v_4	0	0	1	0	0	0
v_5	0	0	1	0	0	1
v_6	0	0	0	0	1	0

〈그림 12.3〉 가상적 교통망과 연결행렬

위 그림에서 0으로 표시되는 원소 C_{ij}는 두 결절 v_i와 v_j 간에는 직접 연결되는 링크가 없다는 것을 뜻한다.

② 이 연결행렬 C를 제곱한다. 원소 C_{ij}의 제곱은 다음 식으로 표시될 수 있다.

$$C^2_{ij} = \sum_{k=1}^{n} C_{ik} \cdot C_{kj} \qquad (12.4)$$

여기서 C^2행렬이 만들어진다. 이 C^2행렬은 두 결절이 2개의 링크로 연결될 수 있는가, 있다면 그 강도는 어떠한가를 나타낸다. 여기서 C^2_{ij}=0이라면 이것은 두 개의 결절 v_i는 2개의 링크로서는 연결되지 않음을 뜻한다. 예를 들면 〈그림 12.3〉에서 v_1와 v_3는 2개의 링크로써 연결되지만 v_1과 v_5는 2개의 링크로써 연결되지 않는다. 따라서 C^2 행렬 상에서 C^2_{15}은 0으로서 표시된다. 그리고 또한 v_1과 v_4간에도 2개의 링크로써는 연결되지 않으므로 마찬가지로 〈그림 12.4〉에 나타나듯이 C^2_{14}=0이다.

③ C행렬과 C^2행렬을 서로 더해서 새로운 행렬 T^2을 만든다.

$$T^2 = C + C^2 \qquad (12.5)$$

이 행렬 상에서 T^2_{ij}=0이면, 이는 두 결절 v_i와 v_j는 한 개의 링크로써도 두 개의 링크로써도 연결되지 않음을 뜻한다.

④ 이와 같은 과정을 되풀이해서 어떠한 T_{ij}도 0이 되지 않도록 한다.

$$\{C\} = C,\ C^2,\ C^3,\ \cdots\ ,C^n$$
$$T^n = C + C^2 + C^3 + \cdots + C^n$$
$$n = \sum C^n \qquad (12.6)$$

여기서 $T^n_{ij} \neq 0$이라는 의미는 두 개의 결절 v_i와 v_j는 n개 이하의 링크로써는 어떻든 연결된다는 것이다.

⑤ 이 T^n에서 각 결절에 대한 접근성이 계산된다. 이하에서는 이 T^n행렬을 간략하게 T행렬이라고 한다. 결절 v_i의 접근성 T_i는 다음과 같이 나타난다.

$$T_i = T_{i1} + T_{i2} + \cdots + T_{ij} + \cdots + T_in = \sum_{j=1}^{n} T_{ij} \qquad (12.7)$$

예를 들면, 〈그림 12.4〉의 T행렬에서 v_3의 결절 접근성 T_3는 다음과 같이 표시된다.

$$T_3 = T_{31} + T_{32} + \cdots + T_{36} = 5+5+14+4+5+5 = 38$$

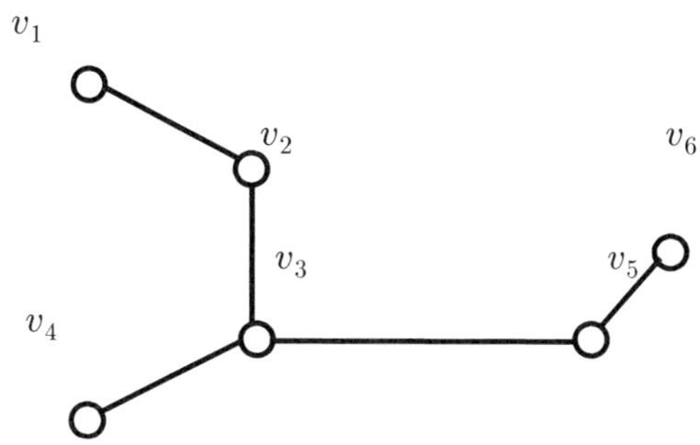

c

Nodes	v_1	v_2	v_3	v_4	v_5	v_6
v_1	0	1	0	0	0	0
v_2	1	0	1	0	0	0
v_3	0	1	0	1	1	0
v_4	0	0	1	0	0	0
v_5	0	0	1	0	0	1
v_6	0	0	0	0	1	0

$+$ c^2

Nodes	v_1	v_2	v_3	v_4	v_5	v_6
v_1	1	0	1	0	0	0
v_2	0	2	0	1	1	0
v_3	1	0	3	0	0	1
v_4	0	1	0	1	1	0
v_5	0	1	0	1	2	0
v_6	0	0	1	0	0	1

$+$ c^3

Nodes	v_1	v_2	v_3	v_4	v_5	v_6
v_1	0	2	0	1	1	0
v_2	2	0	4	0	0	1
v_3	0	4	0	3	4	0
v_4	1	0	3	0	0	1
v_5	1	0	4	0	0	2
v_6	0	1	0	1	2	0

$+$ c^4

Nodes	v_1	v_2	v_3	v_4	v_5	v_6
v_1	2	0	4	0	0	1
v_2	0	6	0	4	5	0
v_3	4	0	11	0	0	4
v_4	0	4	0	3	4	0
v_5	0	5	0	4	6	0
v_6	1	0	4	0	0	2

$$= \sum_{n=1}^{4} C^n =$$

T

Nodes	v_1	v_2	v_3	v_4	v_5	v_6	
v_1	3	3	5	1	1	1	$\sum = 14$
v_2	3	8	5	5	6	1	$\sum = 28$
v_3	5	5	14	4	5	5	$\sum = 38$
v_4	1	5	4	4	5	1	$\sum = 20$
v_5	1	6	5	5	8	3	$\sum = 28$
v_6	1	1	5	1	3	3	$\sum = 14$

〈그림 12.4〉 접근성 행렬

(3) 적용

① 여기서 T_i가 클수록 결절 v_i의 접근성은 높고, 작을수록 그 접근성은 낮다.

② 위 식에서 도출되는 값을 서로 비교함으로써 도시간 교통체계를 분석할 수 있으며, 이 값의 순위와 그 크기에 따라 적절한 방법으로 도시계층구조를 모색할 수 있다.

③ 각각 다른 교통체계에 이를 적용하여 서로 비교할 수 있다. 예를 들어, 도로망체계에 의해서 각 도시별로 결절점의 접근성을 계산하고, 또한 철도체계에 의해서도 이를 계산한 후 이를 비교하여 의미 있는 결과를 도출하는 것 등이다. 만약 고찰하는 도시 수를 같도록 한다면 순위상관계수에 의해서 그 상관계수도 계산해 낼 수 있다. 이것은 동일한 교통수단체계를 시간적으로 고찰했을 때도 마찬가지이다.

(4) 비판

① 이 방법에 의해서 계산되는 결절의 접근성에는 결절 자체에 대한 접근성의 값이 포함되는데 이 값은 아무런 의미가 없다.

② 접근성이라는 개념의 성격상 적은 수의 링크로써 연결되는 것이 더 중요한 의미를 갖게 됨에도 불구하고, 이 방법은 2개의 링크로 연결되는 것이나 3개의 링크로 연결되는 것이나 동일한 중요성을 부여하고 있다.

③ 실제 접근성이란 것은 노선의 질적인 차이에 의해서 큰 영향을 받는다. 그러나 이 방법은 모든 노선의 질이 동일한 것으로 간주하고 있다는 점이다. 예를 들면, 각 결절에 대한 접근성은 도로 폭이나 노면의 물리적 상태, 혹은 교통혼잡도 등에 크게 영향을 받고 있다. 따라서 각 링크에 대해서 어떤 가중치를 주는 것이 필요하다.

(5) 『개리슨』수정모형

『개리슨』(Garrison)은 위에서 언급한 두 번째 비판에 대해서 다음과 같은 수정모형을 제시하였다.

$$T = SC + S^2C^2 + S^3C^3 + \cdots + S^nC^n = \sum_{i=1}^{n} S^iC^i,\ 0 < S < 1 \qquad (12.8)$$

여기서 S는 직접연결의 효과를 측정하기 위한 스칼라(scalar)값이다. 즉, 『개리슨』모형은 결절접근성을 측정하는 데에 있어서 적은 수의 링크로 두 개의 결절이 연결될수록 그 중요성이 크다는 점을 착안하고 있는 것이다. 그런데 여기서 S값을 얼마로 하느냐 하는 문제가 발생한다. 『개리슨』은 미국의 주간고속도로체계를 이 모형으로 분석할 때, S = 0.3이라는 값을 사용한 바 있으나 뚜렷한 근처를 제시하지 못하고 있어 임의적이라는 비판을 받고 있다.

(6)『심벨』수정모형

『심벨』(Shimbel) 수정모형은 위의 첫 번째와 두 번째 비판에 관해서 수정을 가한 것이다. 그의 방법에 의해서 계산되는 접근성을 최단노선 접근성이라고 한다. 이의 계산절차는 다음과 같다.

① 먼저 앞의 방법과 마찬가지로 연결행렬 C를 만든다. 이 C행렬을 토대로 해서 〈그림 12.5〉와 같이 새로운 행렬 D_1을 만든다. 이 D_1 행렬 상에서는 결절 자신과의 접근성(대각선 부분)은 무조건 0으로 표시되고, 하나의 링크로 직접 연결되지 않는 결절 사이는 줄표(—)로 표시된다. 그리고 직접 연결되는 결절 사이는 한 개의 링크로 연결된다는 것을 뜻하기 위해 1로 표시한다.

② C행렬을 제곱하여 C^2 행렬을 만들고 이를 토대로 해서 새로운 행렬 D_2를 만든다. 이 D_2 행렬 상에서도 마찬가지로 대각선 부분은 0으로 표시되고, D_1행렬에서 줄표로 표시된 곳 중에서 C^2 행렬에서 두 개의 링크로써 연결되는 곳은 무조건 2로 표시한다.

③ 이와 같은 과정을 D_i행렬에서 줄표(—)가 하나도 나오지 않을 때까지 계속한다. 이렇게 해서 최종적으로 만들어진 행렬 D_i에서 다음과 같은 식으로 결절 i의 최단거리 접근성을 구할 수 있다.

$$A_i = \sum_{j=1}^{n} d_{ij} \tag{12.9}$$

여기에서 A_i는 결절 i의 접근성, d_{ij}는 D 행렬 상에서의 결절 i와 결절 j 간의 원소 값이다. 또한 앞의 경우와는 반대로 A_i의 값이 적을수록 그 접근성은 높다.

$C =$

	v_1	v_2	v_3	v_4	v_5	v_6
v_1	0	1	0	0	0	0
v_2	1	0	1	0	0	0
v_3	0	1	0	1	1	0
v_4	0	0	1	0	0	0
v_5	0	0	1	0	0	1
v_6	0	0	0	0	1	0

$D_1 =$

	v_1	v_2	v_3	v_4	v_5	v_6
v_1	0	1	-	-	-	-
v_2	1	0	1	-	-	-
v_3	-	1	0	1	1	-
v_4	-	-	1	0	-	-
v_5	-	-	1	-	0	1
v_6	-	-	-	-	1	0

$C^2 =$

	v_1	v_2	v_3	v_4	v_5	v_6
v_1	1	0	1	0	0	0
v_2	0	2	0	1	1	0
v_3	1	0	3	0	0	1
v_4	0	1	0	1	1	0
v_5	0	1	0	1	2	0
v_6	0	0	1	0	0	1

$D_2 =$

	v_1	v_2	v_3	v_4	v_5	v_6
v_1	0	1	2	-	-	-
v_2	1	0	1	2	2	-
v_3	2	1	0	1	1	2
v_4	-	2	1	0	2	-
v_5	-	2	1	2	0	1
v_6	-	-	2	-	1	0

$C^3 =$

	v_1	v_2	v_3	v_4	v_5	v_6
v_1	0	2	0	1	1	0
v_2	2	0	4	0	0	1
v_3	0	4	0	3	4	0
v_4	1	0	3	0	0	1
v_5	1	0	4	0	0	2
v_6	0	1	0	1	2	0

$D_3 =$

	v_1	v_2	v_3	v_4	v_5	v_6
v_1	0	1	2	3	3	-
v_2	1	0	1	2	2	3
v_3	2	1	0	1	1	2
v_4	3	2	1	0	2	3
v_5	3	2	1	2	0	1
v_6	-	3	2	3	1	0

$C^4 =$

	v_1	v_2	v_3	v_4	v_5	v_6
v_1	2	0	4	0	0	1
v_2	0	6	0	4	5	0
v_3	4	0	11	0	0	4
v_4	0	4	0	3	4	0
v_5	0	5	0	4	6	0
v_6	1	0	4	0	0	2

$D_4 =$

	v_1	v_2	v_3	v_4	v_5	v_6	
v_1	0	1	2	3	3	4	$\sum = 13$
v_2	1	0	1	2	2	3	$\sum = 9$
v_3	2	1	0	1	1	2	$\sum = 7$
v_4	3	2	1	0	2	3	$\sum = 11$
v_5	3	2	1	2	0	1	$\sum = 9$
v_6	4	3	2	3	1	0	$\sum = 13$
							$\sum\sum = 62$

〈그림 12.5〉『심벨』의 행렬 계산 예제

제 2 절 그래프 이론과 도시체계

한 국가의 도시전체를 하나의 큰 체계로 본다면, 개별 도시들은 이를 구성하는 조직으로 볼 수 있다. 그렇다면 몇몇 도시들이 특정 사상(event)을 중심으로 서로 연관되어 있는 체계는 전체체계를 구성하는 부분체계로 볼 수 있다. 예를 들어 행정체계, 교통체계, 특정 지역 개발체계 등은 전체체계에 대한 부분체계가 되며, 교통, 행정 등은 이 체계의 근거를 이루는 사상(事象)이 된다. 이런 관점에서 도시간 상호작용이란 특정 사상을 중심으로 부분 체계내의 또는 부분 체계간의 작용을 말하며, 도시내의 상호작용이란 개별조직 내부의 문제로 환원될 수 있다.

1. 모형의 설정

(1) 분석의 틀(framework)

『카트라이트』와 『가버』(Cartwright and Gabbour)는 논리전개의 편의상 도입한 분석의 틀은 〈그림 12.6〉에 서 보는 바와 같다. 여기서 원으로 표시된 부분이 바로 가상적 도시체계이며, 점선으로 표시된 상자가 사상 X와 사상 Y에 의한 부분체계이다.

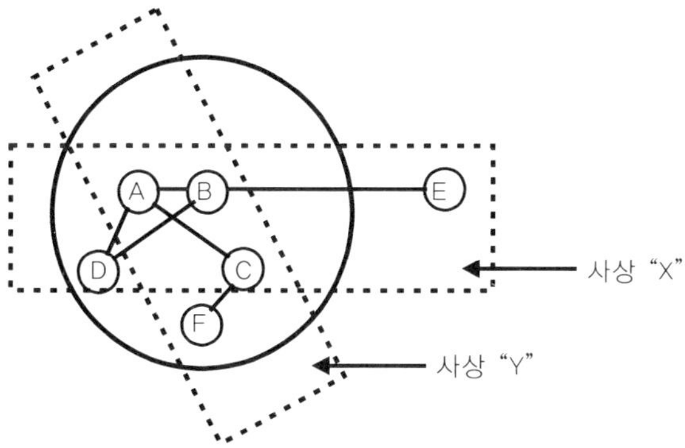

〈그림 12.6〉 가상적 도시체계

가상적 도시체계는 A~D와 F의 5개 조직으로 구성되어 있다. 여기에서 조직 E는 체계 밖의 도시를 나타낸다. 만약 이 체계가 특정지역의 도시체계를 가정하고 있으면 그 지역경계 밖의 도시가 되며, 국가전체의 도시체계라 가정하면 외국도시가 된다.

그림에서 사상 X와 사상 Y에 의한 부분체계는 서로 중복되어 나타난다. 즉, 사상 X에 의한 부분체계는 A~E의 5개의 조직으로 이루어지고, 사상 Y에 의한 부분체계는 A~C, F의 4개 조직으로 이루어지며, 조직 A~C는 두 사상에 모두 연관되어 있다. 그리고 각 사상에 연관되어 있는 조직들은 이원적 접촉(binary contacts)을 나타내는 선으로 연결되어 있다.

따라서 어떤 부분체계의 발달정도를 그래프이론으로 살펴보면, 각 조직들이 특정 사상을 중심으로 어떤 이원적 접촉을 가지고 있는가를 파악하면 가능하다. 즉 이것은 이원적 접촉으로 형성되어 있는 특정사상의 모양을 서로 비교함으로써 발달정도를 파악할 수 있다.

(2) 사상의 분류

사상(event)은 그것을 구성하는 각 조직들이 연결되고 있는 모양에 따라 〈그림 12.7〉에 나타나듯이 (i) 집중사상(centralized), (ii) 준집중사상(sub-centralized), (iii) 연속사상(sequential), (iv)

원형사상(circular), 그리고 (v) 완전사상(complete)의 5가지로 분류할 수 있다.

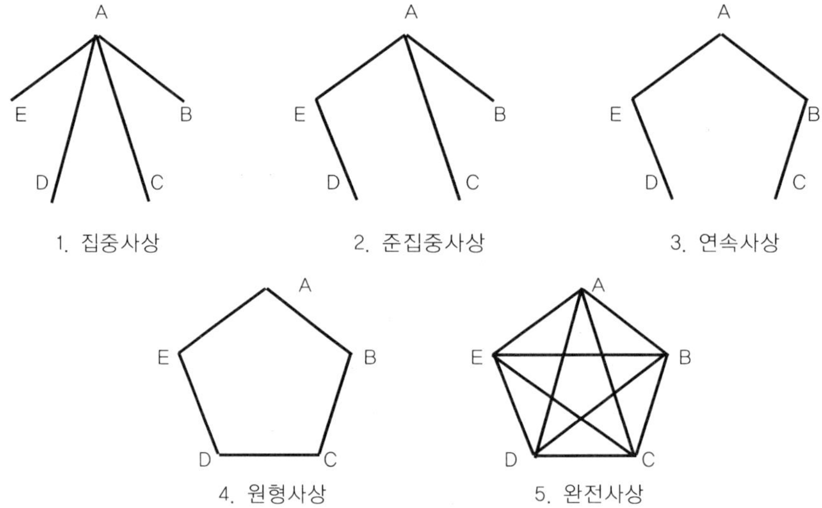

〈그림 12.7〉 사상의 분류

① 집중사상이란 한 개의 조직만이 다른 모든 조직과 연결되어 있고 다른 조직들은 서로 연결되지 않는 사상을 말한다. 즉 한 개의 조직이 다른 모든 조직을 지배하고 있는 상태를 가리킨다.

② 준집중사상이란 개별조직의 지배 정도가 계층적 차이를 가지고 있는 상태이다. 여기서는 한 개의 조직이 다른 조직을 모두 지배하지는 못한다. 한 개의 조직은 몇몇 조직만을 지배하고 나머지 조직들은 다른 조직에 의해 지배되는 상태를 가리킨다.

③ 연속사상이란 개시조직과 완결조직만 다른 한 개의 조직과 연결되고 나머지 조직들은 모두 다른 2개의 조직들과 연결되고 있는 형태를 말한다.

④ 원형사상이란 모든 조직들이 예외 없이 단지 다른 2개의 조직들과 연결되어 있는 상태를 지칭한다.

⑤ 완전사상이란 모든 조직들이 자기 외의 다른 모든 조직들과 서로 완전히 연결되어 있는 상태를 가리킨다.

5가지의 사상형태에서 원형사상과 완전사상의 경우를 제외한 다른 사상에서는 그 지배성의 차이가 생긴다는 것을 알 수 있다. 그러면 이와 같은 지배성의 차이를 어떻게 측정할 수 있을까? 특정 국가 혹은 지역의 교통체계는 위의 여러 사상의 형태 중 어느 것과 비슷할까? 하는 문제들이 야기된다. 위 그림처럼 조직이 몇 개에 불과할 경우에는 육안으로도 쉽게 구별할 수 있지만, 조직의 수가 많아지고 그 연결의 정도가 커지면 구별이 곤란해진다. 따라서 이를 측정할 수 있는 어떤 지수가 필요하게 된다. 다음은 위의 그림에서 제시한 특수한 개념적 형태와 실제 형태를 비교할 수 있는 지수를 설명한다.

2. 지수의 계산

개념적 형태와 실제 형태를 서로 비교할 수 있는 지수로는 다음 4가지가 있다. 즉, 중요도지수(index of importance), 집중지수(index of concentration), 지배지수(index of dominance) 및 비대칭지수(index of asymmetry)가 그들이다. 이중 중요도지수는 개별조직의 역할에 관계되며, 나머지 지수들은 여러 조직들의 복합기능과 관련되어 있다.

(1) 중요도지수

중요도지수란 어떤 주어진 사상에서 특정조직이 가질 수 있는 가능한 총 이원적 접촉(이하 링크로서 대신한다)의 수에 대한 현재 그 조직이 가지고 있는 링크수의 비율을 말한다.

$$I_0 = \frac{b_r}{b_m} \tag{12.10}$$

여기에서 b_m은 가능한 최대 링크 수이며, b_r은 실제 링크 수이다.

그런데 어떤 사상에 관계하고 있는 조직의 수가 n개 있다면, 특정조직 r이 가질 수 있는 최대 링크 수는(n - 1)개가 된다. 따라서 $b_m = n - 1$이 된다. 중요도지수 I_0의 범위는 $0 \leq I_0 \leq 1$이 된다.

(2) 집중지수

중요도지수가 개별조직에 대한 링크수의 밀도를 가리키는 데에 반해서, 집중지수란 어느 특정사상에 대한 링크수의 밀도를 가리킨다. 즉, 집중지수란 특정사상에 관계되는 조식의 수가 n개라면,

n개의 조직 상호간에 가능한 총 링크 수에 대한 실제 그 사상이 갖고 있는 조직간의 링크 수의 비율을 말한다.

$$C_e = \frac{B_r}{B_m} \tag{12.11}$$

여기에서 $B_m = \frac{1}{2}n(n-1)$, C_e는 사상 e에 대한 집중지수, B_m은 사상 e의 가능한 총 링크 수, 그리고 B_r은 사상 e의 실제 링크 수이다. 또한 C_e값이 클수록 그 밀도는 높다. C_e의 범위는 $0 \leq C_e \leq 1$이다.

(3) 지배지수

지배지수는 특정사상이 몇몇 조직에 의해서 어느 정도 지배되고 있는가를 나타낸다. 이것은 특정사상에 수반되고 있는 조직들의 링크 수에 대한 표준편차로 표시된다. 특정사상의 지배지수 D_e는 다음 식과 같다.

$$D_e = \sqrt{\frac{1}{n}\sum(b_r - \bar{b})^2} \qquad (12.12)$$

여기에서 b_r은 각 조직의 실제 링크 수, b는 각 조직의 링크 수에 대한 평균, 그리고 n은 조직의 수이다. 지배지수 D_e값이 클수록 몇몇 조직들에 의한 그 지배정도는 크며, 작을수록 그 지배정도는 약하다. $D_e = 0$이면 특정사상에 관계되는 어느 조직도 지배적인 영향을 미치지 못하는 경우를 가리키며, 원형사상이나 완전사상의 경우가 이에 해당한다.

(4) 비대칭지수

비대칭지수란 특정사상에 관계되는 각 조직들이 가지고 있는 링크 수를 죽 나열하여 그래프로 나타내었을 때 그 도수분포 상에서 나타나는 왜도(歪度)를 말한다.

$$A_e = \frac{1}{D_e}\left|\bar{b} - b_d\right| \qquad (12.13)$$

여기에서 A_e는 사상 e의 비대칭지수, $\bar{b}$는 각 조직의 링크수의 평균치, b_d는 각 조직의 링크 수에 대한 중위 값(mode), 그리고 D_e는 사상 e의 지배지수이다.

〈표 12-1〉 지수의 계산 사례

사 상		집 중	준 집 중	연 결	원 형	완 전	사 상 K
사상형태				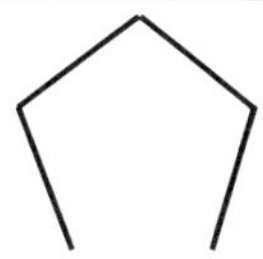	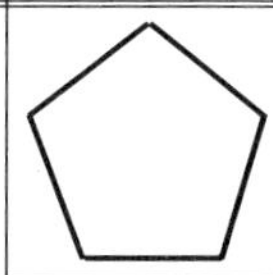	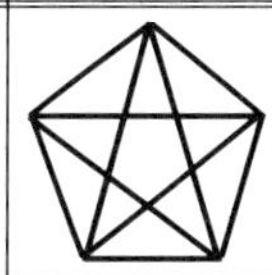	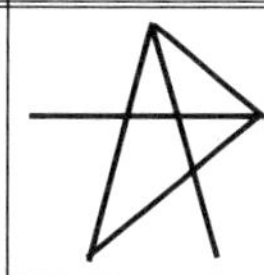
조 직 수		5	5	5	5	5	5
링크 수(양방향)		8	8	8	10	20	10
평균 링크수		1.6	1.6	1.6	2.0	4.0	2.0
중요도 지 수 (I_0)	I_A	1.00	0.75	0.50	0.50	1.00	0.75
	I_B	0.25	0.50	0.50	0.50	1.00	0.75
	I_C	0.25	0.25	0.25	0.50	1.00	0.25
	I_D	0.25	0.25	0.25	0.50	1.00	0.50
	I_E	0.25	0.25	0.50	0.50	1.00	0.25
집중지수(C_e)		0.40	0.40	0.40	0.50	1.00	0.50
지배지수(D_e)		1.20	0.80	0.49	0.00	0.00	0.89
비대칭지수		0.50	0.75	0.82	*	*	1.12

주: 1)* 수는 완전대칭의 경우로 표준편차가 0이 되어 값을 정할 수 없음을 나타냄.
2) 링크 수는 양방향으로 나타나며, 예 집중사상인 경우 8개임
3) 사상의 기호는 위쪽을 중심으로 반 시계방향으로 A, B, C, D 그리고 E로 표시되나, 다만 완전과 사상 *K*는 시계 방향으로 부호가 표시된다.

【예제 12–1】 집중지수의 계산 예

5개의 조직으로 구성된 원형사상(그림 12-1 참조)의 평균 링크 수, 중요도지수(5가지) 및 집중지수를 구하시오.

풀이

1) 평균 링크 수 $= \dfrac{10}{5} = 2.0$

2) 중요도지수(5개 모두 동일) $= \dfrac{2}{4} = 0.5$

3) 집중지수 $= \dfrac{5}{0.5 \times 5(5-1)} = 0.5$

3. 정규화 지수

전술한 각 지수의 값은 사상형태(type of event) 뿐만 아니라 그에 수반되는 조직의 수에 의해서도 영향을 받는다. 따라서 위에서 계산된 여러 지수의 값은 조직수가 일정한 사상의 분석에는 유용하지만, 그에 수반되는 조직의 수가 달라질 경우 그 값들을 어떻게 해석해서 어떻게 비교해야 될지 알 수 없다. 따라서 이 지수들을 상호 비교할 수 있는 것으로 우선 전환시킬 필요가 있다. 이것이 바로 정규화지수(normalized index)이다.

예를 들어, t시간대의 우리나라 도시교통체계와 (t+n)시간대의 체계를 서로 비교하기 위해서는, 만약 그 체계 내에 포함되는 도시 수가 다르다면, t시간대와 (t+n)시간대에서 계산되는 각 지수들의 값을 각각 정규화(혹은 표준화지수라고도 함)지수의 값으로 바꾸어야만 한다. 그래야만 비교가 가능해진다. 여러 지수에 대한 정규화 방법은 다음과 같다.

(1) 정규화 중요도지수

$$I_0' = \frac{I_0 - (\min I_0)}{1 - (\min I_0)} \tag{12.14}$$

여기에서 I_0는 특정조직의 중요도지수, I_0'는 특정조직의 정규화 중요도지수, 그리고 min I_0는 특정조직의 중요도지수의 최소치로서 $\frac{1}{n-1}$이다.

(2) 정규화 집중지수

$$C_e' = \frac{C_e - (\min C_e)}{1 - (\min C_e)} \tag{12.15}$$

여기에서 C_e는 사상 e의 집중지수, C_e'는 사상 e의 정규화 집중지수, 그리고 min C_e는 사상 e의 집중지수의 최소치로서 (n/2)이다.

(3) 정규화 지배지수

$$D_e' = \frac{D_e}{\max D_e} \tag{12.16}$$

여기에서 D_e는 사상 e의 지배지수, D_e'는 사상 e의 정규화 지배지수, 그리고 max D_e는 사상 e의 지배지수의 최대치로서 $\frac{((n-2)\ \sqrt{n-1})}{n}$이다.

(4) 정규화 비대칭지수

$$A_e' = A_e - (\max A_e) \tag{12.17}$$

여기에서 A_e는 사상 e의 비대칭지수, A_e'는 사상 e의 정규화 비대칭지수, 그리고 max A_e는 사상 e의 비대칭지수의 최대치로서 $(\frac{1}{\sqrt{n-1}})$이다.

이상에서 언급한 지수들을 이용하여 한 국가의 도시간 교통체계를 분석할 수 있다. 정규화 지수의 계산방법을 이용하면, 지수의 시간적인 변화를 파악할 수 있으며, 그 추세도 밝혀낼 수 있다. 그밖에도 특정도시가 전체 교통체계에서 차지하는 상대적 위치의 변화도 밝혀낼 수 있으며, 교통체계가 대도시를 중심으로 형성되어 있는지 어떤지도 알아낼 수 있다. 또한 특정 지역의 교통체계가 전체 교통체계에서 차지하는 비중 등도 파악할 수 있다.

제 3 절 도시영향권의 측정

1. SMSA 측정기준

SMSA(Standard Metropolitan Statistical Area)란 미국 통계청이 설정한 대도시권 표준통계구역이다. 이것은 대도시 문제에 대한 분석의 편의를 위해 설정된 것으로, 미국의 연방기관에서 출판하는 모든 통계자료들은 이 SMSA를 기준으로 정리되어 있다. 물론 그 이전에 사용하였던 유사한 개념의 기준구간에는 MD(Metropolitan Districts), SMA(Standard Metropolitan Area) 등이 있다. SMSA가 이들 기준구역과 다른 점은 크게 다음 2가지로 설명될 수 있다.

① SMSA는 통계적 표준구역이라는 점이다. 이것은 센서스 통계청뿐만 아니라 다른 정부기관에서 자료를 수집, 분석, 공포하는 그 근거구역이 된다.

② SMSA는 주거지역을 기준으로 구분된다는 점이다. 즉 SMSA는 과거에 흔히 행해져 왔던 도시-농촌지역(rural-urban)의 구분이나 농업-비농업지역(farm-nonfarm)의 구분방법에 의하지 않고, 대도시권과 비대도시권으로 구분하고 있다는 점이다.

이와 같은 SMSA의 설정기준으로는 인구, 대도시 성격(metropolitan character) 그리고 통합(integration)의 정도를 들고 있다.

(1) 인구

① 각 SMSA 안에는 인구 5만 이상의 도시가 적어도 하나는 있어야 한다. 또한 인구가 5만 이상이 되는 도시는 없으나 그 이하의 도시가 2개 있을 경우에, 이 두 도시의 경계가 서로 인접해 있으며 인구의 합이 5만 이상일 경우에는 하나의 SMSA를 형성하는 것으로 한다. 그러나 이 경우에도 일반적인 사회·경제적 목적으로 보아, 이 두 도시가 단일의 지역사회를 이루고 있다고 간주될 수 있어야 하며, 둘 중 작은 도시의 인구도 최소한 15,000명 이상은 되어야 한다.

② 위의 조건을 만족하는 군들이 2개 이상 서로 인접해 있을 경우, 그 안에 있는 도시들이 서로 20마일 이내에 있을 때는 이 군들은 서로 하나의 동일한 SMSA를 이루는 것으로 한다. 단, 그 도시들이 사회적 조건이나 경제적 조건으로 보아 하나로 통합되어 있지 않다는 증거가 확실할 경우는 예외로 한다.

(2) 대도시적 성격

위의 인구조건을 만족하는 군(county)이라 할지라도 다음의 조건을 만족하지 못하면 SMSA로 간주되지 못한다.

① 그 군의 노동력 중 적어도 75% 이상은 비 농업부문에 속하고 있어야 한다.

② 그 군은 다음에 제시하는 조건 중 적어도 하나 이상은 만족시켜야만 한다. (i) 그 군의 인구 중 50% 이상은 연속해 있는 말단 행정구역에 거주하고 있어야 하며, 그 구역의 인구밀도도 150인/마일^2 이상은 되어야 한다. 그리고 그 구역은 중심도시로부터 단절되지 않은 지역에 있어야 한다. (ii) 그 군의 비 농업노동자의 수는 10,000인 이상이 되어야 한다. 만약 그렇지 못할 경우에라도 그 지역의 최대도시가 포함되어 있는 군의 비 농업노동자의 10% 이상일 경우에는 SMSA로 간주된다.

(3) 통합정도(統合程度)

① 다음 조건을 만족하고 있는 군은 그 지역의 중심도시가 포함되어 있는 군과 통합되어 있는 것으로 간주한다. (i) 그 군의 노동자(worker) 중 10% 이상이 그 지역의 중심도시가 있는 군에서 종사하고 있는 경우, (ii) 그 군의 일에 종사하고 있는 사람들 중에 25% 이상이 그 지역의 중심도시가 포함되는 군의 사람일 경우이다.

② 위의 자료가 유용하지 못하다고 판단될 경우에는 신문구독의 정도, 중심도시 상점들의 판매망의 분석, 중심도시와 인접지역간 대중교통의 편리성 등을 대용할 수 있다.

미국 SMSA의 설정기준은 많은 학자들에 의해서 비판받고 있으며, 아울러 새로운 설정기준이 제시되고 있다. 이 SMSA의 설정기준을 그대로 우리나라의 대도시권 구분에 적용시키기에는 그 사회・경제적 조건으로 보아 많은 문제점을 가지고 있으므로, 적합한 기준을 찾는 노력이 요구된다.

2. 『레일리』모형

『뉴턴』의 만유인력의 법칙은 다음 식으로 설명될 수 있다. 즉, 두 물체간의 서로 당기는 힘은 두 물체의 질량의 곱에 비례하고, 두 물체간의 거리의 제곱에 반비례한다.

$$F = G \cdot \frac{M_i M_j}{(d_{ij})^2} \qquad (12.18)$$

여기에서 M_i와 M_j는 두 물체의 질량, d_{ij}는 두 물체간의 거리, 그리고 G는 중력가속도이다.

『레일리』(Reilly)는 미국 Texas주의 225개 도시의 거래지역(trade area)을 연구하는데 있어 다음 모형을 제시한 바 있다. 이를 소매업 중력법칙(law of retail gravitation)이라고 한다.

$$B_i = \frac{d_{ij}}{1 + \sqrt{\frac{O_j}{O_i}}} \qquad (12.19)$$

여기에서 B_i는 i시에서 분기점(break point)까지의 거리, O_i와 O_j는 도시 i와 j의 인구, d_{ij}는 두 도시간의 거리, 그리고 α는 멱수이다.

위 모형을 이용하여 도시의 영향권을 측정하고자 할 때에는 그 투입자료를 약간 변형시킴으로서 보다 더 정교하고 실제에 부합되도록 모형을 다시 구축할 수 있다.

① 단순히 인구를 사용하는 것보다는 각 도시의 지역총생산(GRP : gross regional product)를 사용하는 것이 보다 더 실제에 부합할 것으로 판단된다. 이것은 같은 크기의 인구라 할지라도 그 소득의 많고 적음에 따라 그 구매력에 차이가 생기기 때문이다. 따라서 인구를 사용하면 이와 같은 차이가 도시의 영향권에 미치는 효과를 고려할 수 없다. 도시의 GRP 자료가 없을 경우에는 그 도시의 인구에다가 평균소득이나 평균구매력을 곱한 것을 사용하여도 마찬가지의 효과를 얻을 수 있다.

② 두 도시간의 거리 d_{ij}도 다른 것으로 바꾸어 사용할 수 있다. 즉 시간거리나 비용거리로 대치할 수 있다.

③ α값도 $\alpha=2$라는 고정적인 값이 아니라 경험적 사실에 근거하여 다른 값으로 바꿀 수 있다. 일반적으로 선진국일수록 α값은 작고, 후진국일수록 α값은 커지는 경향이 있다. 이것은 교통이 고도로 발달한 선진국의 경우는 그렇지 못한 후진국의 경우와는 달리 거리라는 요인의 상대적 중요성이 약해지기 때문이다.

연습문제

12.1 그래프이론에서 중요도지수, 집중지수 및 지배지수에 관하여 논하시오.

12.2 다음 그림에서 연결성(즉, γ계수, α계수 및 β계수), 중요도, 집중지수 및 지배지수를 측정하시오.

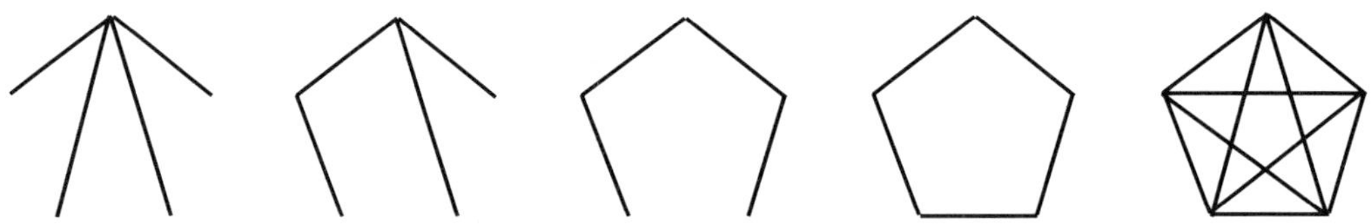

12.3 제12장에 관련하는 용어를 5개 이상 선정하여 그 의미를 약술하시오.

12.4 귀하가 거주하고 있는 시·도의 교통망 발달단계를 그래프 이론을 이용하여 분석하고, 그 결과를 논의하시오.

12.5 〈그림 12.3〉과 같은 가상적 교통망을 그린 후, 결절 접근성 T값을 측정하여 그 결과를 논의하고, 이의 수정 모형인 『개리슨』모형과 『심벨』모형을 적용하여 그 결과를 재평가하시오.

제 5 편

부문별 계획모형

제13장 토지이용

제14장 도시교통

제15장 공공시설의 입지

제13장 토 지 이 용

도시의 토지이용을 설명하거나 예측하는 모형은 도시경제나 도시계획에서 가장 중요한 연구 분야의 하나로 인식되어 왔다. 특히 도시경제는 토지이용의 결정인자를 찾아내기 위해 노력해 왔으며, 도시계획은 토지이용과 교통의 상호관련성을 고려한 토지이용의 예측모형 개발과 가장 바람직한 토지이용체계의 결정을 위한 계획모형의 개발에 주력해 왔다. 즉 도시경제학은 토지이용의 현상설명을 위한 기술모형의 개발, 그리고 도시계획은 장래의 토지이용체계를 예측하거나 계획하기 위한 예측 및 계획모형의 개발에 주된 관심을 보여왔다. 여기에서는 토지이용에 대한 입지결정이론을 살펴보고, 도시내의 토지이용과 주택수요를 추정하는 모형을 기술한다.

제1절 입지결정이론

1. 주거지역 성장확률 모형

(1) 목적

주거지역성장 확률모형은 대도시지역에 있어 토지개발과 관련한 주거지역의 발전을 예측하는데 사용된다. 이 모형은 토지개발이라는 관점에서 도시내부의 공간구조변화 분석에 이용된다. 특히 이 모형은 공공정책결정이 주거지역의 성장패턴에 미치는 효과를 연구하는데 유용하다.

(2) 이론적 배경 및 가정

i) 이론적 배경

이 모형은 『노스 캐롤라이나』(North Carolina) 대학에 설치된 도시 및 지역문제 연구센터에 의해 개발되었으며, 다음 목적들을 달성하기 위하여 연구된 결과이다.

① 어떤 요소들이 토지개발과 관련되어 있는지를 분석할 수 있는 하나의 방법을 모색하고, 이 요인들이 토지개발의 위치와 규모에 미치는 영향을 결정한다.

② 대도시지역에 있어 주거지개발을 예측할 수 있는 모형을 정립한다. 이 모형은 소비자 행태(consumer's behavior)에 입각한 주거입지모형으로서, 『몬테카를로』(Monte Carlo)기법과 다중선형회귀분석(multiple linear regression)에 그 이론적 기초를 두고 있다.

ii) 가정

① 지가는 주택의 가격을 나타내는 지표이다.

② 지가는 어떤 지구가 특정 도시활동들에 대하여 여타 지구보다 얼마나 좋은 접근성(accessibility)을 가지고 있는지를 평가하는 지표이다.

③ 지가는 소비자가 어떤 주거지역을 선택함에 있어 중요한 요인으로서 간주하고 있는 쾌적성, 사회적 지위 및 기타 생활환경의 질 등을 나타내는 척도이다.

(3) 방법

i) 모형의 틀

이 모형에서 강조하고 있는 도시구조의 개념은 도시내부의 구조 변화가 토지개발과 관련된 복잡한 의사결정에 의해서 이루어진다는 관점에서 출발한다. 즉 대도시의 외곽지역이나 도심의 재개발지역에 있어 토지개발은 공공기관과 개인의 의사결정과 집행의 결과라 볼 수 있다.

이들 행위의 일부는 다른 종(從)된 행위들을 수반한다는 의미에서 주(主)된 행위라고 하고, 이들 행위는 토지개발의 전체 패턴을 이루게 한다. 이들 두 행위, 즉 주된 행위와 종된 행위 간의 구분은 토지개발과정에서 공공정책결정이 영향을 미칠 수 있는 요소들과 직접 관련된 변수들을 분류하여 이루어진다. 이 연구에서 정의된 주된 행위는 (i) 고속도로의 위치, (ii) 고속전철의 노선망, (iii) 주요 공업시설의 입지, (iv) 대규모 상업・업무단지 등의 개발이다. 또한 종된 행위에는 소규모 상점의 주인, 공공기관 및 조합의 입지결정이 포함되어 있다.

ii) 수식

토지개발의 문제를 토지의 공급자와 수요자(가계)들의 의사결정 및 행위에 입각해서 다루고 있는 이 연구는 다음 두 단계로 나누어 작업이 진행된다.

① 제1단계(주거지역성장과 관련된 변수들의 파악) : 이 연구에서는 제1단계로 주거지역의 성장과 밀접하게 관련된 요소들을 조사한 바 있다. 즉 이 단계에서는 다음 변수들을 찾아내는데 주목적을 두고 있다.

- 개발을 촉진시키거나 억제하게 하는 요소들을 포함하여 개념적으로 토지개발의 필요성을 설명 할 수 있는 변수
- 지역의 통계자료를 이용하여 측정 가능한 형태로 이용할 수 있는 변수
- 범위가 확정된 공간체계 속에 의미 있는 단위로 나누어질 수 있는 변수
- 통계적 분석에 있어 충분히 가변성을 보여주는 변수

이러한 변수들을 평가하기 위해서 사용된 방법은 단계적이며, 선형적인 형태를 가진 다중회귀방정식이다.

$$y_i = \beta_0 + \sum_{j=1}^{m} \beta_j \cdot x_{ij} \quad (i = 1, 2, \cdots, n) \tag{13.1}$$

여기에서 y_i는 존 i 에 있어 주거개발면적, $x_{i1}, x_{i2}, \cdots, x_{im}$ 은 존 i 에 있어 하수처리시설, 쾌적성 등과 독립변수들, m은 독립변수의 개수, n은 존의 수, β_j는 독립변수에 관련된 매개변수, 그리고 β_0는 그 밖의 다른 매개변수이다.

② 제2단계(미개발지구에 대한 신 주택의 할당모형 정립) : 이 단계에서는 성장하고 있는 입지에 새로 건설될 주택들을 할당시킬 수 있는 모형을 정립하는 것이 주요 작업내용이다. 유인력(attractiveness)의 크기에 따라 『몬테카를로』기법에 기초한 무작위추출방법을 사용해서 상호 경쟁하고 있는 미개발지에 주어진 새로 건설될 주택이 할당된다. 미개발지의 유인력은 제1단계에서 파악된 4개의 주된 개발인자들을 기초로 조정된 토지평가액과 선형 함수로서 표현된다. 미개발지의 유인력은 다음 식으로 표현된다.

$$A_j = \sum_{j=1}^{m} \alpha_j \beta_j x_{ij} \quad (j = 1, 2, \cdots, n) \tag{13.2}$$

여기에서 x_{ij}는 독립변수, α_j는 독립변수와 관련된 매개변수, β_j는 독립변수의 중요도에 따른 가중치, n은 존의 수, 그리고 m은 4개의 주된 변수들과 토지평가액이다.

이 모형은 주택을 각 입지에 할당하기 위해 부삭위 표본선성 절차를 사용하고 있기 때문에 장래 개발기간동안 미개발지구에는 그의 유인력에 비례한 주거용도 전환확률이 할당된다. 이 확률은 다음 공식에 의해 구해진다.

$$P_i = \frac{\sum_{j=1}^{m} \alpha_j \beta_j x_{ij}}{\sum_{i=1}^{n} \sum_{j=1}^{m} \alpha_j \beta_j x_{ij}} \tag{13.3}$$

가구배분 또한 이와 같은 확률을 바탕으로 이루어진다. 즉 특정 기간동안 증가된 인구를 주어진 입지에 할당하고, 그 다음에 각 지구의 유인력을 재평가한 후, 다음 성장기간동안 다시 증가한 가구를 나머지 입지에 재분배한다. 이와 같은 과정은 미개발지구의 수용능력이 한계에 이를 때까지 반복된다.

iii) 투입자료

① 주거밀도별 주거용지현황에 관한 자료

② 고용자수 등과 같이 유인력을 나타낼 수 있는 변수들

③ 존별 생활환경의 질을 나타내는 공공시설물의 입지현황

④ 총인구, 주택 수, 가구 등에 관한 자료

(4) 모형의 장 · 단점

주거입지 행태에 관한 확률적 접근방법으로서의 이 모형은 여러 특성을 가지고 있으며, 소비자와 개발주체들의 행태를 관찰할 수 있다는 이점에도 불구하고 다음 단점들을 가지고 있다.

① 토지에 대한 투기조장 또는 억제가 이 모형에서는 간과되고 있다.

② 성장지역과 새로운 주거개발 만을 다룰 뿐, 재개발이나 지역내의 이동은 고려하고 있지 않다.

③ 장기예측과 시장 모사(market simulation)를 위해 사용되기에는 미흡하다.

④ 지가가 주택가격, 접근성, 주거환경의 쾌적성, 주거지역의 사회적 위치 및 그 밖의 소비자 입지선택요소들의 척도로서 사용되고 있다.

【예제 13-1】 농업용 토지이용 모형

다음 표에 주어진 자료를 활용하여 각 농산물의 토지이용이 어떻게 일어나는지 설명하시오.

토지이용	생산물의 단위면적당 연간 총수입	생산물의 단위면적당 연간 생산비	생산물의 단위면적 · ㎞당 연간 수송비
낙 농	100만원	30만원	10만원
곡물생산	65만원	20만원	3만원
육류생산	45만원	15만원	1만원

풀이

위 문제를 해결하기 위하여 다음 식(『튀넨』 모형)을 활용하면,

$\pi i(d)$ = TRi − Ci − Ri(d) − TCi

여기에서 $\pi i(d)$ = 도심으로부터 거리 d 만큼 떨어진 i 작물의 이윤

TRi = i 작물의 단위면적 당 연간 총수입
Ci = i 작물의 임대료와 수송비를 제외한 단위면적 당 연간 생산비
Ri(d) = 도심으로부터 거리 d 만큼 떨어진 i 작물의 단위면적 당 임대료
TCi = i 작물의 도심까지의 단위면적·㎞당 연간 수송비

위 식을 이용하여 낙농에 관한 내용을 수식으로 나타내면,

π낙농(d) = 100 − 30 − R낙농(d) − 10·d
= 70 − R낙농(d) - 10·d

여기에서 토지시장의 완전경쟁상황을 가정하면, $\pi i(d)$ = 0 이므로, 위 식은 다음과 같이 정의된다.

R낙농(d) = 70 − 10·d

마찬가지의 방법으로

R곡물(d) = 45 − 3·d
R육류(d) = 30 − d

따라서 도심에서 3.57㎞까지는 낙농, 3.57~7.5㎞ 곡물, 그리고 7.5~30㎞까지는 육류생산이 이루어지며, 30㎞를 벗어나면 공지로 남게 된다.

2. 『펜-저지』 지역성장 모형

(1) 목적

이 모형은 주어진 제약조건하에서 주어진 가구를 주거지역에 적정 배분시키는 문제를 다루고 있다. 또한 이 모형은 지역지구제도, 교통, 재개발, 공공주택 등과 같은 도시개발정책에 관한 정부결정의 검증에도 적용 가능하다.

(2) 이론적 배경 및 가정

i) 이론적 배경

이 모형은 『펜-저지』(Penn-Jersey) 교통연구에서 가구유형별 주거입지 행태를 모의실험하기

위해서 고안된 모형이다. 이 모형은 다른 모형들과 결합하여 사용하도록 구성되어 있다. 즉 모든 토지이용활동을 다루기 위해 만들어진 일반모형의 하위모형으로서 정립되어 있다. 이 모형은 '각 가구가 그들의 입지 이점을 극대화시키고 동시에 토지는 그들에게 가장 높은 가격을 지불할 수 있는 가구집단에 배분된다'는 경제이론에 입각한 하나의 모사모형이다. 아울러 선형계획기법이 이 모형의 방법론적 기초를 이루고 있다.

ii) 가정

① 개인 또는 가구는 그들의 한정된 소득지출 범위에서 주택, 쾌적한 주거환경, 교통 그리고 일정 규모의 대지와 같은 주거요소들을 구입하여야 한다.

② 가구들의 입지선호에는 이들 주거요소의 상이한 결합으로 서로 다른 효용을 갖게 되며, 또한 그 입지로부터 얻은 효용 또는 만족은 가구마다 다르게 나타난다.

③ 지대를 가장 높게 지불할 수 있는 가구가 많을 경우 이 가구들은 어떤 지역의 가용토지를 전부 사용할 수도 있다.

④ 어떤 지역이 하나의 가구 그룹에만 강한 입지적 이점을 가지고 있으며, 그리고 이와 같은 유형의 가구가 충분히 많지 않은 경우 또는 그 지역이 둘 이상의 가구 그룹에 대해 강한 입지적 이점을 가지고 있는 경우에는 그 지역내의 사용토지는 전부 이용될 수 없다.

⑤ 모든 가구들의 선택에 따라 어떤 지역의 가용토지는 비어있는 상태로 남아있을 수도 있다.

⑥ 둘 이상의 가구집단이 어떤 지역에 똑같은 단위지대 지불능력을 가지고 있는 경우에는 이 지역은 이들 두 그룹에 의해 공동으로 이용된다.

(3) 방법

i) 모형의 틀

이 모형에서는 가구들은 동질적 단위 또는 가구집단으로 형성되고, 각 가구의 입지선택은 무차별적이다. 그러나 가구는 택지시장에서 그의 비용절감 또는 지대지불능력을 극대화시키는 입지를 선택할 것이다. 여기에서 말하는 비용절감 또는 지대 지불능력이란 가구가 어떤 지역의 택지를 구입하는 경우 그 지역이 가지고 있는 입지적 장점 때문에 비용을 절감할 수 있거나 또는 같은 예산으로 더 많은 택지를 살 수 있다는 것을 의미한다.

따라서 합리적인 가구는 비용절감 또는 지대 지불능력을 극대화시키는 방법으로 택지시장에서 그의 입지를 선택할 것이다. 이 모형에서는 해를 구하기 위해 선형계획기법이 사용된다.

여기서 찾는 최적 해는 지역주민의 총 지대 지불능력을 극대화시킬 수 있도록 모든 가구를 주거지역에 할당시키는 것이다.

ii) 수식

선형계획법은 최적화 문제를 풀기 위한 기법으로 여기에는 많은 조건들이 동시에 충족되어져야 한다. 이것은 최적화 문제를 다루는 하나의 선형함수(목적함수)와 일련의 제약조건들로 구성된다. 가구를 주거지역에 할당시키기 위해서 정립된 선형계획모형의 구조는 다음과 같다.

$$\text{Maximize} \quad Z = \sum_{k=1}^{u}\sum_{i=1}^{n}\sum_{h=1}^{m} X_{ih}^{k}(b_{ih}^{k} - C_{ih}^{k}) \tag{13.4}$$

제약조건 :

$$\sum_{i=1}^{n}\sum_{h=1}^{m} S_{ih}X_{ih}^{k} \le L^{k} \quad (k=1,2,\cdots,u) \tag{13.5}$$

$$\sum_{k=1}^{u}\sum_{h=1}^{m} -X_{ih}^{k} = -N_{i} \quad (i=1,2,\cdots,n) \tag{13.6}$$

그리고 모든 $X_{ih}^{k} \ge 0 \ (k=1,2,\cdots,n),(i=1,2,\cdots,n),(h=1,2,\cdots,n)$

여기에서 u는 존, n은 동질적 특성을 가진 가구들로 이루어진 가구집단, m은 일단의 택지, b_{ik}는 일단의 택지 h를 구입하는데 집단 i의 가구가 할당한 주거예산, C_{ik}는 집단 i의 가구가 존 k에 있는 일단의 택지 h에 지불하는 연간비용(단, 지대비용은 제외), S_{ih}는 집단 i의 가구가 일단의 택지 h를 사용하는 경우 이 가구에 의해 점유되는 대지면적, L^{k}는 존 k에 있어 주거가용토지의 총면적, N_{i}는 이 지역에 살게될 집단 i의 총 가구 수, 그리고 X_{in}^{k}는 존 k에 속한 일단의 택지 h를 사용하고 집단 i의 가구 수이다.

목적함수는 가구들이 현재 그들의 토지를 이용함으로써 얻어지는 연간이익들을 극대화한다는 것으로 표현되어 있다. 첫 번째 제약식은 어떤 존에 있어 택지소비는 그 존에서의 택지가용면적을 초과할 수 없음을 나타낸다. 그리고 두 번째 제약식은 그룹별로 예측된 가구들을 배분하는 것이다. 즉 일부 어떤 가구들이 모든 존에 있어 부(-) 또는 영(0)의 지대 지불능력을 가질 것으로 예측된 가구들은 모두 입지에 할당되어야만 한다. 제약식의 양변이 (-)의 부호로 표시된 이유는 쌍대문제(雙對問題)의 설명을 쉽게 하기 위해서일 뿐이다. 한편, 전술한 선형방정식들의 체제를 원 문제라고 말한다.

원 문제를 쌍대문제로 변형시키면 다음과 같다. 이처럼 방정식들의 체제를 바꾸는 이유는 방법론의 관점에서 볼 때 모형의 운용을 보다 간단 명확하게 설명할 수 있기 때문이다.

$$\text{Minimize} \quad Z' = \sum r^k L^k + \sum v_i(-N_i) \tag{13.7}$$

제약조건 :

$$S_{ih} r^k - v_i \geq b_{ih} - C_{ih}^k$$
$$(k=1,2,\cdots,n),(i=1,2,\cdots,n),(h=1,2,\cdots,n) \tag{13.8}$$

또한 모든 경우에 있어, $r^k \geq 0 \quad (k=1,2,\cdots,n)$

$v_i \geq 0 \quad (i=1,2,\cdots,n)$,

여기에서 r^k는 존k에 있어 토지단위면적 당 연간지대이며, v_i는 집단 모든 가구들에 대한 1가구 당 연간 보조금이다.

쌍대문제의 목적함수는 각 대지의 단위지대가 가구의 단위 지불능력 이하로 떨어지면 안된다는 제약조건하에서 토지소유자들에게 지불되어지는 총 지대를 최소화하는 것이다. 이것은 각 소유자가 적어도 그의 토지에 대해 기꺼이 지불할 수 있는 최고 입찰가 정도로 단위지대를 받을 수 있다는 것을 의미한다. 보조금 변수 v_i는 지대 지불능력이 없는 가구로 하여금 주거입지를 가능하게 하는 변수이다.

iii) 투입자료

① 존별 · 유형별 가구 수

② 존별 일단의 택지면적

③ 존별 · 가구유형별(연간) 주거예산

④ 존별 · 가구유형별(연간) 주거비용

⑤ 존별 · 가구유형별(연간) 택지면적

⑥ 존별 총 주거용 면적

⑦ 지역의 총 가구 수

⑧ 존별 단위택지 당(연간) 지대

⑨ 가구유형별 연간보조금 지급액

⑩ 접근성을 나타낼 수 있는 자료

(4) 모형의 장 · 단점

i) 장점

① 쌍대문제의 해로서 토지수요의 크기를 측정할 수 있다.

② 쌍대문제의 해는 공업 및 상업입지와 공공정책의 결정을 다루는 하위모형(sub-model)에 유용한 정보를 제공한다.

③ 쌍대문제의 해는 가구유형별로 현재의 토지시장에서 그들이 갖고 있는 선호기대감을 조장할 수 있게 한다.

④ 쌍대문제의 해는 서로 다른 계획 하에서 얻어지는 이익들을 비교할 수 있는 기초를 제공한다.

⑤ 보조금변수를 사용함으로써 보통 선형계획모형의 정립에서 대두되는 경직성이 완화된다.

ii) 단점

① 일반적으로 선형계획기법은 가구집단과 주거지역의 그룹들을 포함하는 문제를 쉽게 다루지 못한다.

② 방대한 자료들을 필요로 하기 때문에 모형의 정립이 어렵고 계산이 복잡하다.

③ 선형계획기법이 가지고 있는 근본적인 약점들, 예컨대 변수들 간의 관계를 선형으로서 나타내야 하는 등의 문제점을 내포하고 있다.

3. 상업지구 성장잠재력 모형

(1) 목적

이 모형은 어떤 지역에 있어 주거지구와 상업지구 간의 경제적 흐름과 상업지구별 시장력을 추정하고, 지역주민들의 재화에 대한 현재와 장래의 소비활동을 충족시키기 위해 새로 필요한 상업시설들의 입지 및 규모를 결정하는데 이용된다.

(2) 이론적 배경 및 가정

i) 이론적 배경

이 모형은 비교적 규모가 큰 상업지구들의 분포를 가능한 균등하게 배분하기 위한 연구에서 개발되었다. 재화들에 대한 수요를 주거입지와 관련된 변수로만 다루고 있는 이 모형은 그의 이론적 근거로서 중력모형에서 유도되는 잠재력 개념을 사용하고 있다.

ii) 전제 및 가정

① 상업시설의 규모 및 수는 소비자의 비용지출함수로서만 간주한다.

② 상업지구들의 총 판매고는 그 지역 소비자들의 재화에 대한 총 지출액과 동일해야 한다.

③ 현재의 지역개발정책과 과거의 성장추이는 앞으로도 지속된다.

④ 지역주민들의 주거지역 선택과정은 장래에도 현재와 마찬가지이다.

(3) 방법

i) 모형의 틀

이 모형은 잠재력 개념을 이론적 바탕으로 하고 있다. 여기서 잠재력이란 존들 간의 상호작용 강도를 나타내는 척도로서 그 기본원리는 다음과 같다. "어떤 존 i에 있는 개인이 상호작용을 일으킬 가능성 또는 잠재력은 존의 유인력이 크면 클수록 많아지고, 그리고 존 i와 j간의 거리가 증대하면 감소한다."

ii) 수식

잠재력 개념을 중심으로 한 이 모형은 다음 식에 의해 표현된다. 쇼핑센터의 판매력에 영향을 주는 요인들은 쇼핑센터 그 자체의 유인력, 소비자의 규모와 생활수준, 경쟁상대인 쇼핑센터들의 유인력 및 소비자들의 근거리 쇼핑통행 성향이다.

$$S_{ij} = C_i \frac{\dfrac{F_{ij}^{\beta}}{d_{ij}^{\alpha}}}{\dfrac{F_1^{\beta}}{d_{i1}^{\alpha}} + \dfrac{F_2^{\beta}}{d_{i2}^{\alpha}} + \cdots + \dfrac{F_n^{\beta}}{d_{in}^{\alpha}}} = C_i \frac{\dfrac{F_{ij}^{\beta}}{d_{ij}^{\alpha}}}{\sum_{j=1}^{n} \dfrac{F_j^{\beta}}{d_{ij}^{\alpha}}} \tag{13.9}$$

여기에서 S_{ij}는 존 i 주민들의 존 j에 대한 소비지출액, C_i는 존 i 주민들의 총 소비지출액, F_j는 존 j에 있는 쇼핑센터의 유인력, d_{ij}는 존 i와 j간의 통행시간, α는 시간변수의 상수, β는 유인력 변수의 상수, 그리고 n은 존의 수이다.

이 모형에서는 다음과 같은 균형조건, 즉 모든 상업지구들의 판매액 합계는 그 지역내에 있는 소비자들의 총비용지출액과 같다는 제약조건이 만족되어져야 한다.

$$\sum_{j=1}^{n} S_j = \sum_{j=1}^{n} C_j \qquad (13.10)$$

이 모형에서 얻어지는 최종결과들로서는 (i) 각 쇼핑센터의 총 판매액, (ii) 평균 쇼핑 통행거리, (iii) 주거지구와 상업지구간의 경제적 흐름이다. 이를 구하기 위해서는 존별 재화에 대한 수요, 존별 상업시설들의 공급, 그리고 판매자와 고객들 간의 공간적 분리 등에 관한 현황자료들이 필요하다.

iii) 투입자료

① 소비자와 쇼핑센터간의 통행거리

② 주거지역별 소비지출액(연간 또는 월간 등)

③ 상업지구별 시설규모 또는 주차시설 현황

④ 상업시설 단위면적 당 판매액(연간 또는 월간 등)

⑤ 쇼핑통행의 평균길이 및 존간 통행분포

(4) 모형의 장 · 단점

i) 장점

① 적용하기가 용이하며 계산이 간편하다.

② 주민들의 쇼핑 행태를 분석할 수 있다.

③ 새로운 상업시설들의 입지 및 규모를 결정할 수 있다.

ii) 단점

① 주민들은 실제로 여러 목적들을 달성하기 위해 상업지구로 통행하지만, 이 모형에서는 주거활동과 관련된 재화구매 통행만을 고려하고 있다.

② 이 모형에서는 본래 공간분리의 척도로서 통행시간을 사용하고 있기 때문에 통행비용이 쇼핑관행에 미치는 효과를 잘 설명하지 못한다.

③ 현 시점에서 구한 매개변수의 값을 장래에도 그대로 사용하고 있다.

④ 사회물리학에 기초한 모형들, 즉 중력모형에 내재하고 있는 문제점들을 이 모형도 가지고 있다. 예를 들면, 쇼핑통행의 길이, 빈도 또는 목적지와 통행비용 간의 관계가 논의되고 있지 않다.

제 2 절 토지이용 예측모형

1. 『라우리』모형

(1) 개요

『라우리』(I. S. Lowry)는 대도시모형(A Model of Metropolis)라는 거창한 이름을 붙여서 토지이용예측을 위한 수리적 모형을 소개한 바 있다. 이 모형에서는 도시활동을 기반부문, 서비스부문 및 주거부문의 3개 부문으로 구분하고 각 부문을 다음과 같이 정의하고 있다.

① 기반부문: 이것은 제조업, 수출업무 등의 부문으로서 그 입지선정이 도시내의 시장여건보다는 주로 외부지역의 시장여건에 의해 영향을 받으며 고용수준도 외부지역 시장의 영향을 받는다.

② 서비스부문: 이것은 주로 도시내의 거주인구를 대상으로 하는 상업・업무・행정・기타 활동부문이다. 따라서 서비스부문의 입지는 그 고객인 도시주민과의 접근성에 의해 결정되고 고용수준은 도시의 인구규모에 의해 결정된다.

③ 주거부문: 이것은 기반부문과 서비스부문에 종사하는 고용자와 그 부양가족들로 구성된다.

따라서 서비스부문에 종사하는 고용수준은 주거인구의 구매력에 의해 결정되고, 주거인구는 기반부문과 서비스부문에 종사하는 고용수준에 의해 결정된다.

(2) 예측모형

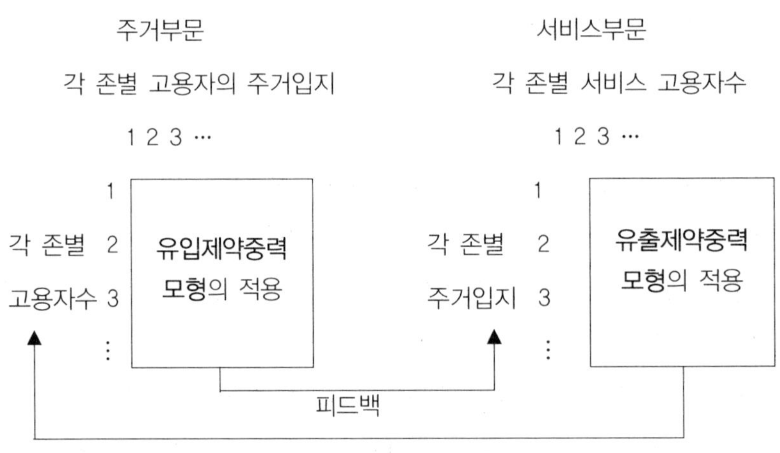

〈그림 13.1〉『라우리』모형의 개념

『라우리』모형의 기본개념은 〈그림 13.1〉과 같다. 그림에서 보는 바와 같이 『라우리』모형은 기본적으로 "유입제약중력모형"과 "유출제약중력모형"을 번갈아 가면서 반복 적용하는 토지이용예측모형이다. 즉 도시의 토지이용 예측에 있어서는 제일 먼저 기반부문의 배분을 외생적으로 결정한 다음, 서비스부문과 주거부문은 반복·순환과정에 따라 도시공간 내에 배분한다. 배분방법은 서비스부문의 경우 상업종류에 따라 세분하고, 세분된 각 상업종류에 대해 시장잠재력 및 접근도를 기준으로 도시공간 내에 배분하는 것이다. 주거인구는 접근도에 따라 배분하되, 각 공간지구의 인구수용한계를 초과하지 않도록 제약조건 하에서 배분한다. 이와 같은 과정을 수리적으로 나타내면 다음 식(13.10)~(13.18)과 같다.

$$P_j = a\sum_i E_i \tag{13.10}$$

$$P = \sum_j P_j \tag{13.11}$$

$$E^k = b^k \sum_j P_i B_{ij}^k + + c^k E_j \tag{13.12}$$

$$E_j = E_j^b + \sum_j E_j^k \tag{13.13}$$

$$E^k = \sum_j E_j^k \tag{13.14}$$

$$A_{ij} = \frac{h_i f_{ij}}{\sum_l h_l f_{il}} \tag{13.15}$$

$$B_{ij}^k = \frac{s_i^k f_{ij}}{\sum_l s_l^k f_{lj}} \tag{13.16}$$

$$P_j \le P_j^s \tag{13.17}$$

$$E_j^k \ge E_M^k \tag{13.18}$$

여기에서 i, j 및 l은 공간지구, k는 서비스부문의 상업종류(k = 1,2,...,K), P는 주거인구, E^b는 기반부문 고용자수, E^k는 서비스부문 중 k상업에 종사하는 고용자수, E는 도시의 총 고용자수, P_j^s는 j공간지구에서 수용할 수 있는 주거인구의 수용한계, E_M^k는 서비스부문 중 k상업의 최소규모수준, f_{ij}는 공간지구 i와 j간의 거리(통행시간), h_i는 공간지구 i가 갖는 주거지역으로서의 유인력, s_i^k는 공간지구 i가 갖는 서비스부문 중 k상업시장으로서의 유인력, a는 고용자 1인당 인구수(노동참여율의 역수), b는 인구 1인당 서비스고용자수(서비스 고용율), 그리고 c는 고용자 1인당 서비스고용자수이다.

『라우리』모형의 해(각 공간지구별 고용수준과 인구수준)는 방정식 (13.10)~(13.18)의 비선형 연립방정식을 풀어서 구한다. 여기에서는 반복계산방법(iterative method)이 사용된다.

2. 『라우리』모형의 행렬해법

(1) 개요

『가린』(Garin)은 『라우리』모형을 선형대수(linear algebra), 즉 행렬을 이용하여 재구성함으로써 반복계산이 요구되지 않는 『라우리』모형의 해법을 제시한 바 있다.

(2) 모형

『라우리』모형은 다음과 같은 행렬식으로 표시할 수 있다.

$$P^b = E^b A \tag{13.19}$$

$$E^{s(1)} = P^b B = E^b(AB) \tag{13.20}$$

$$A = [A_{ij}] \quad [a_j] \tag{13.21}$$

$$B = [B_{ij}] \quad [b_i] \tag{13.22}$$

여기에서 P^b는 기반고용자에 의해 파생된 인구 벡터, E^b는 기반고용자수 벡터, $E^{s(1)}$은 1차 인구 증가분에 의해 파생된 서비스고용자 벡터, A_{ij}는 방정식 (13.15)와 같고, B_{ij}는 방정식 (13.16)과 같으며, a_j는 노동참여율의 역수의 대각행렬, 그리고 b_i는 서비스 고용율의 대각행렬이다.

이제 m차 인구증가분에 의해 파생된 서비스(증가된 인구의 도시활동을 충족시키기 위한 서비스) 고용자 벡터를 $E^{s(m)}$으로 두고, 또한 m차 서비스고용 증가분에 의해 파생된 인구 증가분(서비스고용자 증가에 따라 그 부양가족인구의 증가) 벡터를 $P^{s(m)}$으로 나타내면 다음과 같다.

$$E^{s(m)} = E^b(AB)^m \tag{13.23}$$

$$P^{s(m)} = E^b(AB)^m A \tag{13.24}$$

따라서

$$\begin{aligned} E &= E^b + E^{s(1)} + E^{s(2)} + \cdots + E^{s(m)} + \cdots \\ &= E^b[I + (AB) + (AB)^2 + \cdots + (AB)^m + \cdots] \end{aligned} \tag{13.25}$$

단, I = 항등행렬(identity matrix)

$$\begin{aligned} P &= P^b + P^{s(1)} + P^{s(2)} + \cdots + E^{s(m)} + \cdots \\ &= E_b[I + (AB) + (AB)^2 + \cdots + (AB)^m + \cdots]A \end{aligned} \tag{13.26}$$

을 얻는다.

행렬A와 행렬B의 곱인 행렬AB의 값이 1보다 작기 때문에 방정식 (13.23)과 방정식 (13.24)에서 행렬 $(AB)^m$의 값은 m이 증가함에 따라 0에 수렴하게 된다. 따라서 각 공간지구별로 고용자수와 인구수를 다음과 같이 쉽게 구할 수 있다.

$$E = E^b(I-AB)^{-1} \tag{13.27}$$

$$P = E^b(I-AB)^{-1}A \tag{13.28}$$

3. 『배티』수정모형

(1) 개요

『배티』(Batty)는 『라우리』모형의 수정모형은 개발한 바 있다. 이 모형에서는 도시의 모든 공간지구를 다음과 같은 4개의 그룹으로 구분하였다.

① 아무런 입지적 제약조건이 없는 그룹 : Z_1

② 주거인구의 제약조건을 갖는 그룹 : Z_2

③ 서비스활동의 제약조건을 갖는 그룹 : Z_3

④ 주거인구와 서비스활동의 제약조건을 갖는 그룹 : Z_4

(2) 모형

『배티』수정모형의 식은 다음과 같다.

$$E_{ij}(m,n) = k_i(n)k_j(n)E_i(m,n)F_{ij} \tag{13.29}$$

$$k_i = \frac{1}{\sum_j k_j(n)F_{ij}} \tag{13.30}$$

$$k_j = \frac{1}{\sum_i k_i(n)F_{ij}} \tag{13.31}$$

$$F_{ij} = \exp(-\beta c_{ij}) \tag{13.32}$$

여기에서 E_{ij}는 공간지구 j에 거주하면서 공간지구 i에 있는 직장에 다니는 고용자수, k_i는 모든 고용자수가 주거지역에 배분될 수 있도록 하는 조정계수, k_j는 각 공간지구에 배분된 고용자수와 그 공간지구의 거주인구수를 일치시키는 조정계수, m은 공간지구별 제약조건을 만족시키기 위한 제1단계 과정에서의 반복계산의 회수, n은 인구수와 고용자수의 균형을 위한 제2단계 과정에서의 반복계산의 회수, c_{ij}는 공간지구 i 와 j 간의 통행시간, β는 매개변수이다.

반복계산의 제일 초기단계(m = 1, n = 1)에서는 모든 공간지구에 대해 아무런 입지적 제약조건이 없고, 또한 총 고용수준 E_i는 오직 기반부문 뿐이라고 가정한다. 즉 $Z = Z_1$, $E_i(1,1) = E_i^b$이다. 그러면 지구 j 에 배분된 거주인구 P_j와 지구 j 의 거주인구의 도시활동요구를 충족시켜주기 위한 서비스 고용자수 S_j는 다음과 같이 계산된다.

$$P_j(m,n) = a_j \sum_i E_{ij}(m,n) \tag{13.33}$$

$$S_j(m,n) = b_j p_j(m,n) \tag{13.34}$$

여기에서 a_j 는 지구 j 의 노동참여율의 역수이며, b_j 는 지구 j 의 서비스 고용율이다.

따라서 지구 j 의 거주인구로 인해 파생된 서비스고용자들 중에서 지구 i 에 거주하도록 배분될 고용자수 S_{ij}는 다음과 같이 계산될 수 있다.

$$S_{ij}(m,n) = k_j(n) S_j(m,n) k_i(n) F_{ij} \tag{13.35}$$

$$k_j(n) = \frac{1}{\sum_j k_i(n) F_{ij}} \tag{13.36}$$

$$k_i(n) = \frac{1}{\sum_j k_j(n) F_{ij}} \tag{13.37}$$

$$E_i(m+1,n) = \sum_j S_{ij}(m,n) \tag{13.38}$$

이상의 계산과정에서는 각 지구별로 거주인구와 서비스고용자의 제1차 증가분만 추정하였고, 계속해서 제1차 서비스고용자 증분에 대한 주거입지를 결정하여야 한다. 즉 서비스고용자들에 대해 각 공간지구에 그 주거를 배분하여야 한다.

이를 위해서는 방정식 (13.29)의 $E_i(m,n)$ 대신에 방정식 (13.38)의 $E_i(m + 1,n)$을 대입하여 다시 모든 계산과정을 반복한다. 즉 방정식 (13.29)부터 (13.38)까지의 계산을 반복한다. 이러한 반복계산은 다음과 같은 조건이 만족되면 중단할 수 있다.

$$\sum_i E_i(m+1,n) \leq \Delta e \tag{13.39}$$

$$\sum_j P_j(m,n) \geq \Delta P \tag{13.40}$$

여기에서 Δe는 서비스고용자 증분의 한계이며, ΔP는 거주인구 증분의 한계이다.

$$P_j(n) = \sum_m P_j(m,n) \tag{13.41}$$

$$E_i(n) = \sum_m E_i(m,n) \tag{13.42}$$

그러면 이제 주거입지와 서비스활동입지의 제약조건들이 어떻게 계산과정에 반영되는지를 알아보자.

(i) 공간지구그룹 Z_2와 Z_4에 대해서,

$$P_i(n) \leq P_i^s \tag{13.43}$$

여기에서 P_j^s는 지구 j 의 수용한계인구이다.

(ii) 공간지구그룹 Z_3와 Z_4에 대해서,

$$E_i(n) - E_i^b \leq E_i^s \tag{13.44}$$

여기에서 E_j^s는 지구 i 의 수용한계고용자이다.

방정식 (13.43)과 (13.44)의 제약조건이 만족되지 않을 경우 조정계수를 각각 다음과 같이 수정한다.

$$k_j(n+1) = \begin{cases} k_j(n) P_j{}^s / P_j(n) & j \in Z_2, Z_4 \\ 1.0, & j \in Z_1, Z_2 \end{cases} \tag{13.45}$$

$$k_i(n+1) = \begin{cases} 0.0 & j \in Z_3, Z_4 \\ 1.0\ , & j \in Z_1, Z_2 \end{cases} \tag{13.46}$$

이렇게 수정된 조정계수를 다시 방정식 (13.29)부터 (13.38)까지의 계산체계에 대입하여 새로운 해를 구하고, 이러한 반복계산과정을 방정식 (13.43)과 (13.44)의 제약조건식이 만족될 때까지 계속한다.

4. 『윌슨』수정모형

(1) 개요

『라우리』모형의 또 다른 수정모형으로 『윌슨』(Wilson)이 제시한 모형이 있다. 이 모형의 특징은 도시 거주민들의 여러 다른 사회경제적 특성을 반영하여 장래 토지이용을 예측하려는 시도이다. 『윌슨』수정모형에서는 다음 4가지의 사회경제적 특성, (i) 가구별 소득수준, (ii) 임금수준, (iii) 주거형태, (iv) 주택가격을 모형에 반영시키고 있다. 『라우리』모형에 대한 『윌슨』수정모형은 다음과 같다.

$$T_{ij}^{km} = A_i^k B_j^m H_i^k E_j^m \exp(-\beta^m c_{ij}^{(1)}) \exp[-\mu^m \{P_i^k - q^m (w - c_{ij}^{(2)})\}] \quad (13.47)$$

$$A_i^k = \frac{1}{[\sum_j \sum_w B_j^w E_j^w \exp(-\beta^w c_{ij}^{(1)}) \exp[-\eta^w \{P_i^k - q^w (w - c_{ij}^{(2)})\}^2]} \quad (13.48)$$

$$B_j^w = \frac{1}{[\sum_i \sum_w A_i^k H_i^k \exp(-\beta^w c_{ij}^{(1)}) \exp[-\eta^w \{P_i^k - q^w (w - c_{ij}^{(2)})\}^2]} \quad (13.49)$$

여기에서 T_{ij}^{km}은 공간지구 i 에 거주하면서 주택형태 k 인 집에 살고, 공간지구 j 지역에 있는 직장을 다니면서 임금수준이 w인 고용자수, H_j^k는 지구 i 의 k 형태에 속하는 주택 수, E_j^w는 지구 j 에서 임금수준 w에 속하는 고용자수, $c_{ij}^{(1)}$은 지구 i 에서 j 까지의 통행시간, $c_{ij}^{(2)}$는 지구 i 에 j 까지의 통행비용(금전비용), P_i^k는 지구 i 에 있는 주택형태 k의 주택가격, q^w는 소득수준 w계층이 교통비를 제외한 소득 중에서 차지하는 주거비 비율(%), β^w와 η^w는 소득수준 w계층의 매개변수들이다.

이와 같이 개별화된 모형을 적용하기 위해서는 자료도 그에 맞게 수집되어야 한다. 개별 자료의 수집이 어려운 경우에는 각 변수를 대신할 수 있는 대리변수를 사용할 수도 있다.

【예제 13-2】 서비스 부문 고용인구의 배분(『라우리』모형의 적용)

다음과 같이 3개의 존으로 구분된 어떤 가상적인 지역의 존별 경제활동 현황과 존간 거리에 관한 자료를 이용하여 서비스 부문 고용인구를 배분하시오.

〈표 1〉 존별 경제활동 현황

존	기반부분 고용자수(E_i)	서비스부분 고용자수(S_i)	총 고용자수	총 인구(P_j)
1	2,800	1,200	4,000	19,000
2	4,000	4,000	8,000	35,000
3	12,000	20,000	32,000	41,000
계	18,800	25,200	44,000	95,000

〈표 2〉 존간 통행거리

존	1	2	3
1	2	8	6
2	8	3	4
3	6	4	3

풀이

이 모형에서 계산과정은 크게 5단계로 구분할 수 있다. 각 단계별 계산과정을 요약하면 다음과 같다.

① 제1단계 : 이 단계에서는 인구승수와 인구부담비율을 계산한다. 즉

$$\alpha(\text{인구승수}) = \frac{P}{E} = \frac{95{,}000}{44{,}000} = 2.159$$

$$\beta(\text{인구부담비율}) = \frac{E^R}{P} = \frac{25{,}200}{95{,}000} = 0.265$$

② 기반부분 고용자들을 주거지역에 할당(또는 배분)한다. 이것을 하기 위하여 아래의 식이 적용된다.

$$I_{ij} = A_i O_i P_i \exp(-\lambda_{Cij})$$

여기에서 $\exp(-\lambda c_{ij})$는 d_{ij}^{-2}로 대체하고, $A_i - (\Sigma_j P_j d_{ij}^{-2})^{-1}$로 나타난다. 우선 최초의 존간 상호작용의 발생가능성이 모형내부에서 계산되어야 한다. 계산된 과정은 다음 표와 같다.

존 구분	1	2	3	$\Sigma j\ Pj\ d_{ij}^{-2}$
1	$19{,}000/2^2$ = 4,750	$35{,}000/8^2$ = 548.88	$41{,}000/6^2$ = 1,138.89	6,435.77
2	$19{,}000/8^2$ = 296.88	$35{,}000/3^2$ = 3,888.89	$41{,}000/4^2$ = 2,562.5	6,748.27
3	$19{,}000/6^2$ = 527.78	$35{,}000/4^2$ = 2,587.5	$41{,}000/3^2$ = 4,555.56	7,270.84

A_{ij} / $(\sum_j P_j d_{ij}^{-2})_i$

존 구분	1	2	3
1	4,750/6,435.77 = 0.738	548.88/6,435.77 = 0.085	1,138.89/6,435.77 = 0.177
2	296.88/6,748.7 = 0.044	3,888.89//6,748.7 = 0.576	2,562.5/6,748.7 = 0.380
3	527.78/7,270.84 = 0.073	2,587.5/7,270.84 = 0.301	4,555.56/7,270.84 = 0.626

$T_{ij} = A_i O_i P_j d_{ij}^{-2}$

존 구분	1	2	3
1	2,800 × 0.738 = 2,066	2,800 × 0.085 = 238	2,800 × 0.177 = 496
2	4,000 × 0.044 = 176	4,000 × 0.576 = 2,304	4,000 × 0.380 = 1,520
3	12,000 × 0.073 = 876	12,000 × 0.301 = 3,612	12,000 × 0.626 = 7,512
$\sum_i T_{ij}$	3,118	6,154	9,528

③ 제3단계 : 인구승수와 제2단계에서 구한 통행분포 [$\sum_i T_{ij}$ (1)]를 이용하여 상업지구에 있어 최초의 총 기반인구를 산출한다.

$P_j(1) = \alpha \cdot \sum_j T_{ij}(1) = 2.159 \times \sum_j T_{ij}(1)$

$P_1(1) = 2.159 \times 3{,}118 = 6{,}732$ 인

$P_2(1) = 2.159 \times 6{,}154 = 13{,}286$ 인

$P_3(1) = 2.159 \times 9{,}528 = 20{,}571$ 인

④ 제4단계 : 각 존의 주민들에 의해 요구되는 서비스부문 고용자수를 산출하면 다음과 같다.

$D_j(1) = \beta \cdot P_j(1) = 0.265 \cdot P_j(1)$

$D_1(1) = 0.265 \times 6{,}732 = 1{,}783$ 인

$D_2(1) = 0.265 \times 13{,}286 = 3{,}521$ 인

$D_3(1) = 0.265 \times 20{,}571 = 5{,}451$ 인

⑤ 제5단계 : 상업지구들에 서비스 부문 고용인구들을 배분시킨다. 이의 배분함수는 아래와 같고, 이것을 구한 과정은 제4단계와 동일하므로 여기서는 계산결과만을 제시한다.

$S_{ji}(1) = B_j \cdot D_j(1) \cdot S_i \cdot d_{ij}^{-2}$ [단, $B_j = \sum_i S_i \cdot d_{ij}^{-2}$]

위의 과정들, 즉 총인구와 서비스 부문 고용인구의 산출 및 배분작업은 주어진 제약조건을 만족시킬 때까지 계속해서 수행되어야 한다. 이 모형의 적용을 통해 찾을 수 있는 의미는 외생적으로 기반부문의 고용규모가 변동함에 따라 각 존에 있어 유발될 총인구와 서비스 부문 고용자수를 예측하여 앞으로 요구될 주택 및 상업시설의 공간적 배분에 대한 정책적 지침을 제공한다는 것이다. 이 모형을 더욱 정교화한 모형이 Garin-Lowry 모형이다.

존 구분	1	2	3	$\sum_j S_{ij}$ (1)
1	588	35	55	678
2	125	916	545	1,586
3	1,070	2,570	4,851	8,491

제 3 절 주거지 선택모형

주택문제는 여러 도시문제 가운데 중요한 하나의 문제로 간주되고 있다. 수요가 있는 곳에 주택을 적절히 공급하지 못하게 될 경우 수급불균형에 따른 주택가격의 상승과 부동산 투기 등의 부작용을 낳게 된다. 주택의 공급계획 수립에서 가장 중요한 문제는 '어디에 어떠한 질적 수준을 갖춘 어떤 유형의 주택을 어떠한 소유형태로 얼마나 건설하는 것이 적절한가'를 결정하는 것이다.

주택수요(housing demand)의 분석과 예측은 주택공급계획 수립에 필수적으로 요구되는 사항이다. 주택수요 부분의 핵심적인 내용은 주로 개별 가구들의 (i) 주거입지(residential location), (ii) 주택소유형태(ownership 혹은 tenure choice), (iii) 주택유형(housing type) 및 (iv) 주거수준(quality of housing service)의 선택행태를 분석하고 예측하는 것이다.

1. 『리』 선택모형

(1) 개요

『리』(Li)는 미국의 『보스톤』대도시지역(Boston SMSA)과 『벌티모어』대도시지역(Baltimore SMSA)에서 수집된 자료를 이용하여 주택소유여부의 선택행태를 분석하기 위하여 『로짓』모형을 이용한 바 있다.

『리』모형은 다음과 같다.

$$L_i = \log\frac{f_i}{1-f_i} = \beta_0 x_0 + \sum_j \beta_{1j} x_{1ji} + \sum_k \beta_{2k} x_{2ki} + \sum_m \beta_{3m} x_{3mi} + \sum_n \beta_{4n} x_{4ni} + u_i \qquad (13.50)$$

여기에서 f_i는 주택소유형태 i가 자가(自家)인 상대빈도(relative frequency), x_0는 상수항(가구주의 나이가 25세 미만, 소득이 $5,000미만, 가구 구성원의 수가 2사람이고 백인부부로만 구성된 가구를 나타냄), x_{1ji}는 가구수의 나이를 5개의 카테고리(25세 미만, 25~34세, 35~44세, 45~64세, 64세 이상)로 나타낸 4개의 더미변수들의 집합, x_{2ki}는 4개의 소득계층($5,000미만, $5,000~9,999, $10,000~14,999, $15,000 이상)을 나타내는 3개의 더미변수들의 집합, x_{3mi}는 4개의 가구규모(family size)(2명, 3~4명, 6명 이상)를 나타내는 3개의 더미변수들의 집합, 그리고 x_{4ni}는 가구주의 인종을 나타내는 더미변수(만약 흑인이 아니면 x_{42} = 0, 흑인이면 x_{42} = 1)이다.

(3) 모형의 특징

모형의 특징은 설명변수로서 연속변수를 사용한 것이 아니라, 카테고리로 표현된 더미변수로 모형을 구성한 점이다. 예를 들면, 가구주의 나이, 소득, 가구규모는 연속변수로서 처리하는 것이 모형의 추정에 편리함에도 불구하고, 이들 변수를 더미변수로 처리한 점이 특징이다. 이것은 자료가 카테고리 자료로 수집되어 있었기 때문이다. 『리』모형 이후에 연구된 대부분의 경험적 모형은 가구주의 나이, 소득, 가구규모 등과 같은 변수들을 연속변수로서 처리하여 모형을 구축하고 있다.

2. 『프리드만』선택모형

(1) 개요

『프리드만』(Friedman)은 『샌프란시스코 베이』지역(San Fracisco Bay Area)의 9개 주거지역에 거주하는 가구들의 주거입지행태를 『로짓』모형을 이용하여 분석한 바 있다. 이들 9개 주거지역이 가구들의 주거입지선택을 위한 대안들이다.

(2) 모형

주거입지 선택행태의 분석을 위하여 『프리드만』모형은 다음과 같다.

$$p_j = \frac{\exp(\sum_{k=1}^{K}\theta_k Z_{kj})}{\sum_{i=1}^{I}\exp(\sum_{k=1}^{K}\theta_k Z_{kj})} \qquad (13.51)$$

여기에서 j는 선택된 대안, θ_k는 추정계수($k=1,2,\ldots,K$), 그리고 Z_{ki}는 i번째 대안의 특성벡터($k=1,2,\ldots,K$)이다.

『프리드만』이 주거입지 선택행태의 분석을 위해 사용한 설명변수는 각 주거지역의 공공서비스 수준을 나타내는 8개의 일반 변수와 1개의 대안특유의 더미상수이다. 한편 『프리드만』의 연구에서 선택주체들의 사회경제적 특성을 나타내는 설명변수는 모형 속에 포함되어 있지 않다.

『프리드만』의 경험적 모형의 추정에 포함된 8개의 일반 변수는 모두 지방공공서비스(local public services)의 수준을 나타내는 변수들로서 다음과 같다. ① 학생 1인당 공공교육 지출, ② 제곱 마일 당 소방서의 수, ③ 공원 및 레크레이션 시설에 대한 주민 1인당 지출, ④ 실효재산세율, ⑤ 중범죄율 : 경찰서비스의 수준을 나타냄, ⑥ 직장소재지(CBD)로부터의 시간거리,

⑦ 단위 주거지역내 흑인 거주자의 비율, 그리고 ⑧ 주택서비스의 양 : 주택의 크기, 주택의 노후도, 가구의 특성에 의해 결정된다.

(3) 모형의 특성

이 모형은 다른 『로짓』모형과 마찬가지로 정책분석을 위해 활용이 가능하다. 예를 들면, 어떤 지역에 대기오염 혹은 소음을 유발하는 시설물이 위치하게 될 경우, 이에 따른 도시내의 주거입지분포의 변화를 예측할 수 있게 한다. 또 다른 예로, 공공투자사업의 시행으로 어떤 지역의 평균지가가 급격히 상승할 것으로 예측되는 경우, 이에 따른 도시내의 주거입지분포의 변화를 예측할 수 있게 한다.

연습문제

13.1 『반 튀넨』(von Thünen)의 농업용 토지이용에 대한 다음 문제에 답하시오. 3가지 작물이 재배될 수 있으며, 토지 ㎢당 산출되는 작물의 판매가격이 P_i, 경작비용 C_i, ㎞당 수송비가 TC_i(i = 1, 2, 3)라고 하자. 이 때 (P_1, C_1, TC_1) = (600, 100, 100), (P_2, C_2, TC_2) = (500, 200, 20), (P_3, C_3, TC_3) = (700, 500, 10)이라고 한다.

(1) 각 작물에 대한 입찰지대곡선(bid-rent curve)을 도출하시오.

(2) 각 작물의 입찰지대곡선을 그래프로 표현하시오.

(3) 각 작물이 경작되는 경계를 구하시오.

13.2 통근교통수단으로 자가용을 이용하는 직장인과 대중교통수단을 이용하는 직장인의 주거입지패턴이 다른 것으로 알려져 있다. 이러한 사실을 입찰지대의 개념을 이용하여 설명해 보시오.

13.3 ‘ㄴ’도시에서는 도시외곽으로 통하는 도로망을 확충하고자 한다. 새로이 건설될 도로망으로 인해 도시공간구조가 어떻게 변화될 것으로 예측되는지 입찰지대의 개념을 이용하여 설명하시오.

13.4 『라우리』모형, 『배티』수정모형 및『윌슨』수정모형의 장 · 단점과 각 모형이 현실적으로 어떻게 적용될 수 있는가에 대하여 논하시오.

13.5 주택수요 분석을 위한 전통적 모형의 취약점을 논의하시오.

13.6 주택수요 분석을 위하여 특성 가격함수 모형이 사용될 경우 이 모형이 전통적 모형에 비해 갖는 장점을 논하시오.

13.7 제13장에 관련하는 용어를 5개 이상 선정하여 그 의미를 약술하시오.

제14장 도 시 교 통

제1절 교통모형의 개요

교통과 사회는 상호 밀접한 관계를 갖고 있다. 교통은 생산·소비·휴식 등의 각종 활동을 수행하기 위한 수단으로, 원활한 활동을 위해서는 효율적인 기동성, 즉 교통이 요구된다. 교통 혹은 교통체계란 용어는 단순히 교통시설이나 교통현상 자체와 동의어로 간주되는 경향이 있다. 그러나 교통이란 토지이용 활동과 교통시설 체계간의 상호작용 관계로 정의되어야 한다. 통행발생의 패턴, 통행량, 교통수단 분담비율 등은 토지이용의 함수이며, 한편 토지이용 패턴은 교통체계에 의해 제공되는 접근성의 수준에 의해 크게 영향을 받는다. 토지이용과 교통체계 계획의 가장 중요한 목적 중 하나는 두 체계간에 하나의 효율적인 균형(an efficient balance)을 유지하는데 있다.

교통수요 또는 통행수요(travel demand)는 교통시설이나 교통서비스 등으로 구성된 도시교통체계를 이용하는 정도로 정의될 수 있다. 교통수요의 단위는 통행(trip) 또는 교통량(traffic volume)으로 표현된다. 예를 들면, 지하철을 이용하는 승객 수 또는 어떤 도로상의 차량대수 등이다.

교통수요는 일반재화의 수요와 다른 특징을 갖고 있다. 우선 일반재화의 소비에서는 반드시 효용(utility)을 얻을 수 있으나, 교통의 경우엔 시간손실·비용손실 등의 비효용(disutility)이 따른다. 교통수요는 사람의 목적활동에 필요한 수단으로 중간재(intermediate goods)의 성격을 지니며, 그 활동에 부수되는 파생수요(derived demand)라 할 수 있다. 또한 교통공급은 다른 재화나 용역과는 달리 저장되지 않는다. 즉 한번 운행된 차량(버스, 철도 등)의 빈 좌석은 다음 운행에 사용될 수 없기 때문이다.

통행은 어떠한 목적활동을 위해 어떤 교통수단을 이용하든 간에 반드시 기점(origin)과 종점(destination)이 존재한다. 통행의 기점과 종점이 되는 공간단위를 교통 존(traffic zone)이라고 하고, 각 교통 존에서의 기점과 종점을 통행단(trip end)이라고 한다.

교통모형은 크게 수요모형과 공급모형으로 나눌 수 있다. 그러나 본 장에서는 교통계획에 필요한 수요모형만을 다룬다. 이것은 공급모형은 "계획모형"이라는 본 저서의 범위에서 다소 벗어나기 때문이다.

제 2 절 4단계 교통수요예측 모형

어떤 도시의 교통계획을 수립하기 위해서는 장래 발생될 교통수요를 현재시점, 즉 계획단계에서 예측해야 한다. 또한 구체적인 각종 교통계획안을 작성하기 위해서는 단순히 도시의 총 교통수요보다는 계획 또는 분석의 목적에 따라 통행목적별, 교통수단별, 링크별 등으로 구분하여 교통수요를 예측하는 것이 필요하다. 통행목적은 일반적으로 등교·출근·업무·귀가 등으로 구분되며, 교통수단은 승용차·버스·지하철·도보 등으로 구분된다. 장래 교통수요를 통행발생·분포·수단선택·노선배정의 4단계로 나누어 추정하는 방법을 4단계 교통수요 추정방법이라 한다. 이 방법은 가장 전형적인 교통수요 예측방법으로 이용되고 있다.

1. 통행발생 모형

장래의 통행발생(trip generation)은 4단계 교통수요 예측과정의 첫 번째 단계로서, 여기에서는 교통 존별로 발생하는 사람 또는 차량의 통행량을 예측한다. 통행발생은 보통 1일 통행량을 목적별로 추정한다. 또한 통행발생은 통행의 방향을 기준으로 통행유출(trip production)과 통행유입(trip attraction)으로 구분된다. 교통 존을 기준으로 출발하는(나가는) 통행을 통행유출이라 하고, 도착하는(들어오는) 통행을 통행유입이라고 한다. 통행발생 모형에는 증감률법, 원단위법, 회귀분석법 및 카테고리 분석법이 있다.

(1) 증감률법

증감률(增減率, rate of change)법은 현재의 통행량(통행유출·유입량)에 장래의 인구, 자동차 보유대수 등 사회경제적 지표의 증감률을 곱하여 장래의 통행량을 구하는 기법이다. 따라서 이 방법은 통행량이 해당지역의 성장이나 발전의 정도에 비례하여 증감하는 것을 기본 전제로 한다.

$$t_i' = t_i \cdot F_i \tag{14.1}$$

여기에서 t_i'는 i 존의 장래 교통량, t_i는 i 존의 현재 교통량 그리고 F_i는 i 존의 증감률이다. 이러한 증감률 F_i는 인구나 자동차 증가율을 그대로 이용하거나 두 증가율의 곱을 이용하는 경우가 있다.

(2) 원단위법

원단위법(unit method)은 통행량(통행유출 · 유입량)과 해당지역의 특성을 나타내는 여러 지표(사회경제, 토지이용 지표)간의 상관관계로부터 목표연도(장래)의 통행량을 예측하는 방법이다. 원단위는 일정한 단위시간(일반적으로 24시간)과 단위지표(단위인구, 단위면적, 단위통행자)를 토대로 표현한다. 예를 들면, 1인 1일 평균통행회수(예, 1.8통행/인 · 일)를 원단위로 하여 어떤 도시(예, 인구규모 50만인)의 1일 총 통행발생량(예, 1.8 × 50만인 = 90만통행/일)을 추정할 수 있다.

(3) 회귀분석법

회귀분석법(regression method)은 종속변수가 하나 혹은 여러 개의 독립변수와 어떻게 연관되어 있는가를 밝혀내는 통계적인 방법이다. 따라서 통행(유출 · 유입)량과 해당지역의 사회 · 경제 · 토지이용 특성을 나타내는 변수 사이의 관계를 나타내는 회귀방정식을 구하고 이 식에 의해 장래 통행(유출 · 유입)량을 추정한다.

회귀분석법은 가구설문조사와 같은 통행조사에 근거하여 독립변수의 파라미터(parameter) 값을 예측한 다음, 이러한 예측치를 적용하여 장래의 통행(유출 · 유입)량을 구하는 방법이다. 이 방법에서는 장래에도 종속변수와 독립변수의 구조적 관계가 변하지 않는 것으로 가정하고 있다. 그러나 현실적으로 도시개발, 토지이용계획, 교통사업 등에 의해 지역특성이 크게 변하는 경우에는 이 모형의 신뢰성이 떨어지는 경우도 있다. 그러나 이 방법이 통행발생 모형 중 가장 많이 이용되는 방법이라 할 수 있다.

(4) 카테고리 분석법

카테고리 분석법(category analysis)은 교차분류법(cross classification)이라고도 부르는 통행발생모형 중의 하나이다. 이것은 가구당 통행발생량과 같은 종속변수를 소득이나 자동차보유대수 등의 독립변수들에 의한 교차분류 표를 만든 후, 이를 적용하여 예측하는 단순하고 이해하기 쉬운 모형이다. 예를 들면, 1인 1일 평균통행회수를 소득계층과 자동차보유수준으로 구분하여 표를 작성한 후, 교통 존별로 소득계층과 자동차보유수준으로 구분된 통행인수를 곱한 후 합산하여 존별로 총 발생통행량을 산출하는 방법이다.

2. 통행분포 모형

통행분포(trip distribution)의 예측은 4단계 교통수요예측과정의 두 번째 단계로서, 통행발생 단계에서 예측된 각 존별 통행 유출량과 유입량이 도시 전체의 존별로 어떻게 분포될 것인가를 예측하는 단계이다. 즉 통행분포는 장래의 통행유출・유입량을 각 존쌍(zone pair)별로 배분시키는 작업이라고 할 수 있다. 〈표 14-1〉은 존간 통행량의 개념을 도식화한 O-D표이다.

〈표 14-1〉 O-D표

O \ D	1	2	…	j	…	n	계
1	t_{11}	t_{12}	…	t_{1j}	…	t_{1n}	P_1
2	t_{21}	t_{22}	…	t_{2j}	…	t_{2n}	P_2
:	:	:		:		:	:
i	t_{i1}	t_{i2}	…	t_{ij}	…	t_{in}	P_i
:	:	:		:		:	:
n	t_{n1}	t_{n2}	…	t_{nj}	…	t_{nn}	P_n
계	a_1 …	a_2	…	a_{1j}	…	a_n	z

주: t_{ij} : O-D간 통행유출・유입량으로 i는 유출량, j는 유입량을 나타내는 방향표시

p_i : 통행유출량 $P_i = \sum_{j=1}^{n} t_{ij}$ a_j : 통행유입량

$a_j = \sum_{i=1}^{n} t_{ij}$ z : 통행량의 합계

(1) 성장률법

통행분포 방법 가운데 이해하기 쉽고 적용이 용이한 방법으로 균일성장률법, 평균성장률법, 『프라타』법 등이 있다. 이 방법은 개략적으로 장래 교통분포를 추정하고자 할 때 이용된다. 이 방법의 단점은 현재의 통행행태가 장래에도 똑같다는 가정에서 출발하기 때문에 사회경제 활동이 급격히 변하는 지역이나 도시에서는 그 적합성이 떨어진다.

i) 균일성장률법

가장 단순화된 성장률법으로 예측된 장래의 통행량을 현재의 통행량으로 나눈 값, 즉 균일성장률을 현재의 통행량에 곱하여 장래의 통행분포량을 추정하는 방법이다.

$$t'_{ij} = t_{ij} \times F \tag{14.2}$$

여기에서 t_{ij}는 현재의 존 i와 존 j 간의 통행량이며, t'_{ij}는 장래의 존 i와 존 j 간의 통행량이고, 그리고 F는 예측된 장래의 통행량을 현재의 통행량으로 나눈 값이다.

ii) 평균성장률법

각 존마다 통행유출량과 통행유입량에 대한 성장률을 각각 구하여 현재의 각 존별 유출량과 유입량에 이 성장률을 곱하여 장래의 분포교통량을 반복수렴과정에 의해 구하는 방법이다.

$$t'_{ij} = t_{ij}\frac{(E_i + F_j)}{2} \quad (14.3)$$

$$E_i = \frac{P_i}{p_i}(i = 1, 2, \cdots, n) \quad (14.4)$$

$$F_j = \frac{A_j}{a_j}(j = 1, 2, \cdots, n) \quad (14.5)$$

여기에서 E_i는 유출량의 성장률, F_j는 유입량의 성장률, P_i는 존 i의 장래 통행유출량, p_i는 존 i의 현재 통행유출량, A_j는 존 j의 장래 통행유입량, 그리고 a_j는 존 j의 장래 통행유입량이다.

iii) 『프라타』법

『프라타』(Fratar)에 의해 제시된 성장률모형의 한 종류로서 그 기본개념은 장래의 통행분포는 현재의 통행분포를 기초로 존 i와 존 j 사이의 통행량은 E_i와 F_j에 비례하여 증가한다는 것이다. 이 방법도 평균성장률법과 마찬가지로 반복수렴과정에 의해 장래 분포교통량을 구한다.

$$t'_{ij} = t_{ij} \cdot E_i \cdot F_j \cdot \frac{L_i + L_j}{2} \quad (14.6)$$

$$L_i = \frac{\sum_{j=1}^{n} t_{ij}}{\sum_{j=1}^{n} t_{ij} \cdot E_j} \qquad L_j = \frac{\sum_{i=1}^{n} t_{ij}}{\sum_{i=1}^{n} t_{ij} \cdot E_i} \quad (14.7)$$

(2) 중력모형

중력모형의 기본 식은 이미 다루었기 때문에 여기서는 통행분포에 있어서 중력모형의 적용만을 살펴보기로 한다.

i) 제약 없는 중력모형

$$t_{ij} = \frac{kP_iA_j}{f(Z_{ij})} \tag{14.8}$$

$$k = \frac{\sum_i\sum_j t_{ij}^s}{\sum_i\sum_j t_{ij}^m} \tag{14.9}$$

여기에서 P_i는 존 i 에서 유출되는 총 통행유출량, 즉 $\sum_j t_{ij}$이며, A_j는 존 j 에서 유입되는 총 통행유입량, 즉 $\sum_i t_{ij}$이다. 또한 $\sum_i\sum_j t_{ij}^s$: 조사된 O-D표의 존간 총 통행량이며, $\sum_i\sum_j t_{ij}^m$: 모형상의 O-D표의 존간 총 통행량이다.

여기서 k는 모형상의 O-D표의 존간 총 통행량이 조사된 O-D표의 존간 총 통행량과 일치되는 것을 조정한다. 그러나 모형 상에서 행과 열의 통행량이 합쳐져서 존간 유출량・유입량이 추정된 결과를 보면, 조사된 존간 유출량・유입량과 대개의 경우 일치하지 않는다. 따라서 이 모형을 제약되지 않은 모형이라고 부른다.

ii) 통행유출량제약 모형

$$t_{ij} = \frac{k_iP_iA_j}{f(Z_{ij})} \tag{14.10}$$

단, 여기에서 $k_i = \left[\frac{\sum A_j}{f(Z_{ij})}\right]^{-1}$

위 식은 k_i를 사용하여 존 i 의 총 통행유출량을 도출하여 조사된 존 i 의 총 통행량과 일치시키기 때문에 통행유출량제약 모형이라고 부르며, 여기서 $\sum_j t_{ij}$는 P_i와 같다. 다시 말하면, 통행유출량제약 모형은 k_i라는 상수가 각 통행유출 존마다 포함되어 있어서 이들이 O-D표의 열(column)의 각각의 존의 통행량을 합하였을 때 추정된 통행유출량의 합은 조사된 존간 통행유출량과 일치하게 된다. 그러나 O-D표의 행의 추정된 통행유입량은 조사된 통행유입량과 반드시 일치하지는 않는다. 따라서 통행유입량제약 모형도 가능하며, 위에서 설명된 내용과 유사하게 정리할 수 있다.

iii) 이중제약 모형

$$t_{ij} = \frac{k_i k_j P_i A_j}{f(Z_{ij})} \quad (14.11)$$

단, 여기에서 $k_i = \left[\frac{\sum k_j' A_j}{f(Z_{ij})} \right]^{-1}$, $k_j' = \left[\frac{\sum k_i P_i}{f(Z_{ij})} \right]^{-1}$

이중제약 모형은 각 통행유출존(k_i)과 각 통행유입(k_j')에 상수를 적용하여 O-D표상의 총 i - j 쌍(모형 O-D표의 행렬의 합)이 조사된 O-D표의 행렬의 합과 같게끔 묶어 놓는 방법이다. 즉 '모형 O-D표의 총 통행유출량·유입량과 조사된 O-D표의 총 통행유출량·유입량을 각각 일치시킨다'고 하여 이중제약모형이라 한다.

(3) 간섭기회모형

이 모형은 이미 설명된 바와 같이 하나의 변수인 기회(opportunity)로서 통행유입량을 산출하는 방법이다. 우선 각 출발 존별로 목적 존까지의 기회를 거리, 통행시간, 일반화된 통행비용 등의 변수로 서열을 나타낸 후, 기회를 모든 목적 존에 걸쳐 누적시키는 함수를 도출한다. 이와 같은 과정을 각 유출 존에 대해 반복하게 된다. 이 작업이 끝나면 가구설문조사 등에 의해 분석된 통행자료에 의해 목적지 선택비율을 구하여, 이로부터 모든 목적 존을 향하는 출발지에서의 통행의 누적비율로서 확률분배함수를 구하게 된다. 이 방법은 증가율법이나 중력모형에 비해 최근 잘 사용되지 않고 있다.

3. 교통수단선택 모형

교통수단선택 모형은 승용차, 택시, 버스, 도보 등을 이용하는 통행자를 예측하는 모형이다. 이 모형은 도로 신설이나 확장 등 교통시설 투자사업에 필요한 교통량 자료로 이용될 수 있고, 대중교통수단의 노선변경, 서비스조정, 요금변화 등의 정책결정의 준거로 사용될 수 있다. 교통수단선택에 영향을 미치는 일반적인 요인은 다음과 같이 구분하여 살펴볼 수 있다.

① 통행인의 특성 : 가구수입, 승용차보유여부 혹은 보유대수, 교육수준, 가구규모, 성, 연령, 주거밀도 등이 있다. 일반적으로 통행인의 수입, 연령, 승용차보유여부 등이 교통수단 선택에 사용되고 있다.

② 통행의 특성 : 통행목적별로 통학·통근·쇼핑·업무·여가 및 친교 등으로 구분되며, 또한 통행의 거리별로는 장거리·단거리통행으로 나눌 수 있다.

③ 교통수단의 특성 : 이것은 교통수단이 갖고 있는 서비스 수준의 속성을 의미하는 것으로, 통행시간, 통행비용, 안전성, 편리성과 쾌적성 등으로 나누어 볼 수 있다.

교통수단선택 모형은 작업수행 단계에 따라 다음 네 가지, 즉 "(i) 통행발생 단계에서 함께 사용, (ii) 통행발생과 통행분포 단계 사이에 사용, (iii) 통행분포 단계에서 함께 사용, 그리고 (iv) 통행분포와 노선배정 단계 사이에 사용"으로 구분할 수 있다.

(1) 통행발생 단계에서 함께 사용

통행발생 단계에서 많이 이용되고 있는 회귀분석이나 카테고리분석법에 의해 수단선택의 예측이 가능하다. 회귀분석의 경우, 독립변수는 주로 출발(유출)존의 자가용 보유여부, 도심지까지의 거리, 주거밀도, 대중교통수단시설까지의 접근도가 사용되고 있다. 카테고리분석법의 경우엔 가구를 소득, 자동차보유, 가구 수 등으로 분류하여 교통수단별 평균 통행발생량을 추정하고 있다. 각 교통수단의 존별 발생량은 이러한 변수에 따라 분류된 가구 수에 평균통행회수를 곱하여 예측되며, 존의 총 통행발생량은 분류된 총 가구수의 통행량을 합하여 구해진다.

(2) 통행발생과 통행분포 단계 사이에 사용

통행분포 단계보다 앞서 적용하기 때문에 통행자의 목적지나 경로를 알 수 없다. 따라서 통행발생의 예측에 사용된 사회경제적 변수를 활용하여 교통수단을 선택해야 한다. 즉, 교통수단의 특성에 따른 통행자의 선택이 아니라, 사회경제적 변수에 따라 선택패턴이 미리 결정된다고 볼 수 있다. 이 모형이 사용된 주된 이유는 모형적용의 편리성과 통행자 행태에 관한 가설을 정립할 수 있다는 점에 있다. 이의 적용원리는 전환곡선(diversion curve)에 기초를 두고 있다.

(3) 통행분포 단계에서 함께 사용

여기에서는 통행교치모형과 중력모형이 이용된다. 통행교차 모형은 통행분포 단계에서 함께 사용되기 때문에 기・종점 통행량이 배분된 상태에서 교통수단의 서비스특성에 의해 수단선택을 추정하는 모형이다. 따라서 교통수단을 선택할 여지가 있는 통행자:choice rider (비교 : 선택할 여지가 없는 통행자 : captive rider)가 서비스변수, 즉 탑승시간, 접근시간, 대기시간, 환승시간(갈아타는 시간), 통행비용 등에 준거하여 교통수단을 선택하는 행위를 추정하는 것이다. 따라서 통행교차 모형은 교통수단 서비스 수준의 차이와 통행자의 사회경제적인 특성 차이에 대한 함수로써 교통수단 선택패턴을 추정하게 된다. 일반적으로 교통수단 분담패턴은 전환곡선을 이용하여 묘사되고 있다.

아울러 중력모형에 기초를 두면서 통행분포와 교통수단선택을 동시에 추정하는 모형이 『윌슨』(Wilson)에 의해 개발된 바 있다. 그는 통행저항(impedance)의 지수함수를 이용하여 중력모형을 수정하였고, 이후에 엔트로피 극대화 방법을 적용하여 기존 모형의 문제점을 보완한 바 있다.

(4) 통행분포와 노선배정 단계 사이에 사용

이것은 4단계 추정방법에서 가장 널리 사용되어 온 방법이다. 여기에서는 주로 전환곡선과 회귀분석법이 사용되고 있다. 전환곡선에서 주로 사용되는 변수는 통행목적이나 계층별 상대적 통행비용, 시간, 서비스비율 등이다. 한편 회귀분석 모형은 자동차 혹은 대중교통수단에 의해 존 i에서 존 j로 통행하는 통행량의 몫을 종속변수로 설정하고, 독립변수는 주로 토지이용의 특성을 고려한 변수가 선택된다. 모형에 대한 기본개념은 전술한 바 있는 회귀분석 모형과 동일하다.

4. 노선배정 모형

노선배정이란 교통시설(교통망)에 존간의 통행(O·D 통행)을 배정하는 작업을 말한다. 이를 위한 기초적인 작업은 네트워크(network)를 구축하는 일이다. 네트워크는 링크(link)와 노드(node)로 구성된다. 링크는 교차로와 교차로 사이의 구간이며, 링크에 관련된 자료는 주행속도, 용량, 길이, 주행시간 등이다. 노드는 두 개 이상의 링크가 접속되는 교차점(node)과 존의 중심이 되는 존중심(centroid)의 두 가지 유형이 있다. 노선배정에 관련한 모형은 크게 두 가지, 즉 전량배분법과 용량제약법으로 나눌 수 있다.

(1) 전량배분법(All-or-Nothing)

이것은 통행자가 어느 존(혹은 기점)에서 다른 존(혹은 종점)으로 통행하고자 할 때 통행비용이 가장 적게 드는 경로(최소비용 경로)를 선택하게 된다는 기본적인 전제를 이론적 배경으로 하고 있다. 이 모형에서는 주로 통행시간을 이용하여 통행시간이 가장 적게 소요되는 경로에 모든 통행량을 배정한다. 즉 존 i와 존 j간의 통행량을 모두 가장 빨리 갈 수 있는 경로(최단경로)에 배정하는 방법이다. 따라서 일정한 구간의 배정교통량은 존간 통행의 개별적인 링크통행량을 합한 것이 된다.

이 모형의 장점은 "첫째 이론이 단순하기 때문에 이해하기 쉬워 노선배정의 개념을 쉽게 파악할 수 있고, 둘째 교통체계의 관점에서 최적 노선배정 상태를 검토할 수 있다"는 것이다. 한편 이 모형의 단점은 "우선 도로의 용량을 고려하지 않고 통행량을 배정시키므로 도로용량을 초과하는 비현실적인 경우가 발생되고, 둘째 통행자가 항상 최소시간이 소요되는 경로만 택하지 않을 뿐 아니라 통행자가 최소시간 경로보다 시간이 더 소요되는 경로도 종종 택하고 있어 통행자의 행태측면의 고려가 미흡하고, 셋째 통행자는 통행시간이 길고 짧음에 따라 수시로 경로를 변경할 수 있기 때문에 통행자의 수요가 특정 경로에 일정하게 고정되어 있다는 이 모형은 현실성이 약하다"는 점이다.

(2) 용량제약법

이 방법은 '교통량이 증가하면 통행속도는 감소한다'는 사실에 근거하고 있다. 교통량 대 용량(v/c) 비가 매우 적을 경우 차량은 거의 자유속도(free speed)로 통행할 수 있다. 교통량이 증가하여 v/c비가 커지면 운전자는 주행에 제약을 받아 속도가 점차 줄어든다. 이와 같은 교통량과 통행속도(즉 통행시간)와의 관계를 이용하여 출발지와 목적지 사이의 여러 노선에 대한 인지된 통행비용(perceived travel cost)이 평형을 이룰 때까지 계속 배분해서 반복·조정하는 것이 용량제약법이다. 여기에는 반복과정법, 분할배정법, 다경로배정법 및 확률적 노선배정법이 있다.

i) 반복과정법(iterative assignment)

반복과정에 의한 노선배정법의 계산과정은 〈그림 14.1〉과 같다. 반복과정법의 특징은 첫째, 교통혼잡에 의한 영향을 고려할 수 있으므로 현실적인 배정이 가능하지만, 복잡한 계산을 필요로 한다. 둘째, 반복과정을 하는 경우 이론적으로 교통량이 평형상태에 도달하는가의 여부에 대한 검토를 하기 힘들다는 것이다.

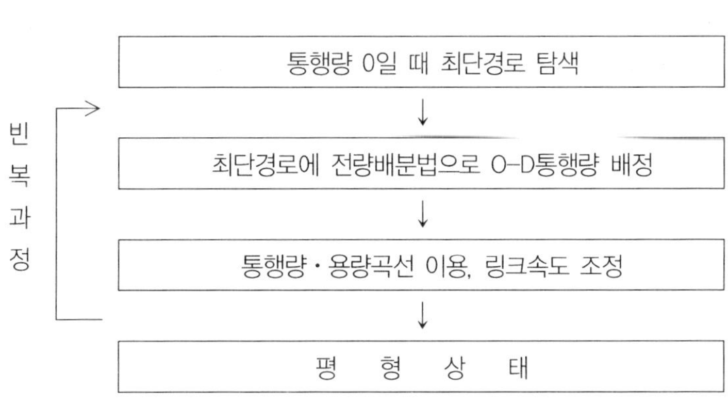

〈그림 14.1〉 반복과정법에 의한 노선배정

ii) 분할배정법(incremental assignment)

최소비용경로에 따라 존간 통행표(O-D matrix)의 일정한 양(예를 들어 20%)을 우선 배정하여 이를 기초로 통행시간(통행비용)을 구하여 존간 새로운 통행표를 구축한 다음, 다시 일정한 양의 통행을 배정하는 방법이다. 미국에서 널리 사용되는 "노선배정편람"에서는 링크상의 통행시간(통행속도)과 차량대수 및 도로용량간의 관계를 아래와 같이 설정하고 있다.

$$T = T_0[1 + 0.15(\frac{V}{C})^4] \tag{14.12}$$

여기에서 T는 배정된 차량들이 링크를 주행하는데 소요되는 시간(분)이며, T_0는 통행량이 없을 때(즉, 자유속도 하에서)에 링크를 주행하는데 소요되는 시간(분)이다.

iii) 다경로배정법(multi-path assignment)

각 통행자가 그 자신이 인식하는 통행시간·통행비용의 관점에서 노선을 선택하기 때문에 노선대안들에 대하여 완전한 정보를 가지고 있다고 말할 수 없다. 즉 최단거리에 대하여 통행자마다 서로 달리 인지하기 때문에 여러 경로를 고려하는 다경로배정법이 등장하게 되었다.

이 배정법의 이론은 통행자가 링크의 통행시간을 정확히 알지는 못하나 대략(그들 나름대로의 인지하는) 예상하고 있다고 하는 가정으로부터 출발한다. 이 모형은 통행시간 분포로부터 무작위로 통행시간을 산출해 내는데, 그 평균치는 실측치에 의한 정확한 통행시간과 동일하게 처리된다.

iv) 확률적 노선배정(probabilistic assignment)

『다이얼』(Dial)에 의해 개발된 모형으로서 통행거리가 길어지면 통행자가 그 경로를 택할 확률이 그만큼 적어지게 된다는 논리에 입각한 방법이다. 『플로리안과 폭스』(Florian and Fox)는 두 존을 연결하는 여러 대안노선 중에서 노선 k를 선택할 확률을 다음과 같이 설정하고 있다.

$$p(k) = \frac{\exp(-\theta T_k)}{\sum_k \exp(-\theta T_k)} \tag{14.13}$$

여기에서 p(k)는 노선 k를 선택할 확률, T_k는 노선의 통행시간, 그리고 θ는 통행량 전환계수이다.

제 3 절 개별행태 모형

1. 개요

교통계획 분야에서 전통적으로 이용되는 수요추정 체계는 4단계 교통수요 추정모형 체계이다. 그러나 이 체계의 가장 큰 단점은 통행자의 행태(behavior) 요소가 전혀 고려되어 있지 않다는 점이다. 이러한 단점을 극복하기 위해 새로운 모형, 즉 개별행태 모형이 등장하게 되었다. 이 모형의 이론적 배경은 "교통 존이 통행을 하는 것이 아니라 통행자가 통행하는 것"이라는 사실에 두고 있다. 이것은 교통사업의 영향을 행태 측면에서 접근해 보려는 시도로서 개인통행자(일반적으로 가구, 개인통행자)를 분석단위로 한 모형이다. 이러한 모형을 전통적인 집계모형과 대조적인 의미로 개별행태 모형이라고 칭한다.

대표적인 분석방법에는 (i) 회귀분석법(regression analysis), (ii) 판별분석법(discriminant analysis), (iii) 『로짓』모형(logit model), 그리고 (iv) 『프로빗』모형(probit model) 등이 있다. 이들 모형은 개인의 통행행태를 관찰하여 필요한 파라미터 값을 추정하므로 4단계 모형에 비하여 다음과 같은 장점을 가지고 있다.

① 개별행태 모형은 교통 존에 구애받지 않고 추정이 가능하므로 어떠한 지역단위에도 이용될 수 있다.

② 이 모형은 인과성보다는 행태성이 강한 모형이기 때문에 공간적이나 시간적으로 이전작용이 가능하다.

③ 이 모형을 이용하여 단기적인 교통정책의 영향을 쉽게 추정할 수 있으며, 모형적용에 시간이 많이 걸리지 않는다.

④ 이 모형은 교통정책의 개략적 평가에 쉽게 적용될 수 있다.

⑤ 모형에 필요한 자료수집 비용을 절감할 수 있고, 짧은 시간 내에 결과를 도출할 수 있다.

2. 『로짓』모형

개별선택모형 중 가장 널리 사용되고 있는 모형이 『로짓』모형(logit model)이다. 이 모형은 개인의 효용극대화에 따른 확률이론에 그 배경을 두고 있다. 또한 이 모형은 심리학 맥락에서의 선택이론에 근거한 비관련대안(independence of irrelevant alternatives)과 같은 속성도 가지고 있다.

『로짓』모형의 이론적 구조는 다음과 같다. 통행자는 자신에게 주어진 교통선택대안 중에서 경제적 합리성과 효용 극대화라는 기준 하에서 대안을 선택한다. 그 효용은 다음 두 가지 속성을 포함하고 있는바, 하나는 관측이 가능한 요소와 또 하나는 관측할 수 없는 요소로 구성된다.

$$U_{is} = V_{is} + \epsilon_{is} \tag{14.14}$$

여기에서 U_{is}는 s번째 통행자가 i번째 대안에 대해 갖는 효용이며, V_{is}는 관측 가능한 요소로 구성되는 효용이고, ϵ_{is}는 관측되지 못하는 요소로 구성된 효용이다.

통행자는 일반적으로 가장 높은 효용을 가지는 교통수단을 선택하기 때문에 통행자 s가 대안 j보다는 대안 i를 선택한다고 가정하면, $U_{is} > U_{jt}$이다. 또한 위의 식들에서 대안 i를 선택한다면, $V_{is} + \epsilon_{is} > V_{js} + \epsilon_{js}$ 이고, 이를 다시 쓰면 $V_{is} - V_{js} > \epsilon_{js} - \epsilon_{is}$가 된다. 그러나 V_{is}와 V_{js}가 산출된다고 해도 $V_{is} - V_{js}$가 $\epsilon_{js} - \epsilon_{is}$를 능가하는지에 대한 여부를 판단할 수 없기 때문에 어느 교통수단을 선택할지 불확실하게 된다. 이에 대한 대책으로 $\epsilon_{js} - \epsilon_{is}$가 $V_{is} - V_{js}$보다 작다는 확률을 정해 놓는다. 이것이 일반적으로 ϵ_{is}가 독립적이고 동일하게 『웨이벌』(Weibull) 분포되어 있다고 가정하는 것이다.

이 분포는 대칭이라는 점만 제외하고는 정규분포의 형태와 동일하기 때문에 수학적으로 계산이 용이하다는 장점을 지니고 있다. 이 분포의 특성 중에 하나는 '2개 이상의 대안 중에서 선택하는 경우 수학적 복잡성을 감소시킬 수 있다'는 것이다. 이 분포를 적용하여 s번째 통행자가 i번째 대안을 선택할 확률은 다음과 같다.

$$P_{s(i)} = \frac{e^{V_{is}}}{\sum_{j=1}^{J} e^{V_{is}}} \tag{14.15}$$

여기에서 $P_{s(i)}$는 s번째 통행자가 i번째 대안을 선택할 확률이며, j는 선택대안 수이다.

『로짓』모형의 설명변수에는 일반적으로 교통체계에 관련된 변수와 통행자의 사회경제적 특성을 나타내는 변수로 분류할 수 있다. 교통체계에 관련된 변수로는 탑승시간, 차외시간(탑승하지 않는 시간, 즉 접근시간 및 대기시간), 통행비용이 대표적인 변수들이고, 사회경제적 특성에 관한 자료는 통행자의 소득, 가장(家長) 여부, 자가용 승용차 보유여부, 가장의 연령 등이 있다.

3. 『프로빗』 모형(probit model)

개별행태모형 중에서 가장 널리 활용되는 모형은 『로짓』모형이라고 할 수 있다. 그러나 『로짓』모형은 비관련대안(independence of irrelevant alternatives)이라는 요소를 지니고 있어 수학적으로 용이하게 선택확률을 산출할 수 있다. 그러나 서로 유사한 속성을 내포하는 교통수단 대안이 존재하는 복잡한 선택상황에서는 확률추정의 신뢰성이 떨어진다는 단점이 있다. 이러한 단점을 극복하고자 『프로빗』모형이 개발되어 검증한 결과, 대안간의 상호의존성을 적절히 내재화하여 추정할 수 있는 모형으로 판명된 바 있다.

연습문제

14.1 당신이 거주하고 있는 시 · 군의 통행자료를 바탕으로 4단계 수요추정방법을 활용 장래 교통수요를 추정한 후, 문제점을 파악하고, 그에 따른 정책을 제시하시오.

14.2 제14장에 관련하는 용어를 5개 이상 선정하여 그 의미를 약술하시오.

14.3 『로짓』모형에 필요한 자료를 수집하고, 모형을 정산한 후, 그 결과를 분석하시오.

제 15 장 공공시설의 입지

제 1 절 입지결정 개요

1. 입지결정의 문제

문화, 사회 또는 교육문제 등의 기초 서비스를 계획함에 있어 무엇 보다 중요한 것은 해당 지역에 이들 부문과 관련된 시설들을 적정 규모로 적절한 위치에 공급하는 것이다. 이것은 해당 지역내의 도로망 패턴에 분포되어 있는 시설들의 중심지에 관련된다. 이러한 중심 시설로서는 공원·녹지, 유치원, 각급 학교, 체육시설, 박물관 도서관, 우체국, 병원, 소방서, 공급처리시설 그리고 대중교통수단의 역 또는 정류장 등이 있다. 공공시설의 이용은 대부분 중추시설들의 시스템을 여러 곳에 위치시킴으로서 이용을 촉진시킨다. 따라서 중추시스템에 대한 최적 입지를 결정하는 것이 공공시설 입지계획의 과제이다.

입지의 문제는 단순한 하나의 시설입지 문제에서 여러 시설의 입지와 이들 시설의 할당문제로 변화되고 있다. 후자의 문제는 하나의 개별 중추시설의 입지 및 서비스지구를 그 밖의 모든 시설들의 입지 및 서비스지구들과 관련시켜 결정함을 의미한다. 이 문제는 계획지역의 경계라는 제약조건 하에서 이루어져야 한다. 또한 이 과제는 중추시설 시스템과 연결해서 처리되어야 한다. 입지결정과정에서 계획가나 정책결정자가 다루어야 할 중요한 몇 가지 문제들을 제시하면 다음과 같다.

① 기반시설에 대한 수요의 공간적 또는 질적 변화로 인한 새로운 시설들의 추가문제, 즉 현재의 중추시설 시스템에 대한 새로운 구상

② 여러 개의 시설입지가 가능한 중심지들 가운데에서 최적입지를 선정하는 문제

③ 중기자본예산계획과 예상되는 시설수요의 규모변동 등에 일치하여 중추시설의 신설 및 확장시기를 결정하는 문제

이러한 문제들에는 입지와 서비스지구를 동시에 결정하여야 하는 복잡한 문제가 내포되어 있다. 그렇지만 여기에는 해결의 방향 및 방법 등과 관련해서 비교적 덜 복잡한 문제, 즉 주어진 중심지의 서비스지구를 배타적으로 결정하는 문제도 포함되어 있다. 다음에 설명하게 될 모형들은 이용자들을 중추시설들에 할당하는 과제에도 적용될 수 있는 모형들이다. 그러므로

이 모형들은 서비스 수준, 접근도, 접근기회 지수, 그리고 기타 매개변수들을 분석하는 데에도 이용될 수 있으며, 나아가서는 최적중심지의 구성에도 유용하게 사용될 수 있다.

2. 입지결정의 기본원칙

입지·할당모형들은 일반적으로 최적중심지를 찾아내는데 그 목표를 두고 있다. 여기서는 최적화의 개념을 두 가지 측면, 즉 입지행태(locational behavior)와 중심지의 패턴에 의해 달성될 목표들을 근거로 정의된다. 입지행태 패턴이란 이용자가 기반시설들을 이용하기 위해 중심지로 가야할 경우 또는 이들 시설이 공급자에 의해 이용자 입지에 배분될 경우에 일어나는 공간적 연결을 말한다. 한편 입지목표는 중심지들의 공간적인 분포의 결과로 나타나게 될 목표를 뜻한다. 입지행태 패턴은 이용자들의 시설이용 행태나 공급자의 시설배분 행태에 있어서나 다음 세 가지 기본원리 하에서 결정되고 있다.

① 중추시설의 이용에 전혀 영향을 미치지 않도록 공간적 마찰을 최소화한다.

② 중추시설의 이용에 영향을 가하면서 공간적 마찰을 최소화한다.

③ 개인의 시설에 대한 이용기회, 즉 잠재력을 극대화한다.

이러한 세 가지 입지행태 패턴의 기본원칙들로부터 중심지를 찾는 기준이 마련되어야 한다. 만약 하나의 입지목표가 선정된다면, 제2절에 기술될 입지·할당모형들 중 하나가 선택될 수 있다. 이들 모형에서 중심지의 9가지 개념과 서비스지구의 4가지 개념을 정의하면 다음과 같다.

(1) 중심지의 정의

① Central point : 이용자와 거리의 함수 합을 최소화하는 지점

② Median point : 직선거리의 합을 최소화하는 지점

③ Arithmetic mean point : 거리자승의 합을 최소화하는 지점

④ Center point : 최대거리를 최소화하는 지점

⑤ Facility-oriented point of potential : 시설이용을 극대화하는 지점

⑥ User-oriented point of potential : 이용자의 시설이용 기회를 극대화하는 지점

⑦ User-oriented point of equalized potential : 각 이용자의 시설이용 기회를 균등하게 하는 지점

⑧ Radial point : 최대허용거리 내에서 모든 이용자가 도달할 수 있는 지점

⑨ Constrained radial point : 최대허용거리 내에서 이용자의 규모가 최대화될 수 있는 지점

(2) 서비스지구의 정의

① 인접하고 있는 중추시설들 간의 거리가 같은 지점들로서 설정된 지역

② 인접하고 있는 중추시설들 간의 접근기회가 같은 지점들로서 설정된 지역

③ 중추시설들의 유인력(attractiveness)과 거리를 고려해서 설정된 세력권

④ 어떤 중추시설로부터 최대허용거리 내에 있는 지점들로서 설정된 지구

중심지의 개념에 대한 정의 ①~⑤와 정의 ⑧~⑨에는 접근성(accessibility)의 개념이 포함되어 있으며, 정의 ⑥과 ⑦은 접근기회의 개념을 내포하고 있다. 접근성이란 이용자입지와 관련해서 어떤 중추시설이 가지고 있는 입지적 여건을 말하며, 접근기회는 어떤 중추시설의 측면에서 이용자 입지의 지리적 여건을 나타낸다.

제 2 절 입지배분 모형

1. Central Point 모형

(1) 개요

이용자 입지 $U_j(j = 1,2,...,n)$, U_j에 있어 이용자 수 $r_j(r = 1,2,...,n)$, 중추시설 수 m(단, $m \geq 2$) 그리고 중추시설 입지 $C_i(i = 1,2,...,m)$,가 주어졌다고 가정하자. 중추시설 입지 C_i와 이용자 입지 U_j 간의 거리는 d_{ij}이다. 이 경우 모든 C_i는 다음 방법으로 결정된다. (i) 각 이용자는 정확하게 하나의 중추시설에만 할당된다. 따라서 계획지역 전체를 포괄하면서도 중복되는 지구들은 발생되지 않는다. (ii) 거리 d_{ij}의 합이 최소가 되게 한다.

(2) 수식

Central point들의 시스템에 대한 목적함수는 다음과 같다.

$$\text{minimize} \quad Z_1 = \sum_{i=1}^{m}\sum_{j=1}^{n} r_j d_{ij}^{\beta} \alpha_{ij} \tag{15.1}$$

제약조건 :

$$\alpha_{ij} = 0 \text{ 또는 } 1, \ (i = 1,...,m), \ (j=1,...n) \tag{15.2}$$

$$\sum_{i=1}^{n}\alpha_{ij} = 1, (j = 1, \cdots n) \qquad (15.3)$$

$$d_{ij} \geq 0, (i = 1, ..., m), (j=1, ...n) \qquad (15.4)$$

제약조건 식 (15.2)와 (15.3)에 의해 이용자 입지 U_j는 각기 하나의 중추시설 입지 C_i에 정확히 할당된다. 제약조건 식 (15.4)는 거리가 부의 값을 가지지 않는다(non-negativity)는 제약을 의미한다. 여기에 나타나는 지수 β는 그 밖의 다른 모든 목적함수와 마찬가지로 거리와 공간적 마찰을 극복하는데 드는 비용간의 계수를 선형(linear) 또는 비선형(non-linear)으로 다루기 위해서 적용되므로 β는 1보다 큰 값을 취할 수도 있다(일반적으로 -2).

(3) 모형의 특성

이 모형은 계획지역 내에서 전체 시스템에 대한 총 교통비용의 최소화에 두고 있는 시설들에 적용된다. 이 모형은 폐기물 처리장, 소방서 등과 같은 공공시설들의 입지를 결정하는데 적용되고 있다.

2. Center Point 모형

(1) 개요

이용자 입지 U_i(j = 1,2,...,n) 그리고 중추시설 수 m(단, m≥2)이 주어졌다고 가정하자. 중추시설 입지 C_i(i = 1,2,...,m)와 U_j간의 거리는 d_{ij}이다. 모든 C_i는 다음 방법으로 결정된다. (i) 각 이용자는 적어도 하나의 중추시설에 할당되게 한다. 따라서 지구들은 서로 중복되지 않고 계획지역 전역을 포괄한다. (ii) 어떤 U_j와 그와 가장 가까운 C_i간의 거리는 최소가 되게 한다.

(2) 수식

Center point들의 시스템에 대한 목적함수는 다음과 같다.

$$\text{minimize} \quad \sum_{i=1}^{m}\sum_{j=1}^{n} d_{ij}^{\beta}\alpha_{ij} \qquad (15.5)$$

제약조건 :

$$\alpha_{ij} = 0 \text{ 또는 } 1, (i = 1, ..., m), (j=1, ...n) \qquad (15.6)$$

$$\sum_{i=1}^{n} \alpha_{ij} \geq 1, (j = 1, \cdots n) \qquad (15.7)$$

$$d_{ij} \geq 0, \ (i = 1, \cdots, m), \ (j=1, \cdots n) \qquad (15.8)$$

방정식 (15.6)과 (15.7)은 이용자입지 U_j는 각기 적어도 하나의 중추시설 C_i에 할당된다고 가정하고 있다. 제약조건 식 (15.8)은 거리의 비부성(非負性 ; non-negativity)을 나타낸다. 이 모형에서는 중추시설들에 대한 이용자들의 할당뿐만 아니라 중추시설 간의 결합배치에 있어서 여러 개의 최적해가 도출될 수 있다.

(3) 모형의 특성

이 모형은 무엇보다도 계획지역 내에서 멀리 떨어진 지역 U_j에 가능한 서비스를 보다 잘 제공할 수 있는 중추시설 시스템을 도출하는데 적용될 수 있다. 이 목표는 모든 U_j와 이들과 가장 가까운 C_i간의 거리 d_{ij}를 가능한 작게 함으로써 달성된다. 이 모형은 주로 소방서, 구급차 또는 구급헬기, 대중교통체계에 있어 교차로 및 철도역 등과 같은 공공시설들의 입지를 경정하는데 적용되고 있다.

3. 시설이용 극대화 모형

(1) 개요

이용자 입지 $U_j(j = 1,2,...,n)$, U_j에 있어 이용자 수 $r_j(j = 1,2,...,m)$ 그리고 중추시설 수 m(단, $m \geq 2$)이 주어졌다고 가정하자. U_j에서 중추시설 입지 $C_i(i = 1,2,...,m)$까지의 거리는 d_{ij}이다. 모든 C_i는 다음 방법으로 결정된다. (i) 각 이용자는 하나의 중추시설에만 할당되게 한다. 따라서 계획지역 전역을 포괄하면서 중복되는 지구들은 발생하지 않는다. (ii) 중심지에 있어 이용자들에 의해 발생될 접근기회, 즉 시설이용 잠재력(potential)의 총합은 최대가 되게 한다.

(2) 수식

중추시설 입지 C_i에 위치하고 있는 U_j에 있어 이용자들에 의해 발생될 잠재력은 다음 식에 의해서 계산된다.

$$\pi_{ij} = \frac{r_j}{1+d_{ij}^{\beta}} \tag{15.9}$$

C_{ij}에서의 잠재력을 구하는 방정식 (15.9)를 사용해서 시스템에 대한 목적함수를 나타내면 다음과 같다.

$$\text{maximize} \quad Z = \sum_{i=1}^{m}\sum_{j=1}^{n}\pi_{ij}\alpha_{ji} \tag{15.10}$$

제약조건 :

$$\alpha_{ji} = 0 \text{ 또는 } 1, (i=1,\cdots,m), \ (j=1,\cdots n) \tag{15.11}$$

$$\sum_{i=1}^{n}\alpha_{ji} = 1, \ (j=1,\cdots n) \tag{15.12}$$

$$d_{ji} \geq 0, \ (i=1,\cdots,m), (j=1,\cdots n) \tag{15.13}$$

제약조건 식 (15.11)과 (15.12)에 의해 각 이용자입지 U_j는 중추시설입지에 정확히 할당된다. 제약조건 식(15.13)은 거리의 비부성을 나타낸다. 이 모형은 중추시설에 대한 이용자들의 할당뿐만 아니라 중추시설의 결합문제에 대하여 여러 개의 최적 해를 가질 수 있다.

(3) 모형의 특징

이 모형은 이용자들이 임의로 선택할 수 있는 서비스들을 제공하는 중추시설들의 시스템들에 적용될 수 있다. 시설의 이용규모는 이용자 입지에서 중추시설 입지까지의 거리가 증가함에 따라 감소될 것이다. 이 모형이 나타내고 있는 주요한 가정은 중추시설들 각기 제공되는 서비스의 질과 양은 거의 균등하다는 것이다. 이 모형은 계획지구 내에 주어진 이용자 입지패턴의 측면에서 중추시설들의 이용과 중심지들에 대한 접근성의 극대화로서 설명된다.

이 모형은 이러한 시설들의 전체적인 시스템을 고려하고 있다는 점에서 기존시설들의 시스템과 경쟁하는 새로운 시설만의 이용을 극대화하고자 하는 전통적 상업입지 모형들과는 다르다. 이 모형의 적용에 적합한 시설들로는 옥내·외 수영장, 도서관, 청소년센터 또는 상류계층에 속하는 시민들의 회의장 등과 같은 시설들이다.

4. 시설이용기회의 균등화 모형 (Ⅰ)

(1) 개요

이용자 입지 U_j(j = 1,2,⋯,n), 각 U_j에 있어 이용자 수 r_j(j = 1,2,⋯,m) 그리고 중추시설 수 m (단, m≥2)이 주어졌다고 하자. U_j에서 중추시설 입지 C_i(i = 1,2,⋯,m)까지의 거리는 d_{ij}이다. 게다가 일단의 시설입지가 가능한 중심지 P_h(h = 1,2,⋯,k)가 주어졌다고 가정하자. 이때 k는 m보다 크다. 모든 C_i는 다음 방법으로 결정된다. (i) 각 이용자는 하나의 중추시설에만 할당되게 한다. 따라서 계획지역 전역을 포괄하면서 중복되는 지구들은 생기지 않는다. (ii) 모든 중추시설들에서의 잠재력들 합에 대한 표준편차는 가능한 한 작게 한다. 시설이용기회의 합은 중추시설에 할당된 이용자 각각에 의해서 발생되는 개별시설 이용기회로부터 구해진다. (iii) 중추시설들은 시설입지가 가능한 중심지들 가운데에서 일부에만 입지 되게 한다.

(2) 수식

시설입지가 가능한 중심지의 수가 k개이므로 이들 가운데에서 m개의 중심지를 선택하는 조합의 수는 q개이다.

$$q = \frac{k!}{(k-m)!\,m!} \tag{15.14}$$

C_{ij}에서의 잠재력 π_{ij}를 구하는 방정식 (15.9)를 적용하고, q개의 조합들 각각에 대한 목적함수는 다음과 같다.

$$\text{maximize} \quad Z = \sum_{i=1}^{m}\sum_{j=1}^{n}\pi_{ij}\alpha_{ji} \tag{15.15}$$

제약조건 :

$$\alpha_{ji} = 0 \text{ 또는 } 1,\ (i=1,\cdots,m),\ (j=1,\cdots n) \tag{15.16}$$

$$\sum_{i=1}^{m}\alpha_{ji} = 1,\ (j=1,\cdots n) \tag{15.17}$$

$$d_{ji} = d_{ji}',\ (i=1,\cdots,m),\ (j=1,\cdots n) \tag{15.18}$$

제약조건 식 (15.16)과 (15.17)에 의해 각 이용자 입지는 하나의 중심지에만 할당된다. 제약조건 식 (15.18)은 d_{ji}가 U_j에서 주어진 시설입지 가능 중심지 P_h에 입지된 C_i까지의 주어진 거리

d_{ji}'과 같음을 나타낸다.

목적함수 (15.15)에 의하면 중추시설에 대한 이용자의 최적배분이 얻어진다. 이것은 최적화가 배분변수 α_{ji}와 관련해서 독립적으로 행해지기 때문이다. 목적함수 (15.15)에 따르면 조합 q 각각에 대한 배분변수의 값은 α_{ji}로 표시된다.

다음 단계에서는 『클라우스와 에브너』(Clauss and Ebner)가 제시한 방정식 (15.19)에 의해 선택조합 q개 각각에 대한 이용기회(잠재력) 합의 표준편차 S가 계산된다.

$$\text{minimize} \quad S = \{[m(m-1)^{-1}][m\sum_{i=1}^{m}\sum_{j=1}^{n}(\pi_{ij}\alpha_{ji})^2 - \sum_{i=1}^{m}\sum_{j=1}^{n}(\pi_{ij}\alpha_{ji})^2]\}^{\frac{1}{2}} \tag{15.19}$$

제약조건 :

$$\alpha_{ji} = \alpha_{ji}', \ (i=1,\cdots,m), \ (j=1,\cdots n) \tag{15.20}$$

$$d_{ji} = d_{ji}', \ (i=1,\cdots,m), \ (j=1,\cdots n) \tag{15.21}$$

여기서 표준편차가 최소인 조합이 최적해이다. 이 모형에서도 여러 개의 최적해가 있을 수 있다.

(3) 모형의 특징

전술한 모형들은 전체 관점에서 모든 중추시설들의 이용을 극대화시키는 반면에, 이 모형은 각 중추시설들과 비교할 때 그들의 이용도를 균등하게 한다. 이용도의 균등화는 항상 총 이용도를 보다 낮아지게 한다. 그러나 이 모형에 있어서 중추시설들의 규모가 똑같다고 가정하고 있다. 중추시설에 대해 상・하한선을 설정한다는 것은 계획지구 크기, 즉 기반 서비스에 대한 총 잠재수요가 감소되거나 또는 늘어나지 않는 한 불가능하다. 이러한 관점에서 이 모형이 이용기회(잠재력) 개념을 사용하고 있는 그 밖의 다른 모형들과 중추시설의 소비량에 대해 전혀 영향을 주지 않으면서 공간적 마찰을 최소화한다는 입지행태의 원칙을 토대로 한 모형들과 다르다. 이들 모형은 잠재력의 극대화에 기초한 모형과 공간적 마찰의 최소화에 바탕을 둔 모형들을 결합한 모형이다.

5. 시설이용기회의 균등화 모형 (II)

(1) 개요

이용자 입지 $U_j(j = 1,2,\cdots,n)$와 각 U_j에 있어 이용자 수 $r_j(j = 1,2,\cdots,m)$가 주어졌다고 가정하자. 또한 중추시설 수 m(단, $m \geq 2$)과 그들의 유인력 $a_i(i = 1,2,\cdots,m)$가 주어졌다고 하자. 여기서

유인력은 모든 중추시설에 있어 거의 같다고 가정한다. 입지·할당문제에 대해 합리적인 해를 얻기 위해서는 이와 같은 가정은 필수적이다. 이용자 입지 U_j에서 중추시설 입지 C_i까지의 거리는 d_{ij}이다. 그리고 일단의 시설입지가능 중심지들이 $P_h(h=1,2,\cdots,k$ 단, $k \rangle m)$개가 있다고 하자. 모든 C_i는 다음 방법으로 결정된다. (i) 각 이용자의 총 수요는 중추시설들 각각의 유인력과 거리를 고려하는 확률에 따라 모든 중추시설들에 비례적으로 할당된다. 따라서 중추시설의 세력권들은 계획지역 전역을 포괄한다. (ii) 모든 중추시설들에 있는 이용기회 총화의 표준편차는 가능한 한 작게 되도록 한다. 잠재력의 합은 각 중추시설에 있어 이용자 각각에 의해 발생된 이용기회들로부터 구해진다. (iii) 중추시설은 시설입지가능 중심지 k개 가운데에서 일부에만 입지되게 한다.

(2) 수식

이 모형에는 시설입지 가능 중심지가 k개 있기 때문에 중심지들을 선택하는 조합의 수는 q가지이다. q가지의 서로 다른 조합들 각각에 대해 중추시설 입지 C_i에 있는 중추시설들에 있어 모든 이용자 이용기회들의 합 π_i를 구하는 공식은 다음과 같다.

$$\pi_i = \sum_{j=1}^{n} r_j \phi_{ij} \qquad (15.22)$$

여기에서 ϕ_{ij}는 U_j에 있는 어떤 이용자가 C_i에 입지하고 있는 어떤 중추시설로부터 기반서비스들을 수요할 확률이다.

$$\phi_{ij} = \frac{\dfrac{a_i}{1+d_{ji}^{\beta}}}{\displaystyle\sum_{i=1}^{n} \frac{a_i}{1+d_{ji}^{\beta}}} \qquad (15.23)$$

모든 중추시설들의 유인력이 같다고 가정하고 있기 때문에 a_i는 방정식 (15.23)에서 1로 대체될 수 있다. 모든 m이 가지고 있는 이용기회들 합의 표준편차 S를 구하는 방정식은 다음과 같다.

$$\text{minimize} \quad S = \{[m(m-1)^{-1}][m\sum_{i=1}^{m}\pi_i^2 - (\sum_{i=1}^{m}\pi_i)^2]^{\frac{1}{2}} \qquad (15.24)$$

표준편차가 최소인 조합이 바로 구하고자 하는 최적해이다. 그렇지만 이 모형에도 여러 개의 최적해가 있을 수 있다. 이 모형의 수학적인 형태는 상업시설을 계획하기 위해서 『허프』(Huff, 1964)가 제시한 모형을 기초로 하고 있다.

(3) 모형의 특성

『허프』의 모형은 모든 기존의 상업시설에 하나의 새로운 상업센터의 효율성을 분석하는데 일반적으로 이용되고 있다. 이 경우에 있어 계획목표는 새로운 상업센터로 인해서 발생될 구매력을 극대화하는 방향에서 하나의 새로운 작은 센터들을 배치시키는 것이다. 단일시설에 대한 계획목표는 기존의 모든 센터들이나 또는 계획지역에 대한 결과들을 고려함이 없이 시설에 대한 총 수요로서 수행된다. 그렇지만 이 모형에서는 계획지역 전 구역과 마찬가지로 모든 시설들로 구성된 전체 시스템은 이와 같은 특정기반 서비스에 대한 총 수요로서 생각된다.

6. 이용자의 시설이용기회 극대화 모형

(1) 개요

이용자 입지 $U_j(j = 1,2,\cdots,n)$와 각 U_j에 있어 이용자 수 $r_j(j = 1,2,\cdots,m)$가 주어졌다고 가정하자. 또한 시설의 유인력 $\alpha_i(i = 1,2,\cdots,m)$가 주어졌다고 하자. 이용자 입지 U_j에서 중추시설 입지 C_i까지의 거리는 d_{ij}이다. 그리고 시설입지 가능 중심지들이 $P_h(h = 1,2,\cdots,k$ 단, $h \rangle m)$개가 있다고 하자. 이때 모든 C_i는 다음 방법으로 결정된다. (i) 각 이용자는 하나의 중추시설에만 할당하게 한다. 따라서 계획지역 전역을 포괄하면서 중복되는 지구들은 생기지 않는다. (ii) 이용자입지에 할당된 중추시설들에 의해 발생되는 잠재력들의 총화는 최대가 되게 한다.

(2) 수식

이용자 입지 U_j에 위치한 C_i에 있는 어떤 중추시설에 의해 발생되는 이용기회는 다음의 공식에 의해 구해진다.

$$\pi_{ij} = \frac{a_i}{1 + {d_{ji}}^{\beta}} \qquad (15.25)$$

방정식 (15.25)를 사용해서 이용자의 시설이용기회 극대화를 위한 목적함수를 설정하면 다음과 같다.

$$\text{maximize} \quad Z = \sum_{j=1}^{n} \sum_{i=m}^{n} \pi_{ji}\alpha_{ji} \qquad (15.26)$$

제약조건 :

$$\alpha_{ji} = 0 \text{ 또는 } 1, (i = 1, \cdots, m), (j = 1, \cdots n) \quad (15.27)$$

$$\sum_{i=1}^{m} \alpha_{ji} = 1, (j = 1, \cdots n) \quad (15.28)$$

$$d_{ji} \geq 0, (i = 1, \cdots, m), (j = 1, \cdots n) \quad (15.29)$$

이용자입지는 각각 제약조건 식 (15.27)과 (15.28)에 의해 정확히 하나의 중추시설에만 할당된다. 제약조건 식 (15.29)는 거리의 비부성을 나타낸다. 이 모형에서 여러 개의 최적해가 도출될 수 있다.

(3) 모형의 특징

이 모형은 어떤 계획지역에 중추시설들을 적정한 규모로 공급하고 동시에 적절한 입지계수를 갖추게 하는 것이 정책결정자의 궁극적인 목표인 계획에 적용될 수 있다. 접근기회에 대한 개념의 정의는 이용자 입지와 관련해 자의적으로 이루어진다. 이 개념은 저항인자로서 공간적 마찰뿐만 아니라 중추시설의 유인력도 포함한다. 이 모형은 중추시설입지의 측면에서 각 이용자입지의 질, 즉 접근기회에 대해 중점을 두고 있다. 이 모형은 적용될 수 있는 시설들로서는 보건・의료시설, 여가시설, 도서관, 영화관 그리고 고등교육시설 등이다.

7. 이용자의 시설이용기회 균등화 모형 (Ⅰ)

(1) 개요

이용자 입지 $U_j(j = 1,2,\cdots,n)$, 중추시설 수 m(단, $m \geq 2$) 그리고 이들 시설의 유인력 $\alpha_i(i = 1,2,\cdots,m)$가 주어졌다고 가정하자. U_j에서 중추시설 입지 $C_i(i = 1,2,\cdots,m)$까지의 거리는 d_{ji}이다. 이때 모든 C_i는 다음 방법으로 결정된다. (i) 각 이용자는 하나의 중추시설에만 할당되게 한다. 따라서 계획지역 전역을 포괄하면서 중복하는 지구들은 생기지 않는다. (ii) 이용자입지에 할당된 중추시설들에 의해 발생되는 잠재력들의 표준편차는 최소가 되게 한다.

(2) 수식

방정식 (15.25)를 사용해서 시스템에 대한 목적함수를 설명한다면 다음과 같다.

$$\text{minimize } Z = \left[\{[n(n-1)^{-1}\}\left\{[n\sum_{j=1}^{n}\sum_{i=1}^{m}(\pi_{ji}\alpha_{ji})^2 - \sum_{j=1}^{n}\sum_{i=1}^{m}(\pi_{ji}\alpha_{ji})^2\right\}\right]^{\frac{1}{2}} \quad (15.30)$$

제약조건 :

$$\alpha_{ji} = 0 \text{ 또는 } 1, (i = 1,\cdots,m),(j = 1,\cdots n) \quad (15.31)$$

$$\sum_{i=1}^{m}\alpha_{ji} = 1, (j = 1,\cdots n) \quad (15.32)$$

$$d_{ji} \geq 0, (i = 1,\cdots,m),(j = 1,\cdots n) \quad (15.33)$$

이용자입지는 제약조건 식 (15.31)과 (15.32)에 의해 정확히 하나의 중추시설에만 할당된다. 제약조건 식(15.33)은 거리의 비부성을 나타낸다. 여러 개의 최적해가 이 모형에서 얻어질 수 있다.

(3) 모형의 특징

전술한 모형은 하나의 이용자입지에만 특별하게 주의를 기울이지 않고 모든 U_j에 대해 최적해를 도출하는 반면에 이 모형은 U_j에 대한 접근기회를 균등화함으로써 각 이용자의 접근기회를 그 밖의 다른 모든 이용자들의 접근기회로 조정하는 것이 특징이다.

8. 이용자의 시설이용기회 균등화 모형 (II)

(1) 개요

이용자 입지 $U_j(j = 1,2,\cdots,n)$, 중추시설 수 m(단, $m \geqq 2$) 그리고 이들 시설의 유인력 $\alpha_i(i = 1,2,\cdots,m)$가 주어졌다고 가정하자. U_j에서 중추시설 입지 $C_i(i = 1,2,\cdots,m)$ 까지의 거리는 d_{ji}이다. 이때 모든 C_i는 다음 방법으로 결정된다. (i) 각 이용자는 하나의 중추시설에만 할당되어질 것으로 간주한다. 즉, 이용자입지는 각기 중추시설들의 세력권내에 위치한다. 따라서 세력권들은 계획지역 전역을 포괄한다. (ii) 이용자입지에 있는 중추시설들에 의해 발생되는 잠재력들 합의 표준편차는 최소가 되게 한다.

(2) 수식

방정식 (15.22)와 (15.23)을 이용하여 시스템에 대한 목적함수를 설명하면 다음과 같다.

$$\text{minimize} \quad Z = \left[\{n(n-1)^{-1}\} \left\{ n \sum_{j=1}^{n} \sum_{i=1}^{m} (\pi_{ji})^2 - \sum_{j=1}^{n} \sum_{i=1}^{m} (\pi_{ji}^2) \right\} \right]^{\frac{1}{2}} \tag{15.34}$$

제약조건 :

$$d_{ji} \geq 0, (i=1,\cdots,m), (j=1,\cdots n) \tag{15.35}$$

(3) 모형의 특성

이 모형은 이용자입지 각각에 대하여 하나의 총 접근기회의 척도를 찾는다는 점에서 이용자의 시설이용기회 극대화모형과 다르다.

9. Radial point 모형

(1) 개요

이용자 입지 $U_j(j=1,2,\cdots,n)$와 최대허용거리라고 생각되는 거리 d^+가 주어졌다고 가정하자. 각 이용자는 이 거리 내에서 적어도 하나의 중추시설에 할당되어져야만 한다. 중추시설 C_i와 이용자 입지 U_j간의 거리는 d_{ij}이다. 모든 중추시설 입지 C_i와 마찬가지로 중추시설의 최소규모 m은 다음 방법으로 결정된다. (i) 각 이용자는 적어도 하나의 중추시설에 할당되게 한다. 따라서 계획지역 전역을 포괄하면서 중복되는 지구들을 생기지 않는다. (ii) 어떤 이용자입지와 그와 가장 가까운 중추시설간의 거리는 주어진 최대허용거리 d^+를 초과하지 않도록 한다.

(2) 수식

Radial point들의 시스템에 대한 목적함수는 다음과 같다.

$$\text{minimize} \quad Z = \sum_{i=1}^{m} X_i \tag{15.36}$$

제약조건 :

$$\sum_{i=1}^{m} X_i \alpha_{ij} \geq 1, (j=1,\cdots n) \tag{15.37}$$

$$X_i = 0 \text{ 또는 } 1, (i=1,\cdots m) \tag{15.38}$$

$$\alpha_{ij} = 0 \text{ 또는 } 1, (i=1,\cdots,m), (j=1,\cdots n) \tag{15.39}$$

$$d_{ij}\alpha_{ij} \leq d^+, (i=1,\cdots,m), (j=1,\cdots n) \tag{15.40}$$

$$d_{ij} \geq 0, (i=1,\cdots,m), (j=1,\cdots n) \tag{15.41}$$

각 이용자입지는 제약조건 식 (15.37)과 (15.38)에 의해 최대허용거리, d^+내에서 적어도 하나의 중추시설에 할당한다. X_i는 시설입지가능 중심지들을 나타내는 하나의 불연속변수이다. 동질적인 계획지역의 경우에 있어 X_i는 어떤 도로망의 결절과 동선상의 모든 점들, 즉 무한개의 시설입지가능 중심지들 또는 어떤 도로망의 결절지점들 만을 나타낸다. 제약조건 식 (15.38)에 의하면 X_i는 0 또는 1을 값으로 하는 변수로서, 만약 시설입지가능 중심지에 하나의 중추시설이 있다면 X_i는 1과 같고, 그렇지 않은 경우에는 0과 같다. 제약조건 식 (15.39)에 의하면 α_{ij}도 또한 0 또는 1을 값으로 하는 변수로서, 만일 d_{ij}가 d^+보다 작거나 같으면 이것은 1과 같고, 그렇지 않는 경우에는 0과 같다.

(3) 모형의 특성

이 모형에는 중추시설들의 규모가 똑같이 최소로 이루어진 중심지들의 조합에 대한 최적해가 여러 개 있을 수 있다. 이러한 경우에 정책결정자들은 모든 거리 d_{ij}의 합에 있어 최소화 등과 같은 기준을 설정해서 여러 개의 대안들에 대하여 우선 순위를 책정하는 것이 좋다.

이 모형은 최대허용거리가 최대 서비스지구에 대한 하나의 규범적 가치로서 설정될 수 있는 모든 기반시설 시스템들에 적용될 수 있다. 이 같은 규범적 가치는 입지행태 패턴에서가 아니라 어떤 계획지역에 대하여 정책적인 결정으로 설정한 서비스기준들로부터 도출된다. 이 모형은 안전시설, 긴급비상정책시설, 그리고 구호시설 등의 기반시설에 적용될 수 있다. 경험적 연구들에서 최대허용거리는 소방시설의 경우 5~20분, 구급차 8~15분, 초등학교 600~1000m 또는 10~20분 그리고 중고등학교 900~1500m 또는 10~30분 등과 같이 나타나고 있다. 이와 같이 시설의 종류에 따라 시간 또는 공간의 최대허용거리는 달라진다.

10. 제약된 Radial point 모형

(1) 개요

이용자 입지 $U_j(j=1,2,\cdots,n)$ 이들 입지에 있어 이용자 수 $r_j(j=1,2,\cdots,n)$ 그리고 중추시설 수 m(단, m≧2)이 주어졌다고 가정하자. 또한 이용자가 어떤 중추시설에 의해서 서비스를 받을 수 있는 최대허용거리 d^+가 주어졌으며, 중추시설 입지 C_i와 이용자 입지 U_j간의 거리는 d_{ij}이다. 이때 모든 C_i는 다음 방법으로 결정된다. (i) 가능한 많은 이용자들이 최대허용거리 d^+에 의해 설정되어지는 서비스지역 내에 입지되게 한다. (ii) 어떤 이용자자라도 일부 중추시설들에 한번 이상 할당되지는 않게 한다. 따라서 중복되는 지구들은 생기지 않으나, 계획지역 전역을 포괄할 수는 없다.

(2) 수식

시스템에 대한 목적함수는 다음과 같다.

$$\text{maximize} \quad Z = \sum_{i=1}^{m}\sum_{j=1}^{n} r_j \alpha_{ij} \tag{15.42}$$

제약조건 :

$$\alpha_{ij} = 0 \text{ 또는 } 1,\ (i=1,\cdots,m),\ (j=1,\cdots n) \tag{15.43}$$

$$\sum_{i=1}^{m} \alpha_{ij} \le 1,\ (j=1,\cdots n) \tag{15.44}$$

$$d_{ij}\alpha_{ij} \le d^+,\ (i=1,\cdots,m),\ (j=1,\cdots n) \tag{15.45}$$

$$d_{ij} \ge 0,\ (i=1,\cdots,m),\ (j=1,\cdots n) \tag{15.46}$$

제약조건 식 (15.43)에 의하면 $\alpha_{ij}=0$ 또는 1을 값으로 하는 변수로서, 만일 U_j, C_i에 할당된다면, d_{ij}가 d^+보다 크지 않기 때문에 α_{ij}는 1과 같고, 그렇지 않은 경우에는 0과 같다. 만일 이용자가 최대허용거리의 제약 하에서 모든 시설들에 할당된다면, 각 이용자는 제약조건 식 (15.44)와 (15.45)에 의해 하나의 중추시설에만 할당된다.

(3) 모형의 특성

이 모형은 Radial point 모형에서 언급한 시설들에 대해 적용할 수 있다. 이 모형이 그 밖의 다른 모든 모형들과 다른 점은 계획지역 전역이 서비스지구들에 의해 포괄되어질 필요가 없다는 것이다. 이 모형은 최대 허용거리 내에서 계획지역 전역에 대해 서비스를 제공하기에는 불충분하다는 가정을 설정하고 있다.

제 3 절 적용방향

전술한 10개의 입지・할당모형들을 사용할 경우 이들 모형은 입지결정과정에서 고려되어져야 할 여러 입지요인들에서 중심지 하나 만을 다루고 있다는 점을 주목해야 한다. 결국 이 모형을 적용해서 얻을 수 있는 정보는 제한되어 있다. 따라서 이 정보는 입지결정과정에서 얻어진 다른 정보와 관련되어져야 한다. 물론 하나의 입지요인에만 의도적으로 국한시킨 것이 하나의 큰 이점으로서 생각된다. 즉 이것은 모형의 구조를 단순화시킬 뿐만 아니라, 계획가와 정책결정자들이 모형에 설정된 제약들을 쉽게 이해할 수 있게 한다.

또한 이들 모형은 그 내용 면에서 다음 방법으로 확대될 수 있다. 첫째, 이들 모형에 기반시설들의 중심지와 직접 관련된 요인들을 포함시킨다. 이러한 입지요인에는 ① 중추시설들의 최소 및 최대 용량, ② 중심지와 이용자 입지간의 최대허용거리, ③ 기존 중추시설들의 신설 또는 확장될 중추시설 시스템으로의 통합, ④ 중추시설 시스템의 기능적 또는 공간적 위계화 등이 있다.

둘째, 이들 모형에 중추시설 시스템을 적용함에 있어 단계화의 개념을 포함시킨다. 전술한 모형들에서는 모든 중추시설들이 동일 시점에 존재할 것으로 가정하고 있다. 이 가정은 다음 두 가지 이유에서 배제되어야 한다. 하나는 중추시설은 언제나 가용자원에 따라 단계적으로만 시행될 수 있음을 의미한다. 또 다른 이유는 기반시설 서비스에 대한 수요의 공간적・질적 변화로 중추시설 시스템의 단계적 시행은 불가피하다. 이러한 변화는 이용자의 구조변동, 이용자수의 증감, 이용자수요의 질적 변화 그리고 교통망의 구조변동, 이용자들의 교통수단에 대한 선호변동 또는 중추시설의 이용에 대한 규제 및 사용료에 있어 변동 등에 의해서 발생될 수 있다.

연습문제

15.1 공공시설의 입지할당 모형(location allocation models)의 적용에서 직면하게 되는 중심지의 개념들을 다양하게 구분하고, 그에 관하여 논하시오.

15.2 귀하가 거주하고 있는 도시의 다양한 중심시설에 대한 새로운 입지를 분석하고 있다고 가정하여, 최적입지를 결정하는 과정을 설명하시오.

15.3 제15장에 관련하는 용어를 10개 이상 선정하여 그 의미를 약술하시오.

15.4 귀하가 거주하고 있는 시·군에 있어 공원, 공급처리시설, 체육시설 등의 입지를 제15장에서 제시된 다양한 모형을 이용하여 최적입지를 제안해 보시오.

부 록

부록 A 계획모형의 기초

Ⅰ. 함수

1. 함수의 개념

변수들은 독립적으로 존재하기도 하지만 변수와 변수의 관계가 하나의 식(an equation)으로 표현되기도 한다. 함수는 바로 두 변수의 관계를 어떤 특별한 식으로 표현한 것이다. 함수(function)는 사상(mapping) 혹은 변환(transformation)이라고도 한다. 위의 두 용어 모두 어떤 것을 다른 것과 연관시키는 의미를 갖는다. 함수 $y = f(x)$는 두 변수 x와 y의 인과관계를 표현하는데, x는 영향을 주는 변수이고 y는 영향을 받는 변수이다. 따라서 x를 설명변수 또는 독립변수(independent variable)라고 하고, y를 종속변수(dependent variable)라고 부른다.

변수(variable)는 그 크기가 변할 수 있는 것, 즉 여러 값을 취할 수 있는 것이다. 계획모형에서 자주 사용되는 변수는 인구, 교통량, 면적, 소득 등이며, 숫자 대신에 기호로 표현할 수 있다. 계획모형이 정립되고 나면, 그 모형을 수학 혹은 통계학의 지식을 활용하여 정산을 하게 된다. 이러한 정산과정을 거쳐 여러 변수들의 값이 구해진다. 이처럼 모형의 정산과정을 거쳐 그 값이 구해지는 변수를 내생변수(endogenous variable)라 한다. 이 변수는 결정변수(decision variable) 혹은 선택변수(choice variable)라 불리기도 한다. 한편 모형에는 모형 외부의 힘에 의해 결정되는 것으로 가정되고 그 값이 외부의 자료로서만 주어지는 변수도 포함되는 경우가 있다. 그러한 변수를 외생변수(exogenous variable)라 한다.

변수들은 3x 또는 0.5d 등과 같이 자주 고정된 값과 결합하여 나타난다. 여기서 3 또는 0.5와 같은 고정된 값을 상수(constant)라 한다. 상수는 변하지 않는 수이며, 따라서 변수의 반대개념이다.

상수가 변수와 결합되어 표현될 때, 이를 그 변수의 계수(coefficient)라고 한다. 계수는 수(number)가 아니라 기호(symbol)로 표현되기도 한다. 예를 들면, 모형의 일반화를 위해서 3x 대신에 ax의 표현을 모형에서 사용하기도 한다. 여기서 a는 주어진 상수를 나타내는 것으로 생각되지만 어떤 특정 숫자로 지정되지 않았으므로 실제로는 어떤 값을 취할 수 있다. 다시 말하면 a는 변수인 상수이며, 이를 파라미터(parameter)라 부른다. 파라미터는 보통 a, b, c와 같은 기호나 그리스 문자인 α, β, γ 등으로 표현된다.

2. 함수의 유형

함수의 유형에는 y = f(x)와 같이 하나의 설명변수 x만을 갖는 일변수함수를 포함하여 다양한 유형의 함수가 있다. z = f(x,y), u = f(x,y,z)와 같이 설명변수가 두 개 이상인 다변수함수가 현실적으로 유용하게 쓰이는 경우가 많다. 다변수함수는 일변수함수를 확장한 것이며, 함수가 변수들간의 관계를 표현한다는 점에서는 동일하다. 그러나 다변수함수의 경우 그래프로 표현이 불가능하다는 점을 감안하여 하나의 설명변수를 가진 일변수함수의 유형을 살펴본다.

(1) 상수함수

설명변수가 상수만으로 이루어진 함수를 상수함수(constant function)라고 한다. 예를 들면, y = f(x) = 7로 표현될 수도 있는데, 이 함수의 값은 x값에 관계없이 일정하다. 좌표평면에서 이 함수는 x축에 수평인 직선으로 나타난다.

(2) 다항함수

다항함수(polynomial funtion)는 복수의 항을 갖는 함수를 뜻하며, 단일변수 x에 관한 다항함수는 다음과 같다.

$$y = a_0 + a_1x + a_2x^2 + ... + a_nx^n$$

위의 식에서 정수 n의 값에 따라 다항함수를 몇 가지로 나눌 수 있다. 즉, n=0인 경우엔 $y = a_0$ (상수함수)이며, n=1인 경우엔 $y = a_0 + a_1x$ (선형함수), n=2인 경우엔 $y = a_0 + a_1x + a_2x^2$ (2차 함수), n=3인 경우엔 $y = a_0 + a_1x + a_2x^2 + ... + a_nx^n$ (3차 함수)이다.

여기에서 x의 멱(冪; power)을 나타내는 위첨자(superscript)를 지수라 한다. 한편 최고의 멱수, 즉 n의 값을 다항함수의 차수(次數; degree)라 한다.

(3) 유리함수

함수형태가 $y = \frac{x-1}{x^2} + 2x + 4$ 과 같이 y가 변수 x에 대한 두 다항식의 비로 표현되는 함수를 유리함수라고 한다. 현실적으로 가장 흔히 쓰이는 유리함수로는 $y = \frac{a}{x}$ 또는 xy = a를 들

수 있다. y가 매우 커짐에 따라 곡선은 y축에 점점 더 가까워지지만 실제로 축에 도달하지는 않으며, x축에 대해서도 이와 마찬가지다. 이때, x와 y의 두 축은 이 함수의 점근선을 이룬다고 한다.

(4) 비대수 함수

다항식이나 다항식의 근(根; root)으로 표현되는 모든 함수는 대수함수이다. 따라서 지금까지 살펴본 함수는 모두 대수함수이다. 그러나 $y = b^x$와 같이 설명변수가 지수로 나타나는 지수함수나 $y = \log_b x$와 같은 로그함수는 비대수함수에 속한다.

3. 알고리즘과 모형

도시현상에 관한 이론과 자료에 기초를 두고 모형이 정립되고 나면, 우리는 모형의 해(解; solution)를 찾아야 한다. 모형의 해는 대수학(algebra)이나 미적분(calculus)의 지식을 이용하여 찾을 수 있는 경우도 있으나, 많은 경우 알고리즘을 이용하지 않고는 해를 구할 수 없다. 알고리즘은 대수학이나 미적분으로 표현될 수 없는 계산절차이다. 알고리즘은 컴퓨터의 보급으로 특히 중요하게 되었으며, 많은 알고리즘들이 컴퓨터 프로그램으로 개발되어 왔다. 선형계획기법, 비선형계획기법 등 많은 최적화계획기법과 확률선택모형, 중력모형 등의 계량분석모형들은 알고리즘의 도움 없이는 해를 구하는 것이 거의 불가능하다. 특히 복잡한 문제의 경우는 더욱 그러하다. 최근 컴퓨터 프로그래밍 언어를 몰라도 사용할 수 있는 컴퓨터 패키지가 많이 개발되고 있다. 이러한 컴퓨터 패키지의 개발로 인해 알고리즘에 대한 구체적인 지식이 없이도 도시모형의 해를 쉽게 구할 수 있게 되었으며, 이러한 경향은 앞으로 더욱 확대될 것으로 보인다.

II. 행렬대수

1. 행렬의 정의

행렬(matrix)이란 수, 변수, 함수 등을 직사각형 또는 정사각형 모양으로 배열해 놓은 것을 말한다. 그리고 이러한 배열을 구성하는 항들을 행렬의 원소라 하며, 행렬의 차원(dimension)은 행렬을 구성하는 행의 수와 열의 수로 정의된다.

2. 행렬연산의 성질

(1) 행렬덧셈의 성질

행렬의 덧셈은 차원이 같은 행렬들에 대하여 가능하며, 교환법칙(commutative law)과 결합법칙(associative law)을 만족한다. 이것은 행렬의 덧셈이 오직 두 행렬의 서로 대응하는 원소들의 덧셈만을 필요로 하고, 대응하는 원소들의 각 쌍을 더하는 순서에는 상관이 없다. 행렬덧셈의 교환법칙과 결합법칙은 다음과 같이 나타낼 수 있다.

[교환법칙] A+B = B+A

[결합법칙] (A+B)+C = A+(B+C)

(2) 행렬곱셈의 성질

행렬의 곱셈은 교환법칙을 만족하지 않는다. 즉 AB≠BA임을 알 수 있다. 행렬의 곱셈은 일반적으로 교환법칙은 만족하지 않지만 결합법칙은 만족한다.

[결합법칙] (AB)C = A(BC) =ABC

[분배법칙] A(B+C) = BC+CA

3. 행렬의 특수형태

(1) 항등행렬

정방형행렬은 행과 열의 수가 같은 행렬을 말한다. 항등행렬(identity matrix)은 정방형행렬 가운데 주대각선에 있는 원소는 모두 1의 값을 가지고, 나머지 원소의 값은 모두 0인 정방형행렬로 정의된다. 항등행렬은 기호로는 I 혹은 I_n으로 표시하며, 여기서 아래첨자 n은 행이나 열의 차원을 나타낸다. 즉 항등행렬은 숫자 1과 같은 역할을 하는 행렬이고 다음의 성질이 성립한다.

IA = AI = A

(2) 영행렬

영행렬은 모든 원소의 값이 0인 행렬을 말하며, 숫자 0과 같은 역할을 한다. 그러나 영행렬은 항등행렬처럼 꼭 정방행렬일 필요는 없다.

(3) 전치행렬

주어진 행렬 A의 행과 열을 순서를 유지하면서 서로 바꾸어 놓은 행렬을 행렬 A의 전치행렬이라 하고, 기호 A' 혹은 A^T로 나타낸다.

$$A = \begin{bmatrix} 3 & 8 & -9 \\ 1 & 0 & 4 \end{bmatrix} \qquad A' = A^T = \begin{bmatrix} 3 & 1 \\ 8 & 0 \\ -9 & 4 \end{bmatrix}$$

(4) 역행렬

행렬 A의 역행렬(inverse matrix)은 A^{-1}로 표기되며, A가 정방형행렬일 경우에만 정의된다. A가 정방형행렬일 때 A의 역행렬은 다음의 조건을 만족하는 행렬이다.

$$AA^{-1} = A^{-1}A = I$$

이것은 행렬의 곱셈에는 교환법칙이 적용되지 않는다는 일반법칙에 대한 또 하나의 예외적인 경우이다. 행렬 A와 B의 역행렬이 존재할 때, 다음과 같은 역행렬의 성질이 존재한다.

① $(A^{-1})^{-1} = A$
② $(AB)^{-1} = B^{-1}A^{-1}$
③ $(A')^{-1} = (A^{-1})'$

첫 번째 성질은 역행렬의 역행렬은 원래의 행렬임을 뜻한다. 두 번째 성질은 곱의 역행렬은 순서를 바꾼 역행렬의 곱임을 나타낸다. 그리고 마지막 성질은 전치행렬의 역행렬은 역행렬의 전치행렬과 같음을 의미한다.

4. 행렬식과 그 응용

(1) 행렬식의 정의의 계산

정방형행렬 A가 주어졌을 때, 일정한 법칙에 따라 A의 원소를 뽑아서 곱한 값들에 + 또는 -를 붙여 이를 모두 합한 스칼라(수)를 행렬 A의 행렬식(determinant)이라 하고 |A|로 표시한다. 행렬식은 정방형행렬에 대해서만 정의되며, (3×3)행렬 A의 행렬식은 다음과 같이 두 항의 합으로 정의된다.

(3×3)행렬 $A = \begin{bmatrix} a_{11} & a_{12} & a_{13} \\ a_{21} & a_{22} & a_{23} \\ a_{31} & a_{32} & a_{33} \end{bmatrix}$ 의 행렬식 $|A|$ 의 값은

$$|A| = \begin{vmatrix} a_{11} & a_{12} & a_{13} \\ a_{21} & a_{22} & a_{23} \\ a_{31} & a_{32} & a_{33} \end{vmatrix}$$

$$= a_{11}a_{22}a_{33} + a_{12}a_{23}a_{31} + a_{13}a_{21}a_{32} - a_{11}a_{23}a - a_{12}a_{21}a - a_{13}a_{22}a_{31}$$

지금까지 살펴본 방법은 (3×3)행렬의 행렬식을 구하는 데는 편리하게 쓰여질 수 있으나, (4×4) 이상의 행렬의 행렬식을 구하는 데는 적용이 불가능하다. 실제로 (3×3)행렬의 행렬식은 앞으로 설명하려는 『라플라스』전개(Laplace expansion)에 의하여 구할 수 있는 특별한 경우이다. 위의 식은 2차 행렬식을 이용하여 다음과 같이 나타낼 수 있다.

$$A = \begin{bmatrix} a_{11} & a_{12} & a_{13} \\ a_{21} & a_{22} & a_{23} \\ a_{31} & a_{32} & a_{33} \end{bmatrix}$$

$$= a_{11}a_{22}a_{33} + a_{12}a_{23}a_{31} + a_{13}a_{21}a - a_{11}a_{23}a - a_{12}a_{21}a - a_{13}a_{22}a_{31}$$

$$= a_{11}(a_{22}a_{33} - a_{23}a_{32}) - a_{12}(a_{21}a_{33} - a_{23}a_{31}) + a_{13}(a_{21}a_{32} - a_{22}a_{31})$$

식에서 나타난 세 개의 2차 행렬식을 각각 $|M_{11}|, |M_{12}|, |M_{13}|$ 이라 하면 이들 행렬식은 다음과 같이 정의된다.

$$|M_{11}| = \begin{vmatrix} a_{22} & a_{23} \\ a_{32} & a_{33} \end{vmatrix} \qquad |M_{12}| = \begin{vmatrix} a_{21} & a_{23} \\ a_{31} & a_{33} \end{vmatrix} \qquad |M_{13}| = \begin{vmatrix} a_{21} & a_{22} \\ a_{31} & a_{32} \end{vmatrix}$$

첫 번째 행렬식 $|M_{11}|$은 $|A|$의 첫 번째 행과 첫 번째 열을 삭제함으로써 얻어지는 A의 부분행렬식이다. 이 $|M_{11}|$을 원소 a_{11}(삭제된 행과 열의 공통부분의 원소)의 소행렬식이라 부른다. 일반적으로 기호 $|M_{ij}|$는 주어진 행렬식의 i 번째 행과 j 번째 열을 삭제함으로써 얻어지는 소행렬식을 나타낸다. 소행렬식 자체도 역시 행렬식이므로 하나의 값을 갖는다.

소행렬식과 밀접한 관계를 갖는 것으로서 여인수(cofactor)라는 개념이 있다 $|C_{ij}|$로 표시되는 여인수와 소행렬식의 관계는 다음과 같다.

$$|C_{ij}| = (-1)^{i+j}|M_{ij}|$$

여기서 보는 바와 같이 소행렬식의 아래첨자 i와 j 의 합이 짝수이면 여인수는 소행렬식과 동일한 부호를 갖는다. 그리고 만약 소행렬식의 아래첨자 i와 j 의 합이 홀수이면 여인수는 소

행렬식과 다른 부호를 갖는다.

행렬식을 계산할 때 0과 1이 가장 많이 포함된 행 또는 열을 선택하여 전개하는 것이 바람직하다. 이것은 여인수에 0을 곱하면 0이 되므로 그 항이 삭제되고, 1을 곱하면 여인수 그 자체가 되므로 적어도 한 번의 곱셈과정이 생략되기 때문이다.

이상의 논의를 요약하면, n 차 행렬식 $|A|$의 값은 다음과 같은 임의의 행 또는 임의의 열에 대한 라플라스 전개에 의해서 구해질 수 있다.

$$|A| = \sum_{j=1}^{n} a_{ij}|C_{ij}| \quad (\text{i 번째 행에 의한 전개})$$

$$= \sum_{i=1}^{n} a_{ij}|C_{ij}| \quad (\text{j 번째 열에 의한 전개})$$

(2) 역행렬의 계산

행렬 A의 역행렬은 A^{-1}로 표기되고, A에 A^{-1}을 앞에 곱하거나 뒤에 곱하면 항등행렬이 된다. 정방형행렬 A의 행렬식의 값이 0이 아니면 A의 역행렬은 존재한다. 어떤 $(n \times n)$행렬 A가 다음과 같이 주어졌다고 가정하자.

$$\underset{(n \times n)}{A} = \begin{bmatrix} a_{11} & a_{12} & \cdots & a_{1n} \\ a_{21} & a_{22} & \cdots & a_{2n} \\ \cdots & \cdots & \cdots & \cdots \\ a_{n1} & a_{n2} & \cdots & a_{nn} \end{bmatrix} \qquad (|A| \neq 0)$$

행렬 A의 각 원소는 여인수 $|C_{ij}|$를 가진다. 따라서 식 (3.37)의 각 원소 a_{ij}를 그 원소의 여인수 $|C_{ij}|$로 대체함으로써 여인수들의 행렬을 만들 수 있다. $C = [|C_{ij}|]$로 표시되는 여인수 행렬 역시 $(n \times n)$ 행렬이다. 그런데 행렬 A의 역행렬 A^{-1}을 구하기 위해서는 C의 전치행렬이 더욱 중요하다. 보통 이 전치행렬 C'를 A의 부수행렬이라 하며, adj A로 표기한다.

$$\underset{(n \times n)}{C'} = \text{adj}\,A = \begin{bmatrix} |C_{11}| & |C_{21}| & \cdots & |C_{n1}| \\ |C_{12}| & |C_{22}| & \cdots & |C_{n2}| \\ \cdots & \cdots & \cdots & \cdots \\ |C_{1n}| & |C_{2n}| & \cdots & |C_{nn}| \end{bmatrix}$$

이제 행렬 A의 역행렬 A^{-1}은 다음과 같이 계산할 수 있다.

$A^{-1} = \frac{1}{|A|}\text{adj }A$로 계산할 수 있다.

Ⅲ. 미분기초

1. 미분법

(1) 함수의 극한과 연속성

함수 y = f(x)가 x = a의 부근에서 정의되어 있고, x가 a에 충분히 가까이 접근할 때 f(x)의 값이 어떤 일정한 값 L에 한없이 접근하면, $\lim_{x \to a} f(x) = L$이라 쓰며, 'x가 a에 접근할 때의 f(x)의 극한값(limit)은 L'이라고 말한다. 함수 f(x)에서 x = a일 때의 극한값 f(a)가 정의되어 있고 $\lim_{x \to a} f(x)$가 존재하는 동시에 $\lim_{x \to a} f(x) = f(a)$를 만족할 때, f(x)는 x = a에서 연속이라 한다. 함수 f(x)가 어떤 구간의 모든 점에서 연속일 때, f(x)는 x = a에서 불연속이라 한다.

(2) 변화율과 도함수

변수 x가 어떤 값 a에서 a + h까지 변했을 때, 이 h를 x = a에서의 증분이라 한다. 일반적으로 x의 증분은 양(+)일 수도 있고, 음(-)일 수도 있으며, 이를 △x로 나타낸다. 함수 y = f(x)에서 x의 값이 a에서 a + △x까지 변할 때, y의 값은 f(a)에서 f(a +△x)까지 변한다. 이때 f(a +△x) - f(a)를 y의 증분이라 하고 △y로 나타낸다.

$$\Delta y = f(a + \Delta x) - f(a)$$

또한 △y를 △x로 나눈 값을 x가 a에서 a+△x로 변할 때 y의 평균변화율이라 한다.

$$\frac{\Delta y}{\Delta x} = \frac{f(a + \Delta x) - f(a)}{\Delta x}$$

미분구간 a에서 a+△x까지의 평균변화율이 $\frac{\Delta y}{\Delta x}$이고 △x가 0에 수렴하면, 극한값을 순간변화율로 볼 수 있다. 이를 식으로 나타내면 다음과 같다.

$$f'(a) = \lim_{\Delta x \to 0} \frac{\Delta y}{\Delta x} = \lim_{\Delta x \to 0} \frac{f(a + \Delta x) - f(a)}{\Delta x}$$

이와 같은 f′(a)가 존재할 때, f(x)는 x = a에서 "미분가능하다"고 하고 f(x)는 미분가능한 함수라 한다. 연속함수가 모두 미분가능하지는 않지만, 미분가능한 함수는 연속이다. 따라서 함수 f(x)가 x = a에서 미분가능하다면, f(x)는 x = a에서 연속이다.

임의의 점 x에 미분계수 $f'(x)$에 대응되는 함수를 "도함수"라 한다. 이를 식으로 나타내면 다음과 같다.

$$y' = \frac{dy}{dx} = f'(x) = \lim_{\Delta x \to 0} \frac{\Delta y}{\Delta x} = \lim_{\Delta x \to 0} \frac{f(x+\Delta x) - f(x)}{\Delta x}$$

(3) 미분의 기본활용

함수들의 사칙연산으로 결합되어 있는 함수의 미분은 아래의 기본공식을 활용하면, 쉽게 구할 수 있다.

① $f(x) = c$이면, $f'(x) = 0$ (c는 상수)

② $f(x) = x^n$이면, $f'(x) = nx^{n-1}$ (n은 실수)

③ $\frac{d}{dx}(cf(x)) = cf'(x)$

④ $\frac{d}{dx}(f(x) \pm g(x)) = f'(x) \pm g'(x)$

⑤ $\frac{d}{dx}(f(x) \cdot g(x)) = f'(x)g(x) + f(x)g'(x)$

⑥ $\frac{d}{dx}\left(\frac{f(x)}{g(x)}\right) = \frac{f'(x)g(x) - f(x)g'(x)}{[g(x)]^2}$

⑦ $\frac{d}{dx}(f(x)g(x)h(x)) = f'(x)g(x)h(x) + f(x)g'(x)h(x) + f(x)g(x)h'(x)$

⑧ $y = \log_a x \Rightarrow y' = \frac{1}{x} \cdot \frac{1}{\ln a}$

⑨ $y = \ln x \Rightarrow y' = \frac{1}{x}$

2. 편미분

(1) 편도함수

일변수함수를 미분하여 도함수를 산출할 수 있다. 그러나 독립변수가 여러 개 있는 다변수 함수는 일변수함수의 미분법과는 다른 미분의 개념, 즉 편도함수의 개념이 도입된다. 이변수 함수 $z = f(x,y)$에 y값을 고정하고 x에 관하여 미분하면, 이를 x에 관한 편도함수라 한다. 이를 식으로 나타내면 아래와 같다.

$$f_x(x,y),\ f_x, \frac{\partial f(x,y)}{\partial x},\ \frac{\partial f}{\partial x}, \frac{\partial z}{\partial x} \quad = \lim_{\Delta x \to 0} \frac{f(x+\Delta x,y)-f(x,y)}{\Delta x}$$

반대로 x값을 고정하고 y에 관하여 미분할 경우에도 동일한 방법을 이용한다.

(2) 제2계 편도함수

이변수함수의 제2계 편도함수는 제1계 편도함수를 이용하여 구한다. 즉, $\frac{\partial z}{\partial x} = f_x = f_x(x,y)$를 x에 관하여 편미분하면, $\frac{\partial^2 z}{\partial x^2}$, f_{xx}, $f_{xx}(x,y)$, 그리고 이를 y에 관하여 편미분하면, $\frac{\partial^2 z}{\partial y \partial x}$, f_{xy}, $f_{xy}(x,y)$이다. 또한 $\frac{\partial z}{\partial y} = f_y = f_y(x,y)$를 x에 관하여 편미분하면, $\frac{\partial^2 z}{\partial x \partial y}$, f_{yx}, $f_{yx}(x,y)$, 그리고 이를 y에 관하여 편미분하면, $\frac{\partial^2 z}{\partial y^2}$, f_{yy}, $f_{yy}(x,y)$이다. 이 변수함수 $f(x,y)$에서 f_x와 f_y가 연속함수이면, f_{xy}와 f_{yx}도 연속함수이며, 다음과 같은 식($f_{xy} = f_{yx}$)이 성립된다.

IV. 적분기초

1. 부정적분

(1) 부정적분의 개념

함수 F(x)의 도함수가 f(x)일 때, 즉 $F'(x) = f(x)$일 때, F(x)를 f(x)의 원시함수 또는 역도함수라 한다. 함수 f(x)의 임의의 원시함수를 $\int f(x)dx$로 표시하면,

$$\frac{d}{dx}F(x) = f(x) \quad \Rightarrow \int f(x)dx = F(x) + c \text{ 이다.}$$

여기에서 C는 적분상수, $f(x)$는 피적분함수, $\int$ 는 적분기호, 그리고 x는 적분변수이다.

(2) 적분의 기본공식

적분의 기본공식들은 미분의 기본공식들을 이용하면 다음과 같이 나타낼 수 있다.

① $\int x^n dx = \frac{1}{n+1}x^{n+1} + c \quad (n \neq -1)$

② $\int \frac{1}{x} dx = \ln x + c \quad (x > 0)$,또는 $\int \frac{1}{x} dx = \ln|x| + c$

③ $\int e^x dx = e^x + c$

④ $\int kf(x)dx = k\int f(x)dx$

⑤ $\int [f(x) \pm g(x)]dx = \int f(x)dx \pm \int g(x)dx$

⑥ $\int \frac{1}{x} dx = \ln|x| + C$

⑦ $\int \frac{f'(x)}{f(x)} dx = \ln|f(x)| + C$

(3) 치환적분 · 부분적분법

아래 식과 같이 복잡한 식의 적분에는 치환적분법을 활용하게 된다.

$\int f\{g(t)\}g'(t)dt$ 즉 “x = g(t)라고 치환하면 위의 식은 $\int f(x)dx$으로 변환이 된다. 따라서 f(x)를 적분하고 적분결과에 “x = g(t)”의 치환과정을 거치면 적분이 끝난다.

f(x) · g(x)와 같은 함수들의 곱셈에 대한 적분은 f(x)와 g(x)의 관계가 앞서 치환적분의 경우와 같이 특별한 경우를 제외하고는 일상적인 적분방법으로 적분이 되지 않는다. 이때는 부분적분법을 이용한다. 부분적분의 일반적인 형태는 다음과 같다.

$$\int f'(x)g(x)dx = f(x)g(x) \quad \int f(x)g'(x)dx$$

2. 정적분의 개념

지금까지 살펴본 부정적분은 어떤 변수의 함수이고, 따라서 확정적인 값을 갖지 않았다. 이제 주어진 연속함수 f(x)의 부정적분 $\int f(x)dx$ = F(x)에 대하여 x의 두 값 a와 b(여기서 a⟨b)를 선택하여 다음 식의 우변에 차례로 대입하고 그 차를 구하면 다음과 같다. 즉, [F(b) + c] - [F(a) + c] = F(b) - F(a)] 식의 계산결과는 임의의 상수 c는 물론이고 변수 x와도 무관한 특정한 값이 된다. 이 값을 f(x)의 a에서 b까지의 정적분이라 한다. 그리고 a는 적분하한, b는 적분상한이라 한다.

적분의 상한과 하한을 표시하기 위해서 이제부터 적분기호를 $\int_a^b$의 형태로 바꾸기도 한다. 그러면 정적분은 다음과 같이 나타낼 수 있다. 즉, $\int_a^b f(x)dx = [F(x)]_a^b = |F(x)|_a^b = F(b) - F(a)$정적분은 일정한 구간을 대상으로 하는 적분이므로 구간의 특성에 따라 여러 개의 구간으로 나눌 수 있는 특성, 구간의 방향성 및 부정적분의 일반적인 특성을 모두 내포하고 있다. 이와 같은 특성을 반영하는 일반식을 소개하면 다음과 같다.

① $\int_b^a f(x)dx = -\int_a^b f(x)dx$

② $\int_b^a f(x)dx = F(a) - F(a) = 0$

③ $\int_a^d f(x)dx = \int_a^b f(x)dx + \int_b^c f(x)dx + \int_c^d f(x)dx \qquad (a < b < c < d)$

④ $\int_b^a - f(x)dx = -\int_b^a f(x)dx$

⑤ $\int_b^a kf(x)dx = k\int_b^a f(x)dx$

⑥ $\int_a^b [f(x) \pm g(x)]dx = \int_a^b f(x)dx + \int_a^b g(x)dx$

⑦ $\int_b^a f[u(x)]u'(x)dx = \int_{u(a)}^{u(b)} f(u)du$ (치환적분법)

⑧ $\int_a^b f(x)g'(x)dx = [f(x)g(x)]_a^b - \int_a^b f'(x)g(x)dx$ (부분적분법)

3. 이상적분

정적분의 위 끝 또는 아래 끝이 ∞나 -∞인 것을 특이적분이라 한다. 특이적분은 확률밀도함수와 같이 무한대 영역을 취급할 때 보편적으로 활용하는 정적분법이다. 이와 같은 무한대의 변수가 들어가는 정적분은 무한대의 값을 유한변수 t로 치환하여 정적분치를 구하고 t를 무한대로 수렴시켜 극한값을 구한다. 이의 구체적인 계산은 아래 식과 같다.

$$\int_{a}^{\infty} f(x)dx = \lim_{t\to\infty}\int_{a}^{t} f(x)dx \qquad \int_{-\infty}^{b} f(x)dx = \lim_{t\to\infty}\int_{t}^{b} f(x)dx$$

위 식 각각의 우변 극한값이 존재하면 적분은 수렴하고, 존재하지 않으면 적분은 발산한다.

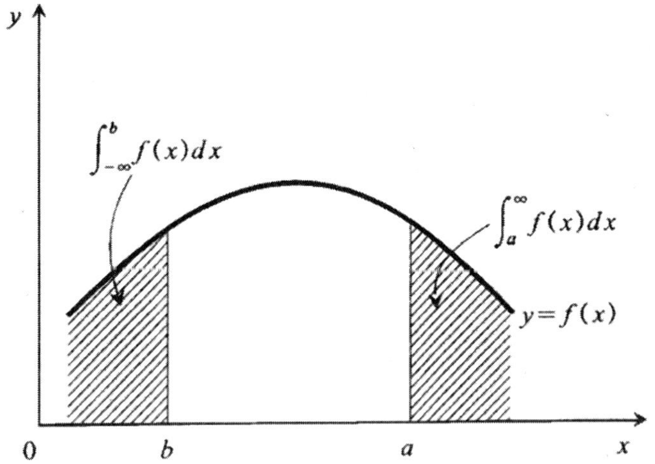

〈그림 A.1〉 이상적분

V. 함수의 극대와 극소

1. 일변수 함수의 극대와 극소

(1) 극대값과 극소값의 개념

함수 y = f(x)에서 충분히 작은 모든 양(+)의 수 h에 대하여 f(a − h) 〈 f(a) 〈 f(a + g)가 성립하면 함수 y = f(x)는 a에서 증가상태에 있다고 하고, 반대로 f(a − h) 〉 f(a) 〉 f(a + h)가 성립하면 함수 y = f(x)는 a에서 감소상태에 있다고 한다. 〈그림 A.2〉와 같은 그래프를 갖는 함수 y = f(x)는 A에서 B까지는 증가하고, B에서 C까지는 감소하며, 다시 C에서 D까지는 증가한다. 점 B에서 이 함수는 증가상태에서 감소상태로 변하는데, 이와 같은 점을 극대점이라 하고, 이 점에서의 함수값을 함수 y = f(x)의 극대값(maximum)이라 한다. 이와는 반대로 점 C에서는 함수가 감소상태에서 증가상태로 변하는데, 이 점을 극소점이라 하고, 이 점에서의 함수값을 함수 y = f(x)의 극소값(minimum)이라 한다. 극대값과 극소값을 통틀어 극치라 하고, 극대점과 극소점을 극치점이라 한다.

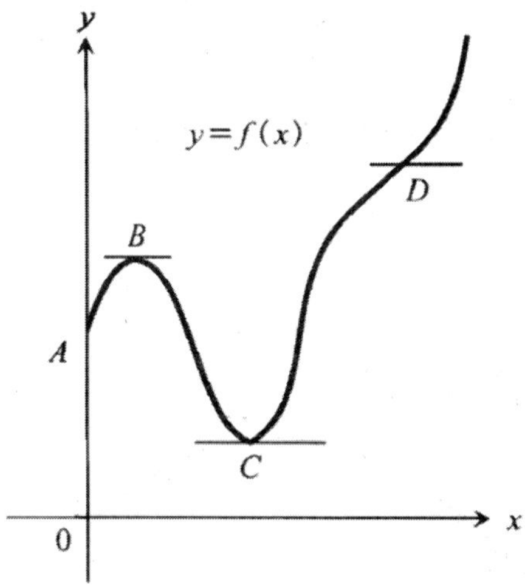

〈그림 A.2〉 함수의 극대와 극소

상대적 극치는 종종 국지적 극치라고 불리기도 하는데, 이는 오직 그 점의 근방에서 극치가 되는 것을 의미한다. 그리고 절대적 극치는 종종 전체적 극치라고 불리는데, 닫힌 구간에서 정의된 연속함수의 양 끝점에서의 함수의 값과 모든 극치를 비교해서 가장 큰 값 혹은 작은 값이 된다.

우리가 다루게 되는 대부분의 문제에 있어 주된 관심은 끝점 값이 아닌 극치에 있다. 이것은 대부분의 도시현상에서 설명변수가 비음의 값을 가지는 것으로 제한되고, 따라서 왼쪽의 끝점은 설명변수가 0이라는 것을 나타내게 되어 현실적으로 관심의 대상이 아니기 때문이다. 실제로 도시모형에서 자주 접하게 되는 함수의 형태는 곡선에 오직 하나의 굴곡부분을 갖는 함수이다. 따라서 본 절에서는 상대적 극치를 구하는 문제를 주로 논의한다.

(2) 함수의 증감

함수 f(x)가 x = a에서 미분가능할 때

① f′(a) 〉 0이면, f(x)는 x = a에서 증가상태에 있고,

② $f'(a) > 0$이면, $f(x)$는 $x = a$에서 감소상태에 있다.

따라서 함수 $f(x)$가 $x = a$에서 극대값 또는 극소값을 갖는다면, $f'(a) = 0$ 이든가 아니면 $f'(a)$가 존재하지 않던가 하여야 한다.

(3) 극대값과 극소값의 판정

함수 $f(x)$가 $x = a$에서 극대값 또는 극소값을 갖는다면 $f'(a) = 0$이다. 역으로 $f'(a) = 0$이면,

① x가 a를 지날 때 $f'(x)$의 부호가 (+)에서 (-)로 변하면, $f(a)$는 극대값이다.

② x가 a를 지날 때, $f'(x)$의 부호가 (-)에서 (+)로 변하면, $f(a)$는 극소값이다.

③ x가 a를 지날 때, $f'(x)$의 부호가 변하지 않으면, $f(a)$는 극대값도 극소값도 아니다.

이상의 판정법에서 보는 바와 같이 함수 $y = f(x)$의 극치를 구하려면 $f'(a) = 0$을 만족하는 a를 함수 f 또는 y의 임계값(critical value)이라 하고, 이 임계값을 x좌표로 하는 곡선 위의 점(a, f(a))를 임계점(critical point)이라 한다.

2. 고차 도함수의 극대와 극소

(1) 2차 도함수의 의미

도함수 $f'(x)$는 함수 f의 변화율의 크기를 나타낸다. 마찬가지로 2차 도함수 f''는 1차 도함수 f'의 변화율의 척도이다. 다시 말하면, 2차 도함수는 원시함수 f의 '변화율의 변화율'을 나타낸다. 점 $x = a$에서 설명변수 x가 미소하게 증가하는 경우에 이 내용을 달리 표현하면 다음과 같다.

① $\left.\begin{matrix} f'(a) > 0 \\ f'(a) < 0 \end{matrix}\right\}$은 함수의 값이 $\left\{\begin{matrix} \text{증가} \\ \text{감소} \end{matrix}\right\}$한다는 것을 의미한다.

② $\left.\begin{matrix} f''(a) > 0 \\ f''(a) < 0 \end{matrix}\right\}$은 함수의 기울기가 $\left\{\begin{matrix} \text{증가} \\ \text{감소} \end{matrix}\right\}$한다는 것을 의미한다.

(2) 곡선의 오목성과 볼록성

곡선 $y = f(x)$에서

① $f''(a) > 0$이면, $x = a$에서 아래로 볼록하다.

② $f''(a) < 0$이면, $x = a$에서 아래로 오목하다.

③ $f''(a) = 0$이면서 x가 a를 지날 때 $f''(x)$의 부호가 변하면, $x = a$에서 변곡점을 갖는다.

(3) 극대값과 극소값의 판정

2차 도함수를 이용하여 함수 f(x)의 극대값과 극소값을 다음과 같이 판정할 수 있다.

① $f'(a) = 0$이고 $f''(a) < 0$이면 f(a)는 극대값이다.

② $f'(a) = 0$이고 $f''(a) > 0$이면 f(a)는 극소값이다.

③ $f'(a) = 0$이고 동시에 $f''(a) = 0$이면, f(a)는 극치가 될 수도 있고 그렇지 않을 수도 있다.

3. 이변수 함수의 극대와 극소

(1) 극대와 극소의 필요조건

이변수 함수 $z = f(x,y)$가 $x = a$, $x = b$에서 극대값 또는 극소값 f(a,b)를 갖는다면, $x = a$, $x = b$는 연립방정식 $f_x = 0$, $f_y = 0$를 만족해야 한다. 따라서 이 식은 극대와 극소의 필요조건이 된다. 함수 $z = f(x,y)$에서 이 식을 만족하는 점(a,b)를 f(x,y)의 임계점이라 한다. 일반적으로 (a,b)가 f(x,y)의 임계점이라 하더라도 f(a,b)가 반드시 극대값 또는 극소값인 것은 아니다.

(2) 극대와 극소의 충분조건

함수 $z = f(x,y)$에서 『헤시안』행렬식(Hessian determinant) 혹은 간단히 『헤시안』이라고 불리는 행렬식 $|H|$를 다음과 같이 구할 수 있다.

$$|H| = \begin{vmatrix} f_{xx} & f_{xy} \\ f_{xx} & f_{yy} \end{vmatrix} = f_{xx} f_{yy} - f_{xy}^{2}, \ (f_{xx} = f_{xy})$$

이제 이변수함수의 극대값과 극소값의 판정법을 다음과 같이 정리할 수 있다. $x = a$, $y = b$가 $f_x = f_y = 0$을 만족시키면서, 동시에

① $x = a$, $x = b$에서 $f_{xx} < 0$, $|H| > 0$이면 f(a,b)는 극대값이다.

② $x = a$, $x = b$에서 $f_{xx} > 0$, $|H| > 0$이면

③ $x = a$, $x = b$에서 $|H| < 0$이면, 점(a, b, f(a,b))는 안장점이다.

4. 다변수 함수의 극대와 극소

(1) 극대와 극소의 필요조건

앞에서 살펴본 이변수함수의 극대값과 극소값 판정을 위한 필요조건은 변수가 세 개 이상인 다변수함수에 대해서도 확장이 가능하다. 함수 $u = f(x_1, x_2, \cdots, x_n)$이 극대값 또는 극소값 $f(a_1, a_2, \cdots, a_n)$을 갖는다면, $x_1 = a_1$, $x_2 = a_2$, … , $x_n = a_n$은 연립방정식

$$f_1 = 0,\ f_2 = 0,\ \cdots\ , f_n = 0$$

단, f_i =함수 f를 변수 x_i로 편미분한 편도함수를 만족해야 한다. 점 $(a_1, a_2, \cdots, a_n)$은 함수 $f(a_1, a_2, \cdots, a_n)$의 임계점이다. 따라서 위의 식이 극대와 극소의 필요조건이 된다.

(2) 극대와 극소의 충분조건

함수 $u = f(x_1, x_2, \cdots, x_n)$에서 『헤시안』행렬식 또는 『헤시안』이라고 불리는 행렬식 $|H|$를 다음과 같이 구할 수 있다.

$$|H| = \begin{vmatrix} f_{11} & f_{12} & \cdots & f_{1n} \\ f_{21} & f_{22} & \cdots & f_{2n} \\ \cdots & \cdots & \cdots & \cdots \\ f_{n1} & f_{n2} & \cdots & f_{nn} \end{vmatrix}$$

위 식에서 $|H|$의 주소행렬식은 다음과 같다.

$$|H_1| = f_{11},\ |H_2| = \begin{vmatrix} f_{11} & f_{12} \\ f_{21} & f_{22} \end{vmatrix},\ |H_3| = \begin{vmatrix} f_{11} & f_{12} & f_{13} \\ f_{21} & f_{22} & f_{23} \\ f_{31} & f_{32} & f_{33} \end{vmatrix},\ \cdots\ ,\ |H_n| = |H|$$

이제 다변수 함수의 극대값과 극소값의 판정법을 정리할 수 있다. $x_1 = a_1$, $x_2 = a_2, \cdots$, $x_n = a_n$이 연립방정식 $f_1 = 0$, $f_2 = 0$, $\cdots$ $, f_n = 0$ 을 만족시키면서, 동시에

① 점$(a_1, a_2, \cdots, a_n)$에서 $|H_1| < 0$, $|H_2| > 0$, $|H_3| < 0$, …와 같이 주소행렬식의 부호가 교대로 변하면, $f(a_1, a_2, \cdots, a_n)$은 극대값이다.

② 점$(a_1, a_2, \cdots, a_n)$에서 $|H_1| > 0$, $|H_2| > 0$, …, $|H_n| > 0$과 같이 주소 행렬식이 모두 양(+)이면, $f(a_1, a_2, \cdots, a_n)$은 극소값이다.

이상에서 살펴본 다변수함수의 극대값과 극소값의 판정법을 표로 정리하면 〈표 A-1〉과 같다.

〈표 A-1〉 다변수함수의 극대값과 극소값의 판정법

조 건	극 대	극 소
필요조건	$f_1 = f_2 = \cdots = f_n = 0$	$f_1 = f_2 = \cdots = f_n = 0$
충분조건	$\lvert H_1 \rvert < 0,\ \lvert H_2 \rvert > 0,\ \lvert H_3 \rvert < 0,\ \cdots,\ (-1)^n \lvert H_n \rvert > 0$	$\lvert H_1 \rvert, \lvert H_2 \rvert, \cdots, \lvert H_n \rvert > 0$

5. 제약조건하의 극대와 극소

어떤 함수의 변수가 일정한 조건을 만족시켜야 한다는 제약조건하에 함수의 극대값과 극소값을 구해야 하는 경우가 있다. 제약조건은 여러 기준으로 구분이 가능한데, 우선 등식의 제약조건과 부등식의 제한조건으로 구분이 가능하다.

우선 변수 x, y가 $g(x,y)=0$인 조건식에 의해 제약받을 때, 함수 $z=f(x,y)$의 극대값과 극소값을 구하는 문제를 살펴보자. 만약 위의 조건식을 한 변수에 대해 정리하여 극대화 혹은 극소화의 대상이 되는 목적함수에 대입할 수 있다면, 제약조건하의 극대값과 극소값은 변수의 대입과 소거방법을 적용함으로써 제약조건이 없는 경우의 극대값과 극소값을 구하는 방법과 같은 방법으로 해를 구할 수 있다.

그러나 제약조건이 단순한 형태가 아니어서 어느 변수에 대해서도 쉽게 풀어 정리할 수 없다면 제약조건이 없는 함수의 극대값과 극소값을 구하는 문제로 변화시킬 수가 없다. 이러한 경우에 우리는 『라그랑지』승수법(Lagrange multiplier method)이라고 불리는 방법을 사용할 수 있다. 『라그랑지』 승수법의 본질은 제약조건하의 극치문제를 변형시켜 비제약 극치문제의 해를 구하기 위한 필요조건을 그대로 적용할 수 있도록 하는데 있다.

이제 새로운 변수 λ에 관한 함수를 다음과 같이 정의한다. $L=f(x,y)+\lambda g(x,y)$ 함수 $z=f(x,y)$가 $g(x,y)=0$인 제약조건 아래 점(a,b)에서 극대값 또는 극소값을 갖는다면, $x=a$, $x=b$는 다음 연립방정식을 만족해야 한다.

$$L_\lambda = \frac{\partial L}{\partial \lambda} = g(x,y) = 0 \quad L_x = \frac{\partial L}{\partial x} = f_x + \lambda g_x = 0 \quad L_y = \frac{\partial L}{\partial y} = f_y + \lambda g_y = 0$$

여기에서 함수 F를 『라그랑지』 함수라 하고, λ는 아직 결정되지 않은 어떤 수를 나타내는 것으로 『라그랑지』 승수라고 한다. 그리고 이와 같은 방법으로 임계점 (a,b)를 구하는 방법을 『라그랑지』 승수법이라 한다. 이제 x=a, y=b가 위의 식들을 만족할 때, f(a,b)가 극치일 충분조건을 구해 보자. 먼저 『라그랑지』 승수 L에 대하여 다음과 같은 2차 도함수를 구할 수 있다.

$$L_{xx}=f_{xx}+\lambda g_{xx} \qquad L_{xy}=f_{xy}+\lambda g_{xy}=L_{yx} \qquad L_{yy}=f_{xy}+\lambda g_{yy}$$

여기서 우리는 『유계헤시안』이라고 불리는 행렬식을 다음과 같이 정의할 수 있다.

$$\left|\bar{H}\right| \begin{vmatrix} 0 & g_x & g_y \\ g_x & F_{xx} & F_{xy} \\ g_y & F_{yx} & F_{yy} \end{vmatrix}$$

이제 하나의 제약조건식을 가진 이변수함수의 극대값과 극소값의 판정법을 정리 할 수 있다. x=a, y=b 및 λ가 연립방정식을 만족시키면서, 동시에

① x=a, y=b 및 λ에 대한 $\left|\bar{H}\right|$의 값이 양(+)이면, f(a,b)는 극대값이다.

② x=a, y=b 및 λ에 대한 $\left|\bar{H}\right|$의 값이 음(-)이면, f(a,b)는 극소값이다.

VI. 확률과 확률분포

1. 확률

(1) 확률의 정의

확률은 어떤 사건이 일어날 가능성을 나타낼 때 사용하는 용어이다. 확률이 필요하게 된 것은 불확실한 미래의 사실을 규명하기 위한 노력이다. 이와 같은 확률로 표현되는 미래의 사건이 일어날 가능성은 사건의 성격에 따라서 달라질 수 있다. 사건의 성격은 크게 사건발생이 각 사건에 대하여 동일하게 일어날 수 있는 경우와 각 사건이 차별적으로 일어날 수 있는 경우로 크게 구분된다.

(2) 확률 법칙

확률의 법칙은 일어날 수 있는 많은 가능성에 근거하고 있으며, 아래의 세 가지 기본적인 법칙에 근거를 두고 있다. 첫째, 어떤 특정한 사건이 발생할 수 있는 확률은 사건이 일어나지

않는 경우와 사건이 일어나는 경우 사이의 한 확률을 가지고 있다. 즉, $0 \le P(A) \le 1$: 여기에서 P(A)는 어떤 사건 A가 일어날 확률을 나타낸다. 둘째, 표본공간상의 모든 사건(S) 중 하나는 반드시 일어난다는 것을 의미한다. 즉, P(S) = 1 : 여기에서 S는 표본공간이다. 셋째, 어떤 사건 A가 일어나지 않을 확률(여사건의 확률)은 모든 사건(S)이 일어날 확률이 1이라는 생각에 바탕을 둔다.

아울러 공리에 기본을 둔 확률법칙은 일반적인 수식의 연산과는 다른 덧셈법칙과 곱셈법칙이 있다.

우선 덧셈법칙으로 두 가지 사건 중 하나가 일어나는 확률을 각각의 개별 사건발생 확률을 이용하여 나타낼 수 있다. 특정사건 A와 B가 서로 배타적 사건이 아니면 $P(A \cap B) \neq 0$이다. 이때 두 가지 사건 중 하나가 일어나는 확률 $P(A \cup B)$은 아래 식과 같다.

$$P(A \cup B) = P(A) + P(B) - P(A \cap B)$$

만일 A와 B가 서로 배타적(독립적) 사건이면 $P(A \cap B)=0$이 되므로 위 식의 변형인 다음의 식과 같이 나타낼 수 있다.

$$P(A \cup B) = P(A) + P(B)$$

어떤 사건이 발생하는 조건하에서 다른 사건이 일어날 확률은 조건부확률을 이용하여 나타낸다. 특정사건 B가 발생한 조건하에서 사건 A가 발생할 확률을 나타내는 조건부확률 $P(A \mid B)$는 사건 B가 일어날 확률 중 사건 A와 사건 B가 동시에 일어날 수 있는 확률 $P(A \cap B)$의 비율이 된다. 다음 식과 같다.

$$P(A \mid B) = \frac{P(A \cap B)}{P(B)}$$

위의 조건부확률의 식을 변형하면 아래의 식과 같이 사건 A와 사건 B가 동시에 일어날 수 있는 확률 $P(A \cap B)$를 구하는 식을 산출할 수 있다.

$$P(A \cap B) = P(A) \cdot P(A \mid B) = P(A) \cdot P(B \mid A)$$

(3) 독립사건과 종속사건

두 사건이 동시에 일어날 수 있을 때 어떤 사건의 발생 결과가 다른 사건의 발생에 영향을 주지 않으면, "이 두 사건은 서로 독립적이다"라고 할 수 있다. 두 사건이 독립적이면 아래 식의 관계가 성립된다. 이와 같은 관계는 세 가지 이상의 사건에서도 동일하게 적용된다.

① $P(A \mid B) P(A)$

② $P(B \mid A) = P(B)$

③ $P(A \cap B) = P(A) \cdot P(B)$

두 사건이 동시에 일어날 수 있을 때 어떤 사건의 발생 결과가 다른 사건의 발생에 영향을 주게 되면 영향을 받는 사건을 종속사건이라 한다. 종속사건은 독립사건과는 달리 조건부확률과 일반확률이 동일하지 않다. 따라서 두 가지 사건 A와 B가 동시에 일어날 확률은 조건부확률과 종속사건확률의 곱으로 나타낸다. 이는 다음 식과 같이 나타낼 수 있다.

$$P(A \cap B) = P(A) \cdot P(B \mid A) = P(B) \cdot P(A \mid B)$$

(4) 『베이즈』 정리

『베이즈』정리는 『베이지안』분석의 기초가 되는 정리이다. 이 분석은 미리 알고 있는 사전적인 확률을 바탕으로 알려져 있지 않은 사후적인 확률(posterior probability)을 구하려고 할 때 사용한다. 일반적으로 자료조사를 통하여 구축되는 자료는 모집단의 속성을 완벽하게 나타낼 수 있는 완전정보가 아닌 불완전한 표본정보가 대부분이다. 따라서 불완전한 표본정보가 수집되었을 경우에 이를 완전한 정보로 전환하는 과정이 필요하며, 이와 같은 과정을 수행할 수 있는 것이 『베이지안』분석이라 할 수 있다. 다음 식은 『베이지안』정리를 구체적으로 나타낸 것이다.

$$P(A_k \mid B) = \frac{P(B \cap A_k)}{\sum_{i=1}^{n} P(B \cap A_i)}$$

$$P(B \cap A_k) = P(A_k) \cdot P(B \mid A_k) \qquad P(B \cap A_i) = P(A_i) \cdot P(B \mid A_i)$$

$$\therefore P(A_k \mid B) = \frac{P(A_k) \cdot P(B \mid A_k)}{\sum_{i=1}^{n} P(A_i) \cdot P(B \mid A_i)}$$

2. 확률분포

일반적으로 특정한 사건이 발생할 확률은 분포를 이루게 된다. 따라서 확률의 분포를 파악하는 것은 자료를 정리하는 데 중요한 작업이 된다. 확률의 분포는 집중화 경향과 분산도의 두 가지로 분석하게 된다. 집중화경향 분석에는 기대값, 그리고 분산도에는 분산과 표준편차를 많이 사용한다.

(1) 확률변수의 정의

확률변수(variable)의 특성을 규명하기 위해서는 다음 일련의 과정이 요구된다.

① 특정한 사건이 일정한 확률분포를 띠고, 전체 사건 X에 $x_1, x_2, x_3, \cdots\ x_n\ \cdots$ 사건이 포함되고, 전체 사건에 대한 확률이 1이므로 "P(X) = 1"이며, "$0 \le P(x_k) \le 1$"이 된다.

② 전체 사건에 대한 개별적인 사건 x_k를 확률변수라 정의한다.

③ 사건 x_k가 일어날 확률 $P(x_k)$를 확률변수의 확률값이라 한다.

④ 확률변수는 이산변수와 연속변수가 있다. 이산변수로는 성별, 교통류 특성(좌회전, 우회전, 직진 등) 등이 있으며, 연속변수로는 나이, 운전경력, 소득 등이 있다.

확률변수의 구분에서 일반적으로 사용하는 방법은 확률변수의 연속성 여부이며, 그에 따라 이산확률변수와 연속확률변수로 나눌 수 있다.

① 연속확률변수(continuous variable) : 확률변수가 연속적인 속성을 가지고 있는 경우 연속확률변수라 한다. 예를 들면, 주행거리, 주차시간 등이다.

② 이산확률변수(discrete variable) : 확률변수가 한정적이거나 혹은 가산적인(countable) 경우에 이산확률변수라 한다. 예를 들면, 교차로에서의 차량의 행태, 주거형태 등이다.

확률분포는 확률변수의 확률값을 나타낸 것이다. 확률분포는 일반화된 함수의 형태로 나타낸다. 확률값을 나타내는 데 사용하는 함수는 확률밀도함수 또는 누적분포함수가 있다. 확률밀도함수와 누적분포함수는 상호 교환적이다. 즉 확률밀도함수가 주어지면, 누적분포함수는 아래 식을 활용하여 도출할 수 있다.

변수 x_k가 연속적인 경우 $F(x) = \int_0^{\infty} f(x_k)dx_k$

변수 x_k가 불연속적인 경우 $F(x) = \sum_{i=1}^{n} f(x_k)$ (초기치가 0인 경우)

여기에서 $f(x)$는 x에 대한 확률밀도함수값이며, $F(x)$는 x에 대한 누적분포함수값이다.

(2) 기대값과 분산

기존에 어떤 사건의 확률 특성을 파악하는 경우 장래 발생될 값을 따져볼 수 있다. 이를 기대값이라 한다. 일반적으로 기대값은 확률변수의 이론적 평균으로 평균값과 같은 개념으로 활용된다. 기대값의 기본적인 산출식은 확률변수가 이산적인 경우 아래 식과 같이 나타낸다.

$$E(X) = \sum X_i \cdot P(X_i)$$

여기에서 $E(X_i)$는 X_i의 기대값, $P(X_i)$는 X_i의 확률, 그리고 X는 확률변수이다.

반면 확률변수가 연속적이면, 전체 사건의 발생경우 수에 해당사건의 발생확률을 곱하여 기대값을 산출하는 기본개념은 동일하지만, 아래 식의 연산을 통해 기대값을 구한다. 즉, $E(X) = \int_{-\infty}^{\infty} X f(X) dX$ 확률변수 X의 기대값을 알고 있으면, X 일차식의 기대값은 아래의 식을 이용하여 쉽게 구할 수 있다.

① $E(aX) = a \cdot E(X)$

② $E(X+b) = E(X) + B$ 또는 $E(X-b) = E(X) - b$

③ $E(aX+b) = a \cdot E(X) + b$

기대값 주변에 확률변수 X가 흩어져 있는 정도를 나타내는 데 분산과 표준편차를 이용한다. 이때 분산과 표준편차는 아래 식을 활용하여 산출한다.

① 분산 $Var(X) = \sum_{i=1}^{n} [X_i - E(X)]^2 P(X_i) = E(X_i^2) - [E(X)]^2$

② 표준편차 $\sigma = \sqrt{\sum [X_i - E(X)]^2 \cdot P(X_i)}$

(3) 확률변수의 결합분포

① 결합확률분포 : 두 개 이상의 확률변수가 상호 작용하면서 동시에 발생하는 경우 이를 나타내는 확률분포를 결합확률분포라 한다.

② 이변수확률분포 : 두 개의 확률변수가 결합 발생하는 것을 나타내는 경우 이를 이변수확률분포라 칭한다. 이를 수식으로 나타내면, 다음 식과 같다.

$$P(X = x \text{ and } Y = y) = P(x, y)$$

(4) 공분산과 상관관계

두 개의 확률변수로 구성된 결합확률분포에서 그 결합확률분포의 분산을 계산하기 위해서는 두 개의 확률변수가 공통적으로 확률분포에 미치는 영향을 살펴보아야 한다. 공분산은 두 개의 확률변수가 결합확률분포에 미치는 영향으로 아래 식을 이용하여 구한다.

$$Cov(X,Y) = E\ [(X_i - E(X))(Y_i - E(Y))]$$

또는 $Cov(X,Y) = E(XY) - E(X) \cdot E(Y)$

결합확률분포의 확률변수들의 분산에 대한 공통적인 영향을 각각의 변수의 주변확률분포의 분산간의 비율을 계측한 것을 상관계수(correlation coefficient)라 한다. 상관계수를 구하는 구체적인 식은 아래 식과 같다. 여기서 $Corr(X,Y)$와 ρ는 상관계수를 의미하며 σ_X, σ_Y는 각각 X와 Y의 주변확률분포의 분산을 의미한다.

$$Corr(X,Y) or\ \rho = \frac{Cov(X,Y)}{\sigma_X \sigma_Y},\ -1 \le \rho \le 1$$

(5) 이산확률분포

이산확률분포는 확률변수가 이산적인 형태를 갖는 경우에 분포특성을 파악할 수 있다. 이들은 분포의 형태에 따라 이항분포, 『포아송』분포, 초기하분포, 부의 이항분포 등이 있다. 이들 이산분포는 다음 항목에서 사용될 수 있다.

① 이항분포: 동전, 불량률, 고용자 분포

② 『포아송』분포: 대기행렬모형(차량도착), 교통사고, 차량

③ 초기하분포: 비복원추출(불량률조사)

④ 부의 이항분포: N번째 불량품이 출현할 확률

⑤ 기하분포: 반복시행시 출현시까지 시행횟수(n-1)가 연속되는 확률

1) 이항분포

어떤 실험을 하거나 또는 표본을 뽑을 때, 그 실험의 결과 또는 표본을 뽑은 결과가 상호배타적인 두 가지 사건으로만 나타나는 경우가 있다. 이때 이러한 사건의 확률은 이항확률분포를 활용하여 산출할 수 있다. 이항분포의 산출 식은 아래와 같다.

$$P(X = x) = {}_nC_x P^x (1 - P)^{n-x}$$

2) 『포아송』 분포

일정한 시간이나 공간에서 어떤 사건이 무작위로 발생할 때, 그 사건이 일어날 횟수와 확률을 산출하는 데 아래 식의 『포아송』분포 식을 활용하게 된다.

$$P(X=x)=\frac{\lambda^{x}e^{-\lambda}}{x!}$$

여기에서 λ는 평균발생횟수, x는 사건발생횟수이다.

『포아송』 분포를 활용하기 위해서는 다음의 조건이 필요하다.

① 분석 대상이 되는 시·공간은 아주 작은 단위구간으로 나누어질 수 있으며, 그 단위구간에서 어떤 사건이 발생할 가능성은 적다.

② 일정한 단위 시·공간에서 어떤 사건이 발생할 횟수와 다른 단위 구간에서 그 사건이 발생할 횟수는 서로 독립적이다.

③ 분석 대상이 되는 시간 내의 일정시간에서 발생하는 사건수의 확률분포는 다른 시간에서 발생하는 사건수의 확률분포와 같다.

3) 초기하 분포

초기하 분포는 매 시행마다 성공확률이 일정하다는 조건이 만족되지 않는 경우에 적용될 수 있는 확률모형이다. 즉, 매 시행이 이전의 실행에 종속적이면 이와 같은 분포모형을 활용할 수 있다. 참고로 매 시행이 독립적이면 이항분포를 활용하게 된다. 어떤 이항적인 사건에서 특정사건과 반대사건의 발생경우의 수가 각각 N_1와 N_2일 때 사건의 실행이 이전의 실행에 영향을 받고, 초기하 분포가 성립되며 특정사건과 반대사건의 발생경우의 수가 각각 x_1과 x_2만큼 발생하는 경우에 이때 분포특성은 아래의 식에 나타나는 바와 같다.

$$P(N_1 \text{ 중 } x_1, N_2 \text{ 중 } x_2)={}_{N1}C_{x_1}\cdot\ {}_{N2}C_{x_2}/{}_{(N1-N2)}C_{(x_{1+}x_2)}$$

(6) 연속확률분포

연속확률분포는 이산확률분포에서와는 달리 연속적인 확률변수에 대한 확률분포 특성을 갖고 있다. 연속확률분포는 확률변수의 특성에 따라 여러 분포함수를 활용할 수 있다. 일반적으로 연속확률분포의 기본적인 형태는 아래에 제시되는 바와 같다. 이 밖의 연속확률분포는 기본적인 연속확률분포에 근거하여 변형된 것이다.

① 균등분포 : 확률구간에서 확률이 일정한 분포이다. 예를 들면, 배차간격이 일정한 전철의 승객대기시간

② 지수분포 : 지수식을 이용하여 나타내는 분포이다. 예를 들면, 고객의 창구 도착 간격의 시간(headway)

③ 정규분포 : 종 모양의 좌우대칭의 분포로 x^2분포와 t분포의 기본이 되는 분포이다. 예를 들면, 자동차 자유속도의 분포

④ 그 밖의 연속분포 : 감마분포, 와이블분포, 베타분포 등이다. 예를 들면, 제품의 수명, n 번째로 사건이 일어나는 시간

연속확률분포가 가지고 있는 일반적인 공통 특성은 다음과 같다.

① 특정 값 x가 발생할 확률 $P(X=x)$은 0이다.

② 연속확률분포는 일정구간 사이의 값을 취할 확률로 계산된다. 즉, 연속확률함수가 X 축과 구간의 경계로 구성된 부분의 면적을 해당구간의 구간 확률값이라 한다.

③ 확률밀도함수 $f(X) \geq 0$이다.

④ $P(-\infty \leq X \leq \infty) = 1$

1) 균등분포

① 유한구간 내에서 확률변수가 그 구간 내에서 균등한 확률밀도를 가지는 확률분포를 균등분포라 한다.

② 균등분포는 정의 구간에 따라 다음과 같이 일정한 상수의 형태로 나타난다.

$$f(X) = \frac{1}{b-a}, \quad a \leq X \leq b$$

2) 지수분포

① 지수분포는 이산확률분포의 『포아송』 분포와 관련된 연속확률분포이다.

② 단위시간에 평균 λ회의 『포아송』 분포가 일어난 사상의 시간간격분포는 지수분포로 나타낸다. 따라서 지수분포는 일정한 사건과 사건이 일어나는 시간간격을 설명하는데 일반적으로 활용한다.

③ 시간당 평균발생률(λ)을 알고 있으면 지수분포의 확률밀도함수는 아래 식과 같다.

$$f(x) = \lambda e^{-\lambda x} \quad (\lambda > 0,\ x > 0)$$

평균: $E(X) = \frac{1}{\lambda}$ 　　　분산: $Var(X) = \sigma^2 = \frac{1}{\lambda^2}$

3) 정규분포

① 정규분포는 정규곡선에서 비롯되었고 가우스분포라고도 불린다.

② 물리계측의 오차에 대한 확률분포에서 유래되어 현재 가장 보편적으로 활용하는 분포이다.

③ 정규분포의 확률밀도함수는 아래 식에 나타나는 바와 같으며, 분포는 좌우대칭의 종 모양을 하고 있다.

$$f(X) = \frac{1}{\sqrt{2\pi\sigma^2}} e^{(x-\mu)^2/2\sigma^2} \quad (\text{정의구간 } -\infty < X < \infty)$$

여기에서 π는 3.1416, e는 2.7183, μ는 분포의 평균, 그리고 σ는 분포의 표준편차이다. 확률변수 x가 정규분포를 따른다면 일정한 구간에서의 확률 값 $P\{\mu - k\sigma \leq x \leq \mu + k\sigma\}$는 일정하다. 즉 다음과 같다.

$$P\{\mu - \sigma \leq x \leq \mu + \sigma\} = 0.68$$
$$P\{\mu - 2\sigma \leq x \leq \mu + 2\sigma\} = 0.95$$
$$P\{\mu - 3\sigma \leq x \leq \mu + 3\sigma\} = 0.99$$

앞에서 살펴본 특성 이외에도 정규분포는 다음과 같은 일반적인 특성이 있다.

① 정규분포의 모양은 분포의 평균과 표준편차로 결정된다.

② 평균을 중심으로 종 모양이다.

③ 확률변수의 범위는 $-\infty \leq X \leq \infty$이다.

④ 항상 정규곡선과 X축 사이의 면적은 1이다.

⑤ 이항분포에서 $n \to \infty$로 하면 정규분포가 된다.

⑥ 분포의 형태가 연속적이다.

평균과 분산에 의해서 영향을 받는 정규분포의 형태 중 일반적으로 이용하는 형태는 평균이

0이고 분산이 1인 분포이다. 만일 특정한 확률변수 x가 정규분포를 따르면 평균과 분산을 0과 1로 각각 변형하여 활용할 수 있다. 이와 같이 변형을 하는 것을 정규분포의 표준화라 한다. 정규분포의 표준화 및 활용은 다음의 과정을 따른다.

① 정규분포를 따르는 확률변수 x의 평균(μ)과 분산(σ)를 구한다.

② 확률변수 x를 표준화 확률분포의 확률변수(z)로 변환을 시킨다.

$$z = (x - \mu)/\sigma$$

③ 표준화 확률분포 표를 이용한다.

3. 표본분포

(1) 기본개념

모집단에서 임의의 일정한 크기(n)을 뽑은 것을 표본이라 한다. 표본의 통계치 즉, 통계량의 확률분포를 표본분포라 한다. 표본분포는 엄밀한 의미에서는 모집단의 실제 특성이 될 수 없으나 이를 통하여 모집단의 특성을 파악할 수 있다는 점에서 어느 정도 과학적인 방법이라 할 수 있다. 표본의 분포를 통하여 일반적으로 알 수 있는 통계량은 표본의 평균과 분산이다.

확률표본의 함수를 통계량이라 하며, 통계량에는 평균과 분산을 주로 사용한다. 통계량의 특성을 알면 통계량의 확률분포를 알 수 있다. 통계량의 확률분포는 표본분포라 할 수 있으므로 표본분포는 모집단의 표본특성자료를 재정리한 것이라 볼 수 있다. 따라서 표본분포는 통계량의 유형에 따라 평균의 표본분포, 분산의 표준분포, 비율의 표본분포 등이 있다.

모집단의 특성을 수치화하면 모집단의 평균, 분산 및 표준편차로 나타낼 수 있다. 모집단의 표본들이 이산적인 값을 가지면 아래의 특성치 산출식이 성립된다.

- 모집단의 평균: $\mu = E(X) = \sum P_i X_i$

- 모집단의 분산: $Var(X) = \sigma^2(X) = \sum [X_i E(X)]^2 \cdot P_i$

- 모집단의 표준편차: $\sigma = \sqrt{\sigma^2} = \sqrt{\sum [X_i E(X)^2] \cdot P_i}$

반면에 모집단의 표본들이 연속적인 값을 가질 때 모집단의 특성치는 다음 식을 활용하여 산출한다.

- 모집단의 평균: $\mu = E(X) = \int^{확률공간} f(X_i)X_i d_{\Xi}$

- 모집단의 분산: $Var(X) = \sigma^2(X) = \int^{확률공간} [X_i - E(X)]^2 \cdot f(X_i)d_{\xi}$

- 모집단의 표준편차: $\sigma = \sqrt{Var(X)} = \sqrt{\int^{확률공간} [X_i - E(X)^2] \cdot f(X_i)d_{\xi}}$

표본의 특성을 표현하는 확률값에는 모집단의 특성치와 마찬가지로 평균, 분산과 표준편차를 이용한다. 표본의 특성치와 모집단의 특성치의 차이는 표본이 모집단의 일부를 추출하여 특성치를 산출하기 때문에 발생된다. 특정한 모집단에서 n개의 표본을 추출할 때 이 표본들에서 알 수 있는 표본의 특성치는 아래에 나타나는 바와 같다.

- 표본의 평균: $\overline{X} = \frac{\sum_{i=1}^{n} X_i}{n}$

- 표본의 분산: $S^2 = \frac{\sum (X_i - \overline{X})^2}{n-1}$

- 표본의 표준편차: $S = \sqrt{S^2} = \sqrt{\frac{\sum (X_i - \overline{X})^2}{n-1}}$

(2) 평균의 표본분포

평균의 표본분포는 모집단에서 동일한 일정한 크기의 다수 표본들을 추출하여 그것들의 평균을 계산하였을 때 그 평균들이 나타내는 확률분포를 의미한다. 평균의 표본분포 특성치는 평균, 분산과 표준편차(오차)를 사용한다. 모집단의 크기가 큰 무한 모집단에서 추출한 표본의 평균에서 나타나는 표본분포의 평균, 분산과 표준편차(오차)를 산출하는 구체적인 식은 아래에 나타나는 바와 같다.

- 평균의 표본분포의 평균: $\mu_{\overline{x}} = \mu$

- 평균의 표본분포의 분산: $\sigma^2 x = \frac{\sigma^2}{n}$

- 평균의 표본분포의 표준편차(오차): $\sigma = \sigma_{\overline{x}} = \frac{\sigma}{\sqrt{n}}$

모집단의 크기가 작은 유한모집단에서 추출한 표본의 평균에서 나타나는 표본분포의 평균, 분산과 표준편차(오차)를 산출하는 구체적인 식은 아래에 나타나는 바와 같다.

- 평균: $\mu_{\overline{x}} = \mu$

- 표준편차: $\sigma_{\bar{x}} = \frac{\sigma}{n} \cdot \sqrt{\frac{N-n}{N-1}}$ N: 모집단의 크기 n: 표본의 크기

- 표준정규분포: $Z = \frac{\bar{X} - \mu_{\bar{x}}}{\sqrt{\bar{x}}} = \frac{\bar{X} - \mu_{\bar{x}}}{\frac{\sigma}{\sqrt{n}} \cdot \sqrt{\frac{N-n}{N-1}}}$

(3) 분산의 표본분포

σ^2의 분산을 가진 모집단에서 같은 크기로 표본을 추출하여 그것들의 분산 S^2를 계산하였을 때 그 분산들의 확률분포를 분산의 표본분포라 한다. 분산의 표본분포 특성치인 평균, 분산, 표준오차는 다음의 식을 이용하여 구한다.

- 평균: $E(S^2) = \sigma^2$
- 분산: $Var(S^2) = \frac{2 \cdot \sigma^4}{n-1}$
- 표준편차(오차): $SD(S^2) = \sqrt{\frac{2 \cdot \sigma^4}{n-1}}$

(4) 비율의 확률분포

모집단에서 같은 크기로 표본을 추출하여 그것들의 비율을 계산하였을 때 그 비율들이 이루는 확률분포를 비율의 확률분포라 한다. 비율의 확률분포 특성은 비율의 평균, 분산, 표준편차가 있는데, 이들을 구하는 구체적인 식은 아래에 나타나는 바와 같다.

- 평균: $E(p) = p$
- 분산: $Var(p) = \sigma_p^2 = \frac{p(1-p)}{n}$
- 표준편차: $\sigma_p = \sqrt{\frac{p(1-p)}{n}}$

부록 B 비계량적 계획기법

계획과정은 항상 복잡하고 광범위한 정보처리를 필요로 하기 때문에 다음과 같은 점검사항을 염두에 둘 필요가 있다. 또한 그 사항들에 기초하여 계획결정에 필요한 경비도 계산할 수 있다. 계획안 작성에 유의해야 할 사항은 다음과 같다.

① Who-누가? (의사결정자, 이해관계자) : 문제나 과제를 누가 결정하는가. 문제란 항상 누군가의 문제이다. 이 '누구'의 인식과 판단에 따라 문제가 설정된다.

② What-무엇을? (문제의 정의) : 우선 무엇이 문제인가. 정확히 정의하여 한정하는 것이 필요하다. 또한 문제를 정확하고도 효율적으로 파악하는 것도 필요하다.

③ For what-무엇을 하려고? (목표설정) : 누가 무슨 문제를 설정한다는 것은 그 배경에 목표가 설정되어야 한다. 목표설정이라는 것에는 항상 평가와 그 척도의 문제가 뒤따른다.

④ How much-얼마나? (분석비용) : 문제를 파악하기 전에 미리 문제를 어떤 식으로 파악할 것인가 또한 얼마나 깊이 파악해야 하며 파악할 수 있는가를 정해 두어야 한다.

⑤ With what-무엇으로? (문제해결에 동원 가능한 자원) : 문제를 파악함에 있어서는 현재의 자원이나 이용 가능한 자원(예산액, 노하우, 물적 자원 등)에 관한 지식과 조사가 필요하다.

⑥ Which-어느 것을? (대안작성) : 한정된 자원 속에서 목표를 실현하기 위해 얼마간의 문제해결책의 시나리오를 만들 수 있다. 계획정책이란 그러한 대안 중에서 최적선택을 행하는 것이다.

⑦ When-언제까지? (계획기간) : 언제부터 문제가 되었고, 언제부터 해결해야 하는가. 즉 시작과 종료의 기간 설정이 필요하다.

⑧ How-어떻게? (기획) : 계획을 작성한다는 것은 많은 사람들에 의한 문제·과제의 설정을 감안해서, 누가 누구를, 또한 언제 등의 절차가 정해져야 한다.

다음은 시스템 기법 중에서 비수리적 계획기법을 중심으로 한 사회적 기법(social technology)에 관해 설명한다.

Ⅰ. 『델파이』법

이 방법은 1960년대 초, 미국 캘리포니아의 두뇌집단인 RAND 연구소에 의해 개발된 시스템 기법이다. 처음에는 장래 예측기법으로서 앞으로 일어날 수 있는 사상(事象)이나 기술혁신을 파악하는 방법으로 여겨졌으나, 오늘날에는 보다 넓고, 불확실성이 있는 영역에서 전문가 등 집단의 직관적 판단을 구하고자 할 경우의 의향조사에도 널리 쓰이고 있다.

『델파이』법(Delphi method)에서는 미래의 예측이나 정책지침 등을 얻기 위해, 우선 전문가 집단의 의견을 질문서에 의한 회답형식으로 끌어낸다. 이어 그 회답과 이유를 통계적으로 처리・집계하여, 이를 다시 응답자에게 정보로서 제시(평균치와 상한치・하한치를 제시)한다.

이때 질문서는 처음과 같은 내용을 담고 있다. 응답자는 자신의 응답이 다른 전문가들의 응답내용과 비교하여 얼마나 차이가 나는가를 참작하면서 새로 수정된 회답을 내게 된다. 이와 같은 과정을 반복하게 되면, 많은 전문가의 의견을 가능한 한 요약 정리된 상태로 수렴시킬 수 있다. 이와 같이 『델파이』법은 전문가 집단에 대한 의견집약 방법이라고 할 수 있다. 이 과정은 적어도 2회 이상 수행하게 된다.

Ⅱ. 『네트워크』 계획법 및 흐름도법

1. 『네트워크』 계획법

시스템 개발이 복잡하게 될수록 사업계획은 다수의 공정과 그들의 이론적인 상호관계 하에서 결정되고, 그 위에 각각의 공정이 담당하는 부분기능은 시간이나 기한, 비용, 작업용량과 같은 계획 파라미터에 의해 규정된다. 따라서 최적 문제해결에 이르기 위해서는 이들 모두의 부분기능과 변수의 조합에 관련된 최적 동조회로가 작성되지 않으면 안 된다. 원래 이 계획법의 발상은 다수의 공정으로부터 성립된 어떤 사업계획의 달성에 이르는 시간의 길이는 결국 전 공정중의 극히 일부분의 작업에 의해 규정된다고 하는 사고로부터 출발하고 있다.

따라서 이 방법은 최초에 작업공정을 각각 전후좌우의 논리적인 위치관계와 일련의 시간적, 계기적인 순서로 늘어놓는 것부터 시작한다. 이러한 의미에서 이 방법을 '『네트워크』계획법(network technique)'이라는 명칭으로 불리고 있다. 이러한 『네트워크』다이어그램(network diagram)에 의해, 사업계획의 완성에 이르는 전 공정을 그 모든 부분기능의 바른 상호관계와 시간적 서열로 도시(圖示)하는 것이 이 계획법의 가장 중요한 특징이다.

2. 흐름도법

어떤 복잡한 과제를 해결하고자 할 때, 과제의 논리적 구조 또는 시간적인 흐름과 같은 관련성을 정연하게 순서대로 나타내기 위해 과제를 각기 서로 관련되는 부분과정으로 분해하는 것이 합리적인 의사결정을 위해 필요한 경우가 많다. 흐름도(flow charting)의 작성은 문제의 '처리', '행위'의 절차가 '의사결정'으로서 'yes'나 'no'의 '판단' 또는 이와 결합된 문제의 구조를 만들어, 해결대안을 쉽게 끌어낼 수 있다는 점에서 시스템 기법의 하나라 할 수 있다.

이 방법은 '『네트워크』계획법'과 비슷하지만 다음 점에서 구별된다. 첫째, 흐름도법에서는 작업절차가 앞 뒤 계속적으로 나타나며, 동시 병렬로는 나타나지 않는다. 둘째, 각 행위를『네트워크』계획법에서와 같이 기한을 정한 형식으로 조정하지 않는다. 마지막으로 환류(feed back)의 형식으로 'yes'나 'no'의 '판단'이 흐름도법의 중심적인 의의를 갖게 된다.

Ⅲ. 창조기법

창조, 창작의 기법(creative techniques)이란 문제해결책을 구함에 있어서 인간의 고유한 창조능력을 이끌어 냄으로써 대처하는 방식이다. 특히 이 기법들은 정형적인 처방으로는 대처할 수 없는 미개척 상황에 대해 사용된다. 이 기법들은 체계적 사고에 의한 창조기법(유추법, 형태학적 시스템 기법 등)과 직관적 사고에 의한 창조기법(『브레인스토밍』법 등)의 두 종류로 대별할 수 있다.

1. 유추법

유추(analogy)라는 것은 두 현상(과정이나 시스템) 사이에 형태나 기능상 동일성이 인정되는 경우, 이미 알려져 있는 한 편의 현상에서 미지의 다른 한편의 현상에 관한 유사성을 추산하는 것이다. 따라서 유추법이란 문제해결을 구하는데서 유추방식을 의식적으로 적용하고자 하는 것으로 '창조기법'의 일종이라고 할 수 있다.

2. 형태학적 시스템 기법

이 기법은 어떤 문제를 해결하는 시스템을 개발함에 있어서, 우선 선입관 없이 생각될 수 있는 모든 요소와 부분 해결법을 확정하고 체계적으로 분류 정리하여, 이들을 다각적으로 조합해 봄으로써 새로운 전면 해결 가능성들을 탐구하고자 하는 시스템 기법(morphology method)으로, 역시 '창조기법'의 하나이다. 이 기법에서는 이미 알려져 있는 부분적인 해결법을 새로운 방식으로 짜 맞추어, 이들을 전체로서 어떠한 배열로 서로 관련시킬 것인가가 관심대상이 된다. 최종적으로는 여러 방식으로 조합된 새로운 시스템 대안들을 평가함으로써 최적 시스템을 선택하게 된다.

3. 『브레인스토밍』법

이것은 집단의 회의형식으로 행해지는 '창조기법'의 일종으로, 새로운 아이디어나 문제점을 파악하기 위해 참가자는 일정시간 내에 일정 주제에 관해 누구로부터도 불평을 듣지 않고, 있는 그대로의 생각을 서로 제시하여, 모두가 예단(豫斷)없이 문제해결의 가능성을 찾아가는 방식이다. 일종의 조직화된 창조기법이라고 할 수 있다. 일본에서 《K. J법》으로 불리고 있는 카드기입법도 『브레인스토밍』법의 일종이다.

주제는 항상 '…하기 위해서는 무엇을 해야할 것인가?', '어떻게 하면 개선이 가능할 것인가?' 등과 같은 질문형식을 갖추고 있다. 주제에 대해 참가자는 서로 자유로이 발상하고, 또 보완을 계속해 간다. 다만 결코 서로를 비판한다든지 견제하지 않고 어디까지나 자유로운 분위기 속에서 가능한 많은 아이디어나 제언, 문제점을 내놓는 것이 필요하다. 각자가 갖고 있는 잠재적인 창조력을 발휘하는데 있어서의 장애물, 예를 들어 사회적 지위의 격차, 비형식적인 리더십의 존재, 한바탕 웃음을 사버리지는 않을까 하는 주눅드는 분위기 등이 있어서는 안 된다.

이를 위해서는 다음사항이 전제되어야 한다. 우선 『브레인스토밍』(brain storming) 중 타인의 발언을 비판하는 행동은 엄금되어야 한다. 둘째, 회의 분위기가 자유 활달해야 한다. 셋째, 제안수가 많아질수록 적절한 아이디어가 얻어질 확률 역시 높아질 수 있도록 조정해야 한다. 마지막으로, 많은 아이디어를 조합하는 것에서도 새로운 지견(知見)이 얻어질 수 있도록 처리해야 한다.

IV. 시나리오 작성법

시나리오 작성법(scenario writing)은 현 시점이나 주어진 상황에서 출발하여 장래 일어날 수 있는 상황을 해명할 것인가에 관하여, 어떻게 하면 이론적으로 사항의 당연한 귀결로서 이를 한 걸음 한 걸음 밝혀나가는 예측기법의 일종이다. 이 기법의 목적은 특히 문제에 관한 대안적인 전개들을 상정할 수 있고 그에 대해 의사결정이 요구되는 경우, 가능하다고 여겨지는 얼마간의 의사결정 목록을 작성하는 것을 나타내는 것이다. 이때 현시점에서 가능하다고 여겨지는 의사결정이 어떤 결과를 낳을 것인가가 대안적 선택사항으로서 제시된다. 이러한 시나리오 작성법은 고전적 의미에서의 예측법과는 다르다. 오히려 이 기법이 목적하는 바는 일어나야 할 장래의 상황들에 관한 시나리오를 작성하여 예측하는 것에 있다.

이 방법은 어떤 문제를 여러 다양한 국면에서 동시에 고려할 수 있다는 점이 장점이다. 이 때문에 정치적인 대안모델이나 사회발전, 특히 계량화하기 힘든 요인을 포함하는 문제에 관한 대안 모델을 설정하는 데에 적합하다. 이 방법이 유명해진 것은 일찍이 베를린 위기나 쿠바 위기에 있어서 미국정부에 의한 군사적·외교적 모험회피에 관련된 이른바 위기관리(crisis management)에 이용되면서부터라고 전해지고 있다. 최근 '미래학'분야 등에서도 세계의 장래상에 관한 모델들이 이 방법에 의해 그려지고 있다.

V. O. R.

O. R.(operation research)이란 수학적 모델에 기초한 계수처리를 통해 문제의 최적 해를 구하여 의사결정의 기초로 이용하는 방식이다. 이 방식은 제2차 세계대전 중에 미국에서 군사문제의 해결에 적용하면서 발전하여, 후에 경제 문제에도 응용되기에 이르렀다.

O. R. 기법의 방식에는 (i) 문제설정, (ii) 수학적 모델의 작성, (iii) 계수 자료 입수, (iv) 모델로부터의 해의 계산, (v) 해와 모델의 검증, (vi) 해의 실시적용과 그 적부의 확인, 수정 등의 과정이 있다.

일반적으로 O. R. 적용에서 가장 잘 알려진 문제영역에는, 재고관리문제, 배분문제, 대기행렬문제, 순서결정문제, 교환문제, 경쟁문제 등이다. 또한 O. R.의 주요 최적화기법에는 선형계획법, 비선형계획법, 게임이론(game theory), 『시뮬레이션』법(simulation), 『몬테카를로』법(Monte Carlo) 등이 포함된다. 이상의 O. R. 기법은 시스템 기법 중에서는 주로 문제해결의 시나리오 분석의 국면에서 사용되는 경우가 많다.

VI. 기타

1. 관련수목법

이 방법은 문제해결에 있어서, 어려운 사태나 복잡한 문제내용을 계층적인 나무모양으로 구성한 계통도로 파악하여 각 요소를 평가함으로써 문제의 구조를 분석하고, 문제해결의 각종 가능성을 분석하는 시스템 기법이다.

이 방법에서는 문제 전체가 계단 모양으로, 여러 수준에서 각 요소로 나뉘어 계통화되고, 각 요소는 뒤이은 하위수준에서 더욱 자세한 요소에 의해 쌓아 올려진다. 각 수준에서 각 요소는 일정 평가기준에서 정량적으로 문제해결에 있어서의 중요도를 평가하게 된다. 이 방법은 계획결정에 있어서의 목표분석에 사용되는 경우가 많다. 이 경우 계통도의 출발점에 일정한 주목적이 있어서, 이를 대주(大柱), 중주(中柱), 소주(小柱)의 각 수준에 따라 계층적으로 분해하여, 일정한 질서에 기초한 관련성 있는 하위목표가 차례로 설정된다. 이와 같이 가지가 나뉘어지는 형식으로 설정되는 하위목표들에 관해, 그들에 직접 이어지는 상위목표의 실현에 공헌할 우선도, 즉 상대적인 중요성(이것을 관련도수-relevance numbers라 한다)을 평가하여 각 목표에 관한 비중을 부여하게 된다.

관련수목법(relevance tree)은 계획의 목표분석 외에도 새로운 시스템 개발, 기술혁신 예측, 과학기술의 발전방향 등에도 적용되고 있고, 합리적인 의사결정을 필요로 하는 각종 문제영역에서 유효한 시스템기법으로 인정되고 있다. 군사상의 새 병기 시스템의 개발을 위해 미국에서 개발된 《PATTERN》(Planning Assistance Through Technical Evaluation of Relevance Numbers의 약어)은 가장 잘 알려진 관련수목법이다. 한편 의사결정수목법(decision tree)은 가지가 나뉘어지는 각 요소가 의사결정에 의해 조정 가능한 선택지('의사결정점')와, 조정 불가능한 선택지('사상점')로 한정되어 있는 계통도로서 관련수목법의 응용적 기법이라고 할 수 있다.

2. 의사결정수목법

이 방법은 관련수목법(number of relevance tree)의 일종으로, 문제를 구성하는 계통수목의 요소가 의사결정이라고 하는 행위(action: 의사결정점이라고 한다)와 그 기간종료후의 상태(사상점이라고 한다)로 한정되어 구성되어 있는 특수한 관련수목법으로서, 양자는 같은 뜻으로 쓰일 때도 많다. 보통 의사결정은 여러 갈래에 걸치는 문제와 문제해결에 이르는 대안들 중에서의 선택으로서 행해지는 것이 많다. 이 때 의사결정에 이르는 과정 전체를 계통적으로 조감할 수 있도록 그래프 상으로 도시하면서 최적선택을 행하고자 하는 것이 의사결정 수목법(decision tree)이다. 이 방법에서는 의사결정에 이르기까지의 문제의 각 단계가 시계열적 또는 실태적으로 논리적 순서로 분기되면서 정의된다. 이 때 계통적으로 문제해결의 모든 가능성이 열거되어야 한다.

이 경우 어떤 행위기간의 종료 후에 어떠한 상황이 전개될 것인가는 장래의 문제로서, 그 실현가능성은 불확실하다고 해야할 것이다. 따라서 선택된 이런 저런 대책에 관해서는 그 실현가능성에 관해 예상되는 확률을 고려한 후, 그 효과가 평가됨으로써 대안들의 상대적인 중요도를 확정할 수 있다. 의사결정수목에 열거되어 있는 대안들에 관해 합리적으로 최적선택을 행하기 위해서는 객관적인 상호비교가 필수적이다. 따라서 별도의 평가규준이 필요하다. 평가규준은 비용・수익 또는 비용・편익, 소요시간, 또는 계획설정의 목표치인 하한치(상한치)등이 될 것이다. 아울러 대안을 비교하여 합리적인 선택을 하기 위해서는 평가규준에 입각해서 각각 예기되는 평가치가 어떠한 확률 아래서 일어날 수 있는가를 고려하여 평가해야 한다. 평가규준의 예로 수익성을 들어보면, 대안 A, B의 수익 평가액에 각각의 확률을 곱함으로써 그 곱을 이른바 각 대안의 기대값으로 할 수 있다. 그 기대값이 가장 큰 대안이 선택되게 된다.

3. 상호관련성 분석법

장래의 여러 가지 국면을 예상하여 문제해결을 위한 계획을 결정하는 경우, 이 예상이라는 것은 통상은 전문가 집단의 판단을 의미하게 된다. 『델파이』법과 같은 방법이 가장 전형적인 방법이라고 할 수 있다. 장래 예상을 위한 이러한 종류의 기법들은 총체적으로 장래의 일을 열거하여 그들이 언제 일어날 것인가, 그 확률은 어떠한가 등과 같은 형태로 전문적 판단의 합의를 수렴시킨다. 그렇지만 이러한 기법에 공통되는 결함은 예상된 사상 개개에 관한 판단은 올바르다고 해도 예상되는 사상과 사상 사이에 일어날 수 있는 상호관련성(interaction)에 관한 인식이 부족하다는 점이다.

사업계획 A가 사업계획 B, C, D 등과의 사이에 플러스, 마이너스 또는 중립적인 관련이 있다는 것이 각각 확정되던가 추정 가능한 경우, 이 정보에 기초한 계획은 더욱 합리성 있는 것으로 마무리될 수 있다. 사업계획과 사업계획 사이에 마이너스의 관련성이 있게 되면, 계획의 목표설정도 수정압박을 받는다. 예를 들면, 정부예산에서 농수산부는 담배경작 진흥에 많은 보조금을 설정하고, 보사부는 금연・절연 캠페인에 그 이상의 보조금을 내는 식은 크던 작던 어떤 계획결정에서도 있을 수 있다. 산업진흥계획(기업유치 등)이 환경보호계획과 마이너스의 상호 의존관계를 갖게 되는 것 등은 통례이다.

상호관련성을 보다 종합적으로 행하는 경우에는 각 대책이나 사업계획이 상대방의 계획에 미치리라 예상되는 플러스・마이너스의 작용이 어느 정도의 확률로 나타날 것인가를 밝혀야 한다. 상호관련성 분석법(cross impact matrix method)은 어떤 사상의 다른 사상에 미칠 수 있는 장래의 상호관련성의 출현(또는 비출현)의 예상을 주관적으로 일정한 확률로 평가하여, 사상이 출현할 수 있는 정도를 하나의 행렬로 구성하여 나타내는 방식이다. 이것은 상호관련성의 정도를 수치적으로 확정하는 것뿐만 아니라 장래의 일정기간 내에 나타날 수 있는 상호관련성의 발생(또는 비발생)확률을 거기에 곱함으로써 보다 정교한 예상을 행한다. 따라서 상호관련성 분석법은 간단한 상호관련성 분석법과 전술한 '의사결정 수목법'을 조합한 방법이라 할 수 있다.

4. 사회지표법

국민의 후생복지의 향상은 모든 계획의 궁극적인 목적이다. 이 복지 수준을 향상시키기 위해서는 우선 현재의 복지수준을 측정할 필요가 있다. 이 국민 복지수준의 전반적인 측정과 판정 혹은 계획하기 위해 개발된 방법중의 하나가 사회지표(social indicators)이다. 사회 지표는 '사회 또는 국민 생활 여러 측면의 상태를 경제지표 이외의 비화폐적 지표도 사용하여 포괄적임과 동시에 체계적으로 측정하는 통계지표체계'로 정의되고 있다.

사회지표 작성목적은 일반적으로 경제사회계획의 주가 되는 최종목표인 사회수요, 욕구, 문제점을 식별하여, 이들 최종 목표의 달성 혹은 퇴보를 측정 표시하여, 공공의 논의와 의사결정을 계발 개선해 가는 데에 있다.

찾아보기

ㅈ